谨以此书献给松南火山岩气田高效开发的辛勤工作者

作者介绍

石兴春，1958 年生，1982 年 7 月参加工作，中国人民大学硕士，中国石油大学（北京）博士，教授级高级经济师。长期从事油气田开发和企业经营管理工作。在吐哈油田参与组织了鄯善、温米、丘陵等三大油田产能建设和玉门老油田的开发管理工作，在中国石化负责天然气开发工作，先后组织了普光高含硫气田、大牛地致密气田、雅克拉凝析气田、松南火山岩气田和元坝超深气田的产能建设和开发管理工作。率先提出了"今天的投资就是明天的成本""承认历史，着眼未来，新老资产分开考核，着重评价经营管理者当期经营成果"的经营理念，在气田开发上提出了"搞好试采，搞准产能产量，优化方案部署""多打高产井，少打低产井，避免无效井""酸性气田地面工程湿气集输、简化流程，确保安全"和"气田开发稳气控水"的工作思路，组织实施了相关领域的技术攻关，形成了特殊类型气田高效开发技术，实现了气田高效开发，促进了中国石化天然气的大发展。对发展更加注重质量和效益、转换发展方式进行了有益的探索。

元涛，1962 年生，1983 年参加工作，中国地质大学（武汉）应用地球物理硕士。先后在中国石化西北油田分公司、东北油气分公司多个岗位从事研究、管理工作。任中国石化集团东北石油局有限公司党委书记、中国石化东北油气分公司总经理以来，带领干部职工着力转变观念，实施自主承包经营，持续深化改革，创新设立项目团队，确定了优先加快发展天然气的战略部署，推进建产能、降成本、增效益、

提效率、拓市增销，生产经营形势持续向好，勘探成功率有效提高，天然气产量持续增长，劳动生产率大幅提高，企业由亏损转为全面盈利。

李江龙，1962 年生，1984 年参加工作，教授级高级工程师。长期从事油气田开发研究及管理工作，主持或组织了多个不同类型油气田的研究、建产和生产管理工作，作为主要研究人员参加过国家 973、国家重大专项等研究项目，获评中国石化突出贡献专家，获得国家科技进步一等奖一次、中国石化集团公司科技进步奖一等奖一次、二等奖与三等奖四次。任中国石化东北油气分公司副总经理以来，有效推进产建、挖潜等方面工作，实现了天然气产量持续增长，使松南火山岩气藏稳产期延长、采收率提高，保持了高产稳产。

特殊类型气田高效开发丛书④

松南火山岩气田
高效开发技术与实践

石兴春　元涛　李江龙　编著

中国石化出版社

内容提要

松南气田是中国石化正式勘探开发的第一个中型火山岩气藏，本书作者亲历了松南气田高效开发的过程。本书系统总结了火山岩地层内幕结构精细解剖、火山岩储层非均质精细刻画、火山岩底水气藏水侵模式及水侵量化评价等系列气藏描述技术；分析了火山岩气藏开发井网、井型、开发方案优化，稳气控水等系列开发技术；介绍了火山岩钻井、完井、储层保护和压裂等系列工程工艺技术，形成了火山岩气藏高效开发特色技术系列，取得了较好的开发效果和效益，实现了松南气田高效开发。

本书可供从事火山岩气田开发工作的科研、生产、管理人员阅读参考，也可作为高等院校相关专业教学参考书。

图书在版编目（CIP）数据

松南火山岩气田高效开发技术与实践/石兴春，元涛，李江龙编著.
—北京：中国石化出版社，2019.1
（特殊类型气田高效开发丛书）
ISBN 978－7－5114－5159－0

Ⅰ.①松…　Ⅱ.①石…　②元…　③李…　Ⅲ.①火山岩-气田开发
Ⅳ.①TE37

中国版本图书馆 CIP 数据核字（2019）第 005344 号

中国石化出版社出版发行
地址:北京市朝阳区吉市口路 9 号
邮编100020　电话:(010)59964577
发行部电话:(010)59964526
http://www.sinopec-press.com
E-mail:press@sinopec.com
北京柏力行彩印有限公司印刷
全国各地新华书店经销

*

787×1092 毫米 16 开本 18 印张 336 千字
2019 年 1 月第 1 版　2019 年 1 月第 1 次印刷
定价:180.00 元

序

松南气田是中国石化勘探开发的第一个火山岩气田。针对火山岩地层内幕结构复杂、储集类型多样、储层连通性差、非均质性强的特点，面对气井产能确定难、气水关系复杂、开采规律不清的挑战，中国石化特别是东北油气分公司坚持问题导向，不断创新实践，组织系统内外专家和科技工作者持续开展攻关，通过撬装试气试采进行了气井产能评价和储层评价；通过水平井开发先导试验评价，确定了"少井高产"的开发技术路线；通过野外地质考察和火山喷发机理研究，对火山岩地层内幕和储层进行了精细刻画，明确了火山岩地层不同相带的展布；通过相控储层反演、储层含气性预测和三维地质建模，准确刻画了气层的空间展布，提高了布井的成功率；通过强化稳气控水，制定"生产红线"，延长无水采气期，实现气藏底水均衡抬升，提高了气藏采收率；通过"整体部署、分批实施、跟踪调整、不断优化"进行开发建设和气藏开发管理，保证了气田开发的效果和效益。气田动用天然气储量 160 亿立方米，开发钻水平井 15 口，钻井成功率 100%，钻遇储层符合率 89.2%，气井产能达标率 100%，建成天然气产能 8.4 亿立方米/年，采气速度4.5%，截至 2017 年年底，已稳产 6 年，累计产气 40 亿立方米，累计盈利 24.7 亿元，实现了松南气田的高效开发，奠定了中国石化东北油气分公司生存和发展的经济基础，对改善吉林地区空气质量和能源结构做出了重要贡献。

《松南火山岩气田高效开发技术与实践》是松南气田广大开发工作者多年实践的丰硕成果和集体智慧的结晶，在此表示衷心祝贺！该书的出版为广大气田开发工作者提供了一本极具价值的参考书，对高含二氧化碳酸性火山岩气田开发理论和配套技术的提高将起到积极的推动作用。

中国工程院院士

前　言

21世纪人类正进入低碳经济时代，天然气作为清洁能源的地位日益突出，是世界能源重点发展方向。大力开发利用我国丰富的天然气资源是国家能源发展的迫切要求，也是中国石化实施绿色低碳战略的重要举措。火山岩储层作为重要的油气储集类型，越来越受到勘探开发人员的重视。目前发现的火山岩气藏主要集中在松辽、准噶尔等几个大的含油气盆地，松南气田是松辽盆地重要的火山岩气藏之一。

松南气田发现于2006年，是中国石化目前发现的最大的火山岩气田，含气面积16.83平方千米，天然气探明储量433.6亿立方米；由于受多期火山喷发活动的影响，火山岩地层内幕结构复杂，岩性、岩相变化快，储层非均质性强；不同火山机构具有不同的气水界面，整体表现为受构造控制的底水火山岩似层状气藏；不同火山机构天然气中CO_2含量差异较大，CO_2含量为10%~40%，平均含量为27%。松南气田由东北新区项目部发现，华东油气分公司负责前期开发评价、项目立项和开发建设，后由于体制变化，划归东北油气分公司进行开发建设和开发生产管理。

面对火山岩这一特殊的气藏类型，国内可借鉴的成熟开发经验较少，如何精确描述有效储层空间分布，准确把握气藏规律，实现科学、高效开发是科研人员必须应对的挑战。

一是火山岩地层内幕结构认识与储层非均质刻画难度大。由于火山岩的发育受岩浆性质、喷发活动和期次的影响，火山岩地层内幕结构较为复杂。一方面，火山岩的岩性、岩相受火山喷发作用、搬运等条件的影响，变化快、非均质性强；另一方面，溶蚀、溶解、充填等成岩作用，造成储集空间类型多样，分布规律复杂，有效储层精细刻画难度较大。

二是对火山岩气藏开发规律把握有一定难度。由于火山岩储层渗流机理与常规砂岩气藏存在差异，同时气藏存在多个气水界面，局部发育微裂缝，在开采中，底水沿裂缝不均衡锥进，气井水气比上升，严重影响气井产能和气藏开发效果。而针对水体锥进路径和方式、水体规模、水侵量、气井含水上升规律等方面的认识缺乏成熟的技术手段；如何控制水侵，实现水体均衡抬升，提高气藏采收率缺乏行之有效的对策。

三是火山岩酸性气藏开发缺少配套工程工艺技术。松南气田火山岩气藏为高含CO_2酸性气藏，存在一系列工程工艺难题，在钻井方面由于火山岩硬度大，可钻性差，钻头的磨损较严重，同时火山岩裂缝发育，钻井液漏失严重，并且常规钻井液易造成储层污染；在完井、集输、单井设备等方面，要充分考虑 CO_2 的腐蚀；致密储层压裂存在造缝难度大、施工压力高、加砂困难；天然气脱碳、CO_2 回收利用也是开发中需要解决的工程工艺难题。

四是火山岩气藏开发没有成功的经验可供借鉴。由于国内火山岩成功开发的气田数量少、气藏特征差异大，不论是对产能的认识，还是开发规律、稳产技术、配套工程工艺都缺乏可借鉴的成功经验。

针对松南气田开发面临的难题，中国石化华东油气分公司特别是东北油气分公司一方面采取"走出去、请进来"的办法，积极与国内相关研究单位开展火山岩地层内幕精细解剖、火山岩成储机理和精细刻画等方面的联合攻关和技术合作；另一方面加强气藏试气试采工作，掌握气井压力、产能、水气比等变化规律，为科学制定开发技术政策提供可靠的依据；同时，对方案设计进行反复论证、逐井优化，形成了松南火山岩气田高效开发的思路和对策：

一是气井产能和稳产时间是决定气藏能否有效开发和制定合理的开发方案的基础和关键。松南气田发现后，考虑到地面设施及管网、市场需求等方面的制约，为规避投资风险，开展了气井产能及稳产状况评价。针对第一口探井 YS1 井，安装撬装脱碳装置进行 CNG 试采和产能不稳定试井。通过 CNG 试采，证实了火山岩气藏具有单井产能高、稳产能力强的特点，具备经济开发的基础。

二是地层内幕刻画、优质储层描述和储层含气性预测是火山岩开发的关键。通过精细刻画有效储层空间分布，确定爆发相下部及喷溢相上部高渗优质储层为产建主要开发层系，通过储层含气性预测，明确气藏的展布，按照"优先部署火山口—近火山口相带、积极跟进中距离火山斜坡相带、逐步拓展远火山斜坡相带"的思路，实施优化布井。

三是通过 YP1 井、YP4 井和 YP7 井三口水平评价井的实施，证实了水平井的产能和井控储量较直井有明显优势，是直井的 2 ~ 3 倍，有效指导了井型优化。根据火山岩优势储层和裂缝的分布规律，创新性地采用水平井 + 不规则井网的开发技术，实现少井高产。

四是开发过程中强化稳气控水，制定"生产红线"，延长无水采气期。在开发中采用"高部位高配、低部位低配"控水策略，减缓底水锥进，实现气藏底水均衡抬升，提高气藏最终采收率。

五是采用相控储层反演与三维地质建模相融合技术，精细刻画气层空间展布；利用气藏工程和数值模拟方法，分层（纵向）分块（横向）模拟了火山岩气藏储量动用情况，落实"顶、间、边"三类剩余气潜力分布。采用多功能、多目标水平井立体开发井网，分类型、分批次实施井位，实现了松南火山岩气田科学、高效挖潜。

六是加强火山岩气藏工程工艺技术攻关，形成了高效破岩和储层保护钻井技术，建立了降滤失、控缝高、降破裂压力等多参数优化的储层改造技术，创新了一整套高含 CO_2 天然气集输、脱碳、防腐、回收利用配套设施和工艺，实现了地面和地下的配套，以及生产和销售的一致，气田开发取得了良好的综合效益。

按照上述思路，经过多轮次优化论证，形成了松南气田最终开发方案并实施，按照"整体部署，分批实施，逐井优化"的思路进行了部署实施：动用天然气储量 160 亿立方米，部署水平开发井 15 口，利用探井 3 口，建成天然气产能 8.4 亿立方米/年，日产气 255 万立方米，采气速度 4.5%，已稳产 6 年，累计产气 40 亿立方米，天然气采出程度 25%。

在松南气田开发建设和管理过程中，科研人员不断探索，持续攻关，加强试气试采，加快产能建设，精细开发管理，经过十几年的辛勤工作，实现了松南气田火山岩气藏科学、高效开发，取得了丰硕的开发成果，达到了国内火山岩气藏开发的领先水平。

一是提出了松南气田火山岩气藏的"立体开发"理念，采用多功能、多目标水平井立体开发井网，分类型、分批次实施井位。通过差异化配产，保持合理压差，实现地层水在平面、纵向、时间三个维度上以合理速度均衡产出，形成均衡压降、均衡水侵，有效控制水气比，实现了气藏开发高速可控、气水界面相对均匀推进，预计气藏最终采收率达到 70% 左右。

二是形成了松南气田火山岩气藏高效开发的五项配套技术。创新性地建立了喷发期次、火山机构、流动单元的地质—地球物理"三位一体"识别对比方法，为火山岩储层的精细刻画提供了高精度的火山地层格架，形成了火山岩地层内幕结构解剖技术；采用水平井＋不规则井网开发布井技术，平面上主控主火山机构，纵向上主打高渗层，实现了对优质储层的高效、快速动用；建立了火山岩气藏水平井钻完井技术，破解了松南气田气藏埋藏深、岩性致密且硬而脆、高温高压、非均质严重、井段长、气层厚、裂缝性、高含 CO_2 等难题；创建了规范化的火山岩气藏开发动态监测体系，对关键井开展了压力恢复、流压及流压梯度、静压及静压梯度监测，通过不同驱动类型的差异化配产，实现气藏总体压降均衡，底水均匀抬升，达到了稳气控水目的；形成了高含 CO_2 气藏高压集输处理技术，采用溶剂吸收法脱碳工艺，提高天然气质量，按照地下—地面一体化系统建设，简化站外管理，探索了信息化技术在气田开发管理中的应用，实现了生产现场可视化，采集控制自动化，动态分析及时化，调整指挥精确化。

本书重点总结松南火山岩气田高效开发实践和技术成果，希望为类似气田科学、高效开发提供一些借鉴和参考。参加本书编写的人员主要为参加该气田开发的工作者。石兴春、元涛、李江龙提出了本书的主体架构和思路，前言由石兴春、元涛、李江龙、张明利、李永刚、任宪军执笔，第一章由李江龙、毛永强、张明利、韩娇艳、钟高明执笔，第二章由韩娇艳、赵密福、张明利、王科战、王建波执笔，第三章由李万才、缪学军、李振峰、何兴华、张瑞芬执笔，第四章由李永刚、任中杰、李安帮、富强执笔，第五章由任宪军、赵密福、宗畅、刘华执笔，第六章由李江龙、靖伟、许明静、陈庆春、梁生、李喜平、李明松执笔，第七章由元涛、毛永强、靖伟、任中杰、郑天龙执笔，第八章由吉树鹏、贾志刚、乔宁、张天笑、赵杨、刘立恒、王喜武、邵立民执笔，第九章由石兴春、李江龙、赵密福、毛永强、许明静执笔，本书由石兴春、元涛、李江龙、张明利、赵密福、李永刚、任宪军、靖伟统稿，中国石化出版社组织专家进行了审稿。

松南气田高效开发的成功，是参加松南气田开发建设的各级领导、管理人员和广大科技工作者和建设者辛勤工作、开拓创新的成果，在本书编写过程中，他们提供了大量第一手资料和经验。中国石化华东油气分公司的领导和专家、中国石油大学（北京）、吉林大学有关教授给予了无私的帮助和精心的指导，在此表示衷心感谢。由于火山岩气藏开发技术的复杂性及作者水平有限，书中难免存在不足之处，敬请批评指正。

松南火山岩气田高效开发技术与实践

目　录

第1章　火山岩油气藏勘探和开发现状 ·· 1

1.1　世界火山岩气藏的勘探开发现状 ································· 1

1.1.1　分布概况 ··· 1

1.1.2　构造背景 ··· 3

1.1.3　开发历史 ··· 4

1.1.4　国外典型火山岩油气藏 ·· 5

1.2　中国火山岩油气藏开发现状 ··································· 9

1.2.1　时空分布 ··· 9

1.2.2　成藏特征 ··· 12

1.2.3　勘探和开发程度 ·· 13

1.2.4　国内典型火山岩气藏开发 ······································ 15

1.3　松南气田火山岩气藏高效开发历程 ··························· 16

1.3.1　松南气田概况 ··· 16

1.3.2　勘探与开发历程 ·· 18

1.3.3　挑战与策略 ··· 22

1.3.4　主要成果 ··· 24

第2章　松南气田火山岩储层地质精细描述 ································ 26

2.1　火山岩岩性、岩相 ·· 26

2.1.1　岩性 ·· 26

2.1.2　岩相 ·· 30

2.1.3　岩性、岩相鉴别特征 ·· 33

2.2　火山岩成储机理 ··· 36

2.2.1　储集空间 ·· 37

2.2.2　储层类型和物性特征 ·· 39

2.2.3　储层成因 ·· 42

2.3 火山岩储层发育的时空规律 ……………………………………… 45

   2.3.1 火山机构内幕刻画 ………………………………………… 45

   2.3.2 火山机构对储层的控制 …………………………………… 51

第3章 火山岩测井精细描述 ……………………………………… 54

3.1 火山岩测井识别 ………………………………………………… 54

   3.1.1 岩性识别 …………………………………………………… 54

   3.1.2 岩相识别 …………………………………………………… 58

   3.1.3 裂缝识别 …………………………………………………… 64

3.2 测井储层定量评价 ……………………………………………… 69

   3.2.1 孔隙度模型 ………………………………………………… 69

   3.2.2 渗透率模型 ………………………………………………… 71

   3.2.3 含水饱和度模型 …………………………………………… 73

3.3 测井流体识别 …………………………………………………… 76

   3.3.1 流体性质识别 ……………………………………………… 76

   3.3.2 气水界面确定 ……………………………………………… 81

第4章 地震火山岩储层识别及含气性预测 ……………………… 85

4.1 地震资料叠前偏移处理 ………………………………………… 85

   4.1.1 原始地震资料分析 ………………………………………… 85

   4.1.2 地震资料叠前处理 ………………………………………… 87

4.2 储层稀疏脉冲反演及含气性预测 ……………………………… 94

   4.2.1 火山岩储层岩石物理特征 ………………………………… 94

   4.2.2 火山岩储层模型正演 ……………………………………… 96

   4.2.3 地震属性分析 ……………………………………………… 98

   4.2.4 火山岩储层分布预测 ……………………………………… 99

4.3 地震数据体结构特征 …………………………………………… 104

   4.3.1 基本原理 …………………………………………………… 105

   4.3.2 地震数据结构特征 ………………………………………… 105

   4.3.3 地震数据体结构预测模型 ………………………………… 106

第 5 章　水平井 + 不规则井网高效开发 ·· 107

5.1　火山岩气藏开发机理 ·· 107

5.1.1　相态特征 ·· 107

5.1.2　渗流机理 ·· 110

5.2　初步开发方案编制 ·· 123

5.2.1　YS1 井试采动态分析 ·· 123

5.2.2　YS1 井试采产能评价 ·· 123

5.2.3　初步开发方案编制 ·· 125

5.3　水平井开发技术论证与开发方案优化 ·· 125

5.3.1　合理井型论证 ·· 125

5.3.2　水平井产能论证 ·· 129

5.3.3　水平井控制储量 ·· 131

5.3.4　开发方案一次优化 ·· 132

5.4　开发方案二次优化 ·· 132

5.4.1　开发层系 ·· 132

5.4.2　水平井开发适应性 ·· 134

5.4.3　不规则井网 ·· 134

第 6 章　火山岩气藏稳气控水 ·· 138

6.1　产水机理 ·· 138

6.1.1　产水类型 ·· 138

6.1.2　产水特征 ·· 140

6.1.3　水侵模式 ·· 141

6.1.4　产水影响因素 ·· 142

6.1.5　气藏驱动类型 ·· 144

6.1.6　气藏水体规模 ·· 145

6.2　稳产策略 ·· 147

6.2.1　火山岩气田稳产难题 ·· 147

6.2.2　火山岩气藏稳产影响因素 ·· 147

目录

6.2.3　稳产需遵循的原则 149

6.2.4　稳产对策 149

6.3　气藏稳气控水对策 150

6.3.1　优化气井配产 150

6.3.2　优化气藏采气速度 155

6.3.3　控水配产对策 160

6.3.4　增压采气 165

第7章　综合调整挖潜 166

7.1　气田稳产阶段存在的主要问题 166

7.2　气藏地质再认识与储量动用评价 167

7.2.1　火山岩内幕结构精细解剖 167

7.2.2　火山岩储层物性定量预测 172

7.2.3　储量动用状况评价及潜力目标 182

7.3　气藏挖潜方案 186

7.3.1　井位部署原则及实施顺序 187

7.3.2　新井合理产量预测 187

7.3.3　调整挖潜实施效果 187

第8章　松南气田高效开发工程工艺 189

8.1　火山岩钻完井配套工艺 189

8.1.1　火山岩钻完井技术难点 189

8.1.2　火山岩钻完井配套工艺技术 190

8.2　采气工艺 207

8.2.1　生产系统分析 207

8.2.2　防腐工艺 213

8.2.3　生产管柱设计 217

8.2.4　排液采气工艺 221

8.2.5　降压开采工艺 224

8.3　火山岩储层改造 ··· 228

8.3.1　压裂工艺技术 ··· 229

8.3.2　火山岩储层酸化工艺 ·· 238

8.3.3　现场实践及效果 ··· 242

8.4　地面工程 ··· 244

8.4.1　地面集输系统 ··· 244

8.4.2　净化及处理系统 ··· 247

8.4.3　配套系统 ··· 251

8.4.4　CO_2 综合利用 ··· 252

第9章　气田开发成果与启示 ·· 258

9.1　实现了气田高效开发 ·· 258

9.2　形成了系列开发关键技术 ·· 260

9.2.1　火山岩地层内幕结构解剖技术 ·· 260

9.2.2　井网井型优化技术 ··· 261

9.2.3　稳气控水技术 ··· 261

9.2.4　动态监测技术 ··· 262

9.2.5　钻完井技术 ·· 262

9.2.6　采气技术 ··· 262

9.2.7　高含 CO_2 集输处理技术 ··· 263

9.3　启示 ·· 263

9.3.1　气井试采和产能评价是做好火山岩气藏开发的前提 ················· 264

9.3.2　气藏精细化研究是做好火山岩气藏开发的基础 ······················ 264

9.3.3　开发先导试验是做好火山岩气藏高效开发的保障 ··················· 265

9.3.4　稳气控水是做好火山岩气藏开发的关键 ······························· 265

9.3.5　动态调整和气藏精细化管理是做好火山岩气藏开发管理的保障 ···· 266

参考文献 ·· 267

第1章 火山岩油气藏勘探和开发现状

世界火山岩油气藏的勘探和开发已有 100 多年的历史，目前在 20 多个国家 300 多个盆地或区块中发现了火山岩油气藏，但这些火山岩油气藏一般规模较小。松辽盆地火山岩油气藏自 20 世纪 90 年代发现以来，勘探也已经历 20 余年的时间，期间逐渐发现了几个储量千亿方级别的大型火山岩气藏。随着大量勘探工作的开展，从 2004 年开始，新增火山岩气油储量逐渐增加，同时对盆地火山岩的岩石学、岩相学、成藏模式、测井和地震识别的研究也取得了一系列创新成果。相对火山岩气藏勘探而言，目前开发中仍面临着一系列的困难和挑战，亟待科研人员解决。本章重点对国内外火山岩油气藏的勘探和开发现状进行系统概括和总结。

1.1 世界火山岩气藏的勘探开发现状

1.1.1 分布概况

世界火山岩油气藏研究始于 19 世纪末 20 世纪初。从国外储量排名前 14 位的火山岩油气藏特征来看，气藏分布的地域性和时代性很强。地域上，主要分布在环太平洋地区、地中海地区和中亚地区。这与特定时代构造活动、盆地断陷裂谷形成和火山作用密切相关。环太平洋构造域形成时代较新，火山活动频繁，火山岩分布面积广，岛弧及弧后裂谷发育，火山岩与沉积盆地具有良好的配置关系，是全球火山岩油气藏最富集的区域。其从北美洲的美国、墨西哥、古巴，到南美洲的委内瑞拉、巴西、阿根廷，再到亚洲的中国、日本、印度尼西亚，总体上呈环带状展布。晚古生代形成的古亚洲洋构造域在中亚地区分布广泛，后期被中新生代发育的陆相含油气层覆盖，形成叠合盆地，保存相对完好，具备新生古储的良好成藏条件，是全球今后火山岩油气藏的第二个有利前景区，目前已在格鲁吉亚、阿塞拜疆、乌克兰、俄罗斯、罗马尼亚、匈牙利等国家发现了古生代火山岩储层油气田。环地中海构造域位于特提斯洋的西端，构造活动与裂谷形成及火山活动具有一致性，具备火山岩油气成藏条件的有北非的埃及、利比亚、摩洛哥及中非的安哥拉等。从表 1-1 中可以看出，国外含油气盆地中火山岩地质时代以中—新生代为主，包括三叠系、白垩系、古近系、新近系和第四系火山岩。如加纳火山岩油气藏储层为第四系，日本的火山岩油气藏储层为新近系，印度尼西亚和墨西哥火山岩油气藏储层为古近系，古巴火山岩油气藏储层为白垩系，阿根廷、美国、原苏联火山岩油气藏储层为三叠系、白垩系—古近系和新近系等。这些火山岩油气藏储集层岩石类型以玄武岩、花岗岩、凝灰岩和流纹岩为主。

表 1-1 世界火山岩油气藏分布及主要特征表

国　家	油气藏名称		发现年代	层　位	岩石类型
日本	见附		1958	新近系（N）	斜长流纹角砾岩、英安熔岩
	富士川		1964	新近系（N）	安山集块岩
	吉井—东柏崎		1968	新近系（N）	斜长流纹熔岩、凝灰质角砾岩
	片贝		1970	新近系（N）	安山集块岩
	南长岗		1978	新近系（N）	流纹角砾岩
印度尼西亚	贾蒂巴朗		1969	古近系（E）	安山岩、凝灰角砾岩
古巴	哈其包尼科		1954	白垩系（K）	凝灰岩
	南科里斯塔列斯		1966	白垩系（K）	凝灰岩
	古那包		1968	白垩系（K）	火山角砾岩
墨西哥	富贝罗		1907	古近系（E）	辉长岩
阿根廷	赛罗—阿基特兰		1928	白垩—古近系、新近系（K—E）	安山岩—安山角砾岩
	图平加托		1928	白垩—古近系、新近系（K—E）	凝灰岩
	帕姆帕—帕拉乌卡			三叠系（T）	流纹岩、安山岩
美国	得克萨斯	利顿泉	1925	白垩系（K）	蛇纹岩
		雅斯特	1928	白垩系（K）	蛇纹岩
		沿岸平原	1915～1974	白垩系（K）	橄榄玄武岩等
	亚利桑那	丹比凯亚	1969	古近系、新近系（E＋N）	正长岩、粗面岩
	内达华	特拉普—斯普林	1976	古近系、新近系（E＋N）	凝灰岩
前苏联	格鲁吉亚	萨姆戈里—帕塔尔祖利	1974～1982	古近系、新近系（E＋N）	凝灰岩
	阿塞拜疆	穆拉德汉雷	1971	白垩—古近系、新近系（K—E）	凝灰角砾岩、安山岩
	乌克兰	外喀尔巴阡	1982	新近系（N）	流纹—英安凝灰岩
加纳	博森泰气田		1982	第四系（Q）	落块角砾岩

注：摘自单玄龙等《火山岩与含油气盆地》。

1.1.2 构造背景

从板块构造学的角度来看，储量较大的火山岩油气藏多分布在环太平洋构造域。在国外储量排名前14位的火山岩油气藏中，有8个位于该地区（图1-1）。

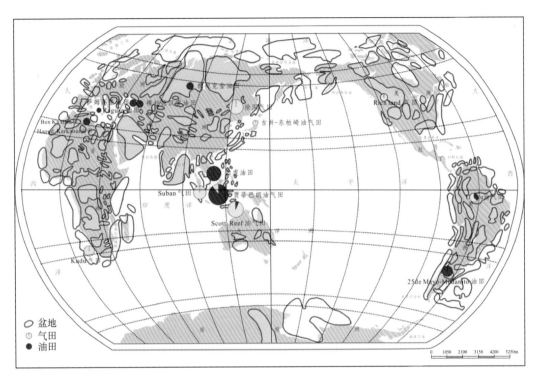

图1-1 世界典型火山岩油气分布图

按照板块之间的接触关系，汇聚型板块边界产生岛弧地质系统，离散型板块边界产生裂谷地质系统。环太平洋构造域为汇聚型板块系统，其内部的火山岩油气藏多与岛弧构造系统有关。而非洲西海岸为典型的离散型板块系统，其发育的火山岩油气藏多与裂谷构造背景有关。

1.1.2.1 岛弧背景

与岛弧构造背景有关的火山岩油气藏一般分布在弧后、弧后前陆含油气盆地。弧后盆地以日本的新潟盆地、印度尼西亚的爪哇盆地和南苏门答腊盆地、高加索的库拉盆地等为代表。弧后前陆盆地包括阿根廷的内乌肯盆地、奥斯盆地等。

1.1.2.2 裂谷背景

属于裂谷地质背景的，以澳大利亚布劳斯盆地、巴西萨利莫斯盆地、越南九龙盆地、纳米比亚奥兰治盆地及阿尔及利亚三叠盆地为代表。

1.1.2.3 不同构造背景下盆地的特征

从表1-2中可以看出，岛弧盆地火山岩储层时代以古近系和新近系为主，少见侏罗系；埋藏深度多介于1700～2500m之间，一般不超过3000m；岩性主要为凝灰岩，也可见玄武岩、安山岩、花岗岩等。裂谷盆地的储层则主要分布在中生代，如三叠系、侏罗系及白垩系；埋藏深度较深，一般介于3000～4500m；岩性以玄武岩为主，也包含花岗岩和辉绿岩等。

表 1-2　世界典型火山岩油气藏储层特征统计表

盆地	类型	油气田	岩性	储层时代	埋藏深度/m	储量
西北爪哇	岛弧	贾蒂巴朗气田	凝灰岩	古近系	1840～2175	油：5.91×10^8t，气：850×10^8m^3
南苏门答腊	岛弧	Suban 气田	花岗岩	始新统—渐新统	2300～2500	气：1698×10^8m^3
新潟	岛弧	吉井—东柏崎气田	绿色凝灰岩	新近系	2600～2900	气：150×10^8m^3
库拉	岛弧	萨姆戈里、穆拉德汉雷	凝灰岩安山岩	始新统	1750～2120	油：$> 2260 \times 10^4$t
内乌肯	岛弧	Cerro Norte、Campo Bremen、Oceano	凝灰岩流纹岩	中—上侏罗统	980～1250	油：0.651×10^8t
奥斯	岛弧	25 de Mayo—Medanito	凝灰岩流纹岩	中—上侏罗统		单井累计产量，气：$(3.95 \sim 14.40) \times 10^8$m^3
布劳斯	裂谷	Scott Reef 油气田	玄武岩	下侏罗统	4000～4700	油：1795×10^4t，气：3877×10^8m^3
九龙	裂谷	白虎油田	花岗岩	中侏罗统—晚白垩系	2500～4000	油：2.976×10^8t
奥兰治	裂谷	Kudu 气田	流溢玄武岩	下白垩统	4474～5486	气：849×10^8m^3
萨利莫斯	裂谷	Urucu 油田	辉绿岩床	上三叠统—下侏罗统		油：1567×10^4t，气：330×10^8m
三叠	裂谷	Ben Khalala、Haoud Berkaoui 油田	玄武岩	寒武系	3300～3570	油：$> 3400 \times 10^4$t

1.1.3　开发历史

自1887年在美国加利福尼亚州圣华金盆地首次发现以火山岩为储层的油气田以来，世界火山岩油气藏勘探已有100年的历史。总体来说，对火山岩油气藏的认识及研究大致概括为以下4个阶段：

1.1.3.1　早期阶段（20世纪50年代以前）

大多数火山岩油气藏都是在勘探常规油气藏时发现的。当时，相当一部分人认为火山岩含油气只是偶然现象，甚至认为它们不会有任何经济价值，因此采取忽略的态度来对待。例如，早在1915年美国在得克萨斯州发现一个火山岩油气藏，累计产油744×10^4t，但仍有人持否定态度。

1.1.3.2 第二阶段（20世纪50年代初至70年代）

1953 年，委内瑞拉成功发现了拉帕斯油田，其最高单井日产量达到 1700t，这是世界上第一个有目的勘探并获得成功的火山岩油田。这一油田的发现标志着对火山岩油气藏的认识进入一个新的阶段，开始认识到在这类岩石中聚集油气并非异常现象，从而引起一定的关注，之后在美国、墨西哥、古巴、委内瑞拉、阿根廷、前苏联、日本、印度尼西亚、越南等国家陆续勘探开发了多个火山岩油气藏，其中较为著名的是格鲁吉亚的萨姆戈里—帕塔尔祖里凝灰岩油藏，阿塞拜疆的穆拉德哈雷安山岩及玄武岩油藏、俄罗斯的雅拉克金油藏、日本的吉井—东柏崎流纹岩油气藏等。但发现的火山岩油气藏的规模都较小，大多数的探明储量小于 $5000 \times 10^4 t$，因此人们对火山岩并不重视，此时关注的焦点还在常规油气藏方面。

1.1.3.3 第三阶段（20世纪80年代至90年代）

在西太平洋岛弧区域陆续勘探开发了多个大型的火山岩油气藏，探明地质储量超过 $1 \times 10^8 t$ 油当量的油田分别是：①贾蒂巴朗油气田（印度尼西亚），原油储量为 $5.91 \times 10^8 t$，天然气储量为 $850 \times 10^8 m^3$；②Scott Reef 油气田（澳大利亚），原油储量为 $1795 \times 10^4 t$，天然气储量为 $3877 \times 10^8 m^3$；③白虎油田（越南），原油储量为 $1.9 \times 10^8 t$；④Suban 气田（印度尼西亚），天然气储量为 $1698 \times 10^8 m^3$。虽然发现了大型的火山岩油气藏，但多为局部勘探，尚未作为主要领域进行全面勘探和深入研究。全球火山岩油气储量仅占总油气储量的 1% 左右，未能引起足够的重视，火山岩油气藏的勘探潜力及分布规律没有被很好地认识，仍被认为具有偶然性（据张子枢和吴邦辉，1994），火山岩油气藏研究还处于起步阶段。

1.1.3.4 第四阶段（2000年以来）

进入 21 世纪之后，随着人类社会对油气资源需求的急剧增加，产量趋于稳定的常规碎屑岩油气资源已经不能满足日益增长的能源需求，越来越多的目光投向了火山岩油气资源。目前，在中国、阿根廷、泰国和印度等国，已经将火山岩油气藏作为重点勘探开发领域。

1.1.4 国外典型火山岩油气藏

本章节以日本新潟盆地为例介绍国外典型火山岩油气藏特征。

1.1.4.1 盆地概况

新潟盆地是日本最重要的含油气盆地，位于一个大型新近系盆地群的南半部，长约700km，宽约 80km，沉积物厚约 6km，是日本海在早中新世晚期扩张及渐新世和第四纪持续沉降过程中发育的几个弧后盆地之一。该盆地沿本州岛西北海岸发育有 15 个陆上油田和凝析气田。到 20 世纪 60 年代末期，在中新统中还不断地发现油气，储层包含裂缝式的安山质熔岩、凝灰质砂岩、凝灰岩和角砾岩，这些油田在80年代末期趋近枯竭。1984年，发现南长冈气田，其位于长冈市以西的南长冈背斜上，储层为中新统流纹岩。

1.1.4.2 储层性质

新潟盆地的油气位于新近系的砂岩、凝灰质砂岩和火山岩储层中。最老的储层位于中新统七谷组（图1-2）。

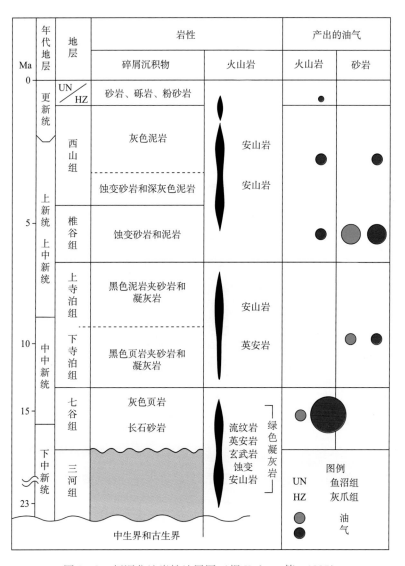

图1-2 新潟盆地岩性地层图（据 Kodama 等，1985）

在新潟盆地，下七谷组厚380~1000m。包括砾岩和砂岩，上覆水下的流纹岩层序、英安岩、安山质熔岩、集块岩和凝灰角砾岩、玄武岩。由于该盆地的凝灰岩呈绿色，因此以绿色凝灰岩闻名，其广泛分布在日本其他盆地。南长冈气田的6个产气区都和七谷组地层有关，每一个产气区都是一个单独的火山体。流纹岩也根据岩相特征被分为A-D四个单元。七谷组的火山岩储层以南长冈气田最为典型，包括复杂的流纹岩（A-D）和安山岩层系（表1-3、图1-3）。由于热液蚀变，加之大部分流纹岩含有成岩绢云母、钠长石、石英和白云石，火山岩储层被强烈蚀变。流纹岩中一些孔洞内的方铅矿、黄铁矿表明成矿溶解来自深层岩浆体。

表1-3 南长冈气田七谷组火山岩组分表（据 Shimazu，1985）

岩石类型	子类型	组分
流纹岩 A	玻质碎屑岩：浮石质、玻璃质凝灰岩	蓝色—绿色绢云母玻璃或浮石碎屑，较小的斜长石晶体，高度成岩的黏土矿物
流纹岩 B	隐晶熔岩	浅灰色的、白色/褐色的、脱玻基质，较小的长石和石英晶斑岩，低成分的黏土矿物
流纹岩 'B'	隐晶熔岩	比 B 型流纹岩轻微偏碱性
流纹岩 C	珍珠熔岩	浅淡绿色/粉红色，脱玻和珍珠基质，较小的长石和石英晶斑岩，低成岩的黏土成分
流纹岩 D	球状熔岩	多样化的 B 型流纹岩
安山岩	隐晶熔岩	斜长石晶斑岩和斑状晶体斜长石
玄武岩	球粒熔岩和玻质碎屑岩	稍黑/稍绿—棕色的，斜长石晶斑岩和板状晶体斜长石，被蒙脱石和绿泥石交代的镁铁矿

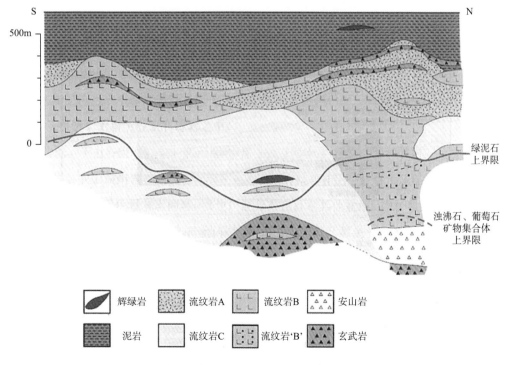

图1-3 南长冈气田七谷组火山岩储层南—北向剖面图

七谷组火山岩的总有效孔隙度为 15%～20%，最好的储集岩是枕状角砾岩和熔岩。虽然原生孔隙是粒间孔和晶间孔，但是中等和微小尺寸的孔洞在总孔隙中扮演重要角色。南长冈气田的孔洞直径是几毫米，布满自生石英和钠长石，自生矿物的晶体之间有直径为 $10\mu m$ 的微孔隙。由于在热液蚀变期间被自生石英交代，玻质流纹岩 C 发育有晶洞和微孔隙。而流纹岩 A 的自生绢云母含量高，通常储层物性差。角砾岩和熔岩席的渗透率为 $(0.1～10)\times10^{-3}\mu m^2$，玻质碎屑岩的渗透率小于 $0.1\times10^{-3}\mu m^2$。

　　一般情况下，基质原生孔隙的渗透率太低而不能提供足够的产能，产能主要取决于微小的次生裂缝。七谷组火山岩的裂缝发育在熔岩和枕状角砾岩中，成因为海水的快速冷却作用，也可能受到上新世—更新世的构造活动作用。在南长冈气田，一些裂隙因压实和重结晶等共同作用而封闭。

1.1.4.3　构造与圈闭

　　新泻盆地的含油气范围长约 150km，宽约 30km，产层深 50～5000m，大多分布在背斜之下（图 1-4）。北北东走向的逆冲断层群形成于晚上新世—更新世的挤压作用。它们通常不对称，在东部或西部侧翼上产状垂直，局部发育有北东走向的正断层。浅层总体构造

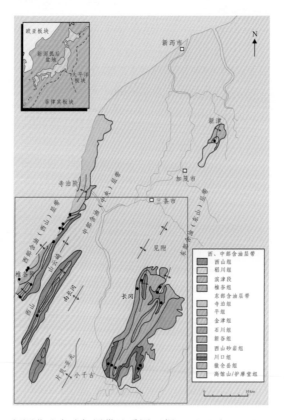

图 1-4　新泻盆地含油气层带地质图（据 Agylngl 和 Tokuhashl，1995）

与深层不同，油气有可能形成于上七谷组或寺泊组的泥岩。深部的下—中中新统七谷组储层被描述为地垒断块，形成于中中新世，发育有大量的熔岩和火山碎屑沉积，之后被埋藏而形成圈闭。

盆地内许多油田沿大背斜分布，形成西部、中部和东部含油气带，如图1-5所示。西部含油带包括位于椎谷背斜上的西山油田，中部含油带位于Oginojo背斜，包括东柏崎气田、吉井气田和妙法气田，东部含油带位于东山和新津背斜，包括东山和新津油田。其他油田位于这些大背斜之间，如见附油田、片贝油田和南长冈油田。基本上每个背斜内都有一个含油气圈闭，由上覆泥岩或孔隙发育不好的凝灰岩封盖。石油一般发现于较新的地层，而凝析气多数发现于最老的七谷组地层。

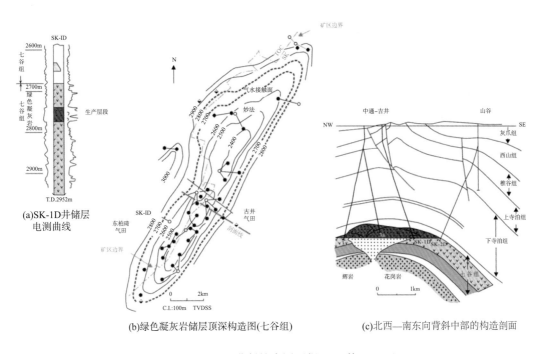

(a)SK-1D井储层电测曲线

(b)绿色凝灰岩储层顶深构造图(七谷组)

(c)北西—南东向背斜中部的构造剖面

图1-5 Oginojo背斜综合图（据Ukai等，1972）

1.2 中国火山岩油气藏开发现状

1.2.1 时空分布

1.2.1.1 中国火山岩分布特征

中国含油气盆地火山岩分布广泛，东起渤海湾盆地，西达新疆准噶尔盆地，南从广东的三水盆地，经四川周公山盆地、苏北盆地、汉江盆地、内蒙古的二连盆地，北至松辽盆地，均有火山岩分布，岩性从酸性到基性均有发育（图1-6）。

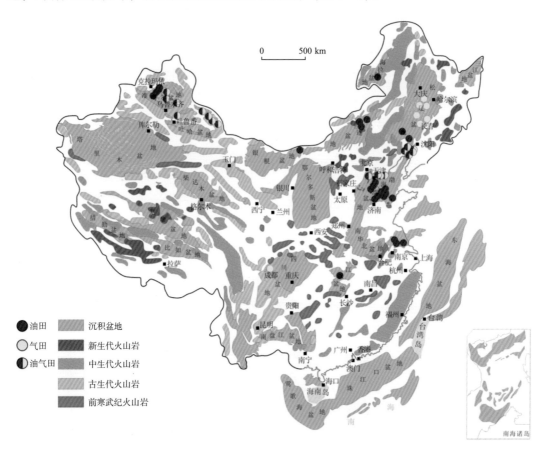

图1-6 中国含油气盆地火山岩分布图（摘自邹才能等《中国沉积盆地火山岩油气藏形成与分布》）

1.2.1.2 火山岩油气藏的分布特征

自20世纪80年代以来，中国各大油田均不同程度地发现火山岩油气藏，并已开采油气。中、新生代陆相油气盆地中火山岩储层和油气藏更为发育，时代除中—新生代火山岩油气藏，还发育古生代火山岩油气藏。新生代火山岩油气藏以渤海湾盆地为代表，中生代火山岩气藏以松辽盆地为代表，古生代火山岩油气藏以准噶尔盆地、三塘湖盆地、四川周公山盆地为代表（表1-4、图1-7）。

表1-4 中国含油气盆地火山岩储层分布情况简表

分布地区		层 位		储集岩岩性特征
		系、统	组段和代号	
渤海湾盆地济阳坳陷	惠民凹陷	中新统	馆陶组（N）	橄榄玄武岩
	东营凹陷			
		渐新统	东营组（E）	

分布地区		层位		储集岩岩性特征
		系、统	组段和代号	
渤海湾盆地济阳坳陷	惠民凹陷	渐新统—始新统	沙一段（E_3s_1）	气孔杏仁玄武岩（水下喷发）
	东营凹陷			玄武岩、安山玄武岩、玄武质火山角砾岩
	沾化凹陷		沙二、三段（E_2s_{2-3}）	岩球、岩枕状玄武岩，气孔玄武岩（水下喷发）
	惠民凹陷		沙三段（E_2s_3）	橄榄玄武岩
	沾化凹陷		沙四段（E_2s_4）	玄武岩、玄武安山岩、玄武质火山角砾岩和凝灰岩
	潍北凹陷	古新统	孔店组（$E_{1-2}k$）	
渤海湾盆地黄骅坳陷		渐新统 始新统 古新统	东营组（E_3d） 沙河街组（$E_{1-3}s$） 房身泡组（$E_{1-2}f$）	玄武岩、安山玄武岩
苏北盆地东台坳陷高邮凹陷		中新统 渐新统	盐城群一段（Ny_1） 三垛组（E_3s）	灰黑、灰绿、灰紫色玄武岩
江汉盆地江陵凹陷		始新统	荆沙组（E_2j） 新沟咀组（E_2x）	灰黑、灰绿、灰紫色玄武岩
渤海湾盆地北段下辽河盆地的东部凹陷		渐新统 始新统 古新统 上白垩统	东营组（E_3d） 沙河街组（$E_{1-3}s$） 房身泡组（$E_{1-2}f$）	粗面岩、玄武岩、安山玄武岩
银根盆地		下白垩统	苏红组（K_1s）	暗色玄武岩、安山岩为主夹火山角砾岩和凝灰岩
松辽盆地徐家围子断陷齐家古龙断陷，长岭断陷		下白垩统	营城组（K_1y）	营一段流纹岩为主，营三段流纹岩与玄武岩互层
		上侏罗统	火石岭组（J_3h）	安山岩为主
二连盆地		上侏罗统	兴安岭群（J_3x）	暗色玄武岩、安山岩、浅灰色流纹岩、粗面岩和火山碎屑岩
海拉尔盆地		上侏罗统	兴安岭群（J_3x）	
		三叠系	布达特群（T_3b）	蚀变或浅变质中基性火山岩
四川盆地	周公山	二叠系	P	玄武岩
三塘湖盆地		二叠系	P	玄武岩、安山岩、英安岩、流纹岩、火山角砾岩、凝灰岩
准噶尔盆地西北缘		石炭系	C	碎屑蚀变玄武岩类、火山角砾岩类、玄武岩类、凝灰岩类

注：摘自单玄龙等《火山岩与含油气盆地》。

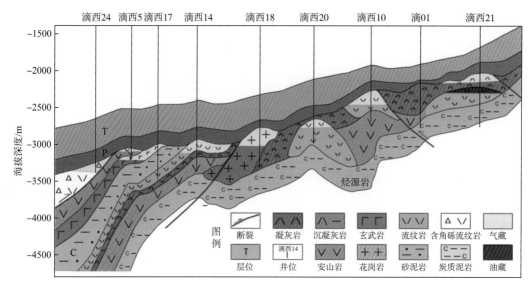

图1-7 准噶尔盆地陆东地区石炭系火山岩储层与烃源岩配置关系图

1.2.2 成藏特征

根据储层和圈闭形成的地质控制因素，可将火山岩油气藏分为地层油气藏、火山岩构造—岩性复合油气藏和火山岩岩性油气藏三类。

1.2.2.1 地层油气藏

典型的火山岩地层油气藏位于我国西北部准噶尔盆地，该盆地火山岩油气藏属于构造背景控制下长期风化形成的不整合面火山岩气藏（图1-7）。该区古生界火山岩受到构造抬升，风化剥蚀作用的影响，火山岩顶部风化淋滤带沿不整合面发育，油气沿不整合面富集。

1.2.2.2 火山岩构造—岩性复合油气藏

位于松辽盆地的松南气田为典型的构造—岩性复合火山岩气藏：构造上为一断鼻构造，气藏东界为达尔罕断裂，其他方向主要受构造等高线控制。总体上，气藏具有统一的气水界面，气水界面深度为-3643m，最大气柱高度260m（图1-8）。构造高部位的YS1井、气柱高度大，构造低部位的YP1井、YS102井含气井段短，气柱高度小。纵向上，天然气的分布又受火山岩的相带和储层岩性的控制，一般溢流相的原地熔蚀角砾岩和上部亚相的流纹岩含气较饱满，含气饱和度为70%~80%，溢流相的中部亚相和爆发相的熔结凝灰岩物性差，束缚水饱和度高，含气性差，含气饱和度30%~50%。显示出火山岩岩性变化对天然气分布具有一定控制作用。

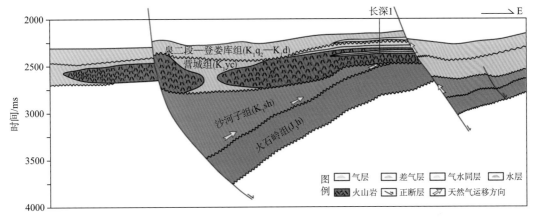

图 1 - 8　松南气田气藏剖面图

1.2.2.3 岩性气藏

松辽盆地徐家围子断陷达深 X301 气藏为单独火山机构控制的岩性气藏；气藏圈闭为一明显的透镜体，没有统一的气水界面（图 1 - 9）。

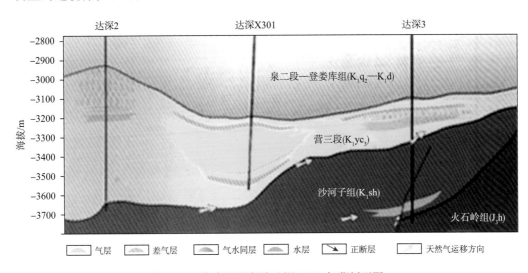

图 1 - 9　徐家围子断陷达深 X301 气藏剖面图

1.2.3　勘探和开发程度

1.2.3.1　勘探开发历史

中国沉积盆地火山岩油气藏于 1957 年首次在准噶尔盆地西北缘发现，已历经 50 余年。目前，在渤海湾、松辽、准噶尔、二连、三塘湖等 11 个含油气盆地发现了油气藏。

中国火山岩油气勘探大致经历了 3 个阶段：

（1）偶然发现阶段（1957 ~ 1990 年）：主要集中在准噶尔盆地西北缘和渤海湾盆地辽河、济阳等坳陷。

（2）局部勘探阶段（1990～2002年）：随着地质认识的不断提高和勘探技术的不断进步，开始在渤海湾和准噶尔等盆地个别地区开展针对性勘探。

（3）全面勘探阶段（2002年后）：在渤海湾、松辽、准噶尔等盆地全面开展了火山岩油气藏的勘探部署，取得了重大进展和突破，累计探明储量已达数亿吨油和数万亿立方米天然气。

1.2.3.2 勘探现状

自2002年以来，我国火山岩油气藏的勘探得到突飞猛进的发展，探明油气储量逐年递增（图1-10）。徐家围子断陷和长岭断陷中已探明的火山岩天然气储量超过$3000 \times 10^8 \, \mathrm{m}^3$，具有相似地质条件、可望有所突破的断陷还有多个。地质评价结果表明，松辽盆地深层天然气资源量达$11161 \times 10^8 \, \mathrm{m}^3$。目前，海拉尔盆地已经探明石油地质储量$8000 \times 10^4 \, \mathrm{t}$，油气主要分布在布达特群浅变质火山岩、白垩系兴安岭群塔木兰沟组、铜钵庙组和南屯组火山沉积地层中。辽河油田东部凹陷中发现以火山岩油藏为主的黄沙坨油田和欧利坨子油田，截至2004年已经探明地质储量达$3175 \times 10^4 \, \mathrm{t}$。渤海湾盆地济阳凹陷滨南油田储集层为古近纪火山岩，29口井中有5口日产油百吨以上。此外，在二连、苏北、江汉等盆地中也发现了具有工业规模的火山岩油气藏。目前，在勘探思路上，东部众多油田已经发生从"避开"火山岩到主动寻找火山岩油气藏的重要转变。

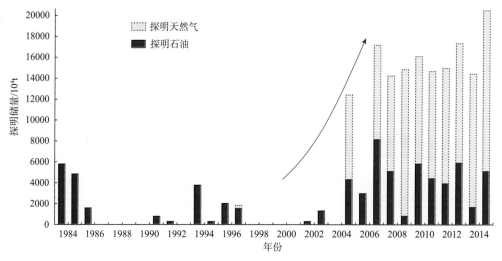

图1-10 中国在火山岩储层中探明的油气储量增长趋势（部分摘自邹才能等《中国沉积盆地火山岩油气藏形成与分布》）

1.2.3.3 火山岩油气资源前景

根据第三轮全国油气资源评价结果，我国石油资源量约$940 \times 10^8 \, \mathrm{t}$，天然气资源量约$38 \times 10^{12} \, \mathrm{m}^3$。截至2007年，我国石油探明总量约$263 \times 10^8 \, \mathrm{t}$，探明率28%；天然气探明总量约$5.38 \times 10^{12} \, \mathrm{m}^3$，探明率14%，未探明资源可能有相当数量存在于火山岩中，因此盆地深

松南火山岩气田高效开发技术与实践

层火山岩中具有巨大的资源潜力。

1. 东北盆地

中国东部地处环太平洋构造域，中新生代火山岩十分发育，而火山岩又是断陷层序盆地充填的主体，占断陷厚度的 50% 以上。松辽盆地断陷层序中超过 80% 的油气赋存在火山岩中。断陷盆地中的火山岩具有分布广、层系多、厚度巨大和油气资源潜力大等特点。统计资料表明，松辽盆地和渤海湾盆地的石油资源探明率不到 50%，东部海域盆地资源探明率仅占 15.5%。松辽盆地天然气资源探明率仅为 10.5%，处于天然气勘探初期。因此，中国东部的火山岩勘探还处于起步阶段，火山岩油气藏的低探明率和难以估量的资源潜力显示出我国东部中新生代盆地火山岩油气藏具有巨大的勘探潜力和广阔的勘探开发前景。

2. 西部盆地

西部准噶尔、三塘湖、塔里木和吐哈等盆地历经了半个多世纪的勘探开发，先后发现了 40 余个火山岩油气藏。与中国东部盆地相比，西部晚古生代盆地是经历了中新生代改造的残余盆地，火山岩遍布盆内和盆缘。勘探结果证实，盆内和盆缘的火山岩都具有良好的成储和成藏条件，准噶尔盆地的西北缘、腹部和东部均有大规模火山岩油气发现。现有研究表明，西部火山岩油气勘探潜力可能更大。

在分析西部和东部主要含火山岩盆地潜力的基础上，可以预测，在今后几年内中国内地火山岩油气藏将进入快速发现和开发阶段。

1.2.4 国内典型火山岩气藏开发

松辽盆地北部徐家围子断陷庆深气田是我国第一个大型火山岩气田，在其开发过程中发现，火山岩气藏较常规沉积岩气藏无论在岩性、储层和气水关系上均复杂得多，同时缺乏相应的开发技术和配套工程工艺，开发难度很大。

1.2.4.1 火山岩气藏开发特征

（1）产能分布复杂，单井产量差异大。火山岩油气藏在平面上含油气不均匀，造成各油气藏间产能差异很大，而且同一油气藏不同部位，甚至相同部位的生产井产能也相差悬殊。

（2）气藏水分布规律复杂，不同井的含水率差异大。松辽盆地营城组火山岩气藏气水系统平面上主要受火山机构控制，不同火山机构相互之间不连通，属于不同的气水系统。而纵向上，在同一个火山机构内，又发育多个气水系统。处于构造高部位、物性好、裂缝发育的储层则富气高产；在构造相对较低部位，由于受岩性、断层、物性等因素影响，在局部也可形成气层。

（3）井间干扰严重。火山岩气藏的裂缝系统保证了储层具有较高的导流能力，使不同距离的生产井之间水动力关系密切，但也造成井间干扰较为严重，几乎每个火山岩气藏都存在这一问题，即使井距很大也不例外。井间干扰的严重程度与下列因素有关：①相互干扰井生产井段距气水界面越近，产液量越高，干扰越严重，水淹亦越快；②加密井网也会使井间干扰加剧；③干扰严重程度与裂缝发育程度及井距密切相关（火山岩裂缝发育程度愈高，井距越近，干扰出现就愈早、愈严重）；④井间干扰出现的时间与布井区地质储量、累计采出量及生产井生产时间有密切关系。地质储量越大，供气范围越大，干扰出现的时间就相对较晚，而当生产井采出程度达到一定值后，就会出现干扰。

1.2.4.2 火山岩气藏开发技术难点

（1）缺乏火山岩水平井开发和控水技术。火山岩岩性、岩相变化快，储层非均质性强，可尝试使用水平井最大限度钻遇火山岩有利储层，以提高火山岩气井产能。水平井与直井相比具有泄气体积大、产量高、生产压差小、抑制水锥等特点，松辽盆地火山岩埋藏深度一般超过3500m，单井成本高，而采用水平井开发能够大量减少钻井数量，降低开发成本，增加效益。但国内外尚没有采用水平井开发火山岩气藏成熟的经验可以借鉴，缺乏火山岩水平井产能、控制储量数据，也不清楚水平井井网的部署方式和原则。火山岩控水是气藏稳产的核心，控水的关键是制定合理的单井配产方案，将采气速度控制在合理的范围之内。由于没有火山岩气藏经验，如何对火山岩气井进行合理控水配产，当时的开发技术也无法给出满意的答案。

（2）缺乏配套工程工艺。火山岩气藏开发配套工程工艺是保证火山岩气藏能够顺利开发，完成产能建设，实现经济效益的物质基础。但国内还没有一套开发火山岩气藏的成熟工程工艺，火山岩的高硬度给钻井带来了很大的困难；火山岩裂缝发育，储层致密，钻井液防漏和储层保护是必须解决的难题；火山岩压裂改造需要弄清火山岩人造裂缝破裂机理和形式，对常规压裂进行改进以提高压裂效果。火山岩气藏高含 CO_2 会腐蚀钻井、采气设备和集输设施，同时 CO_2 的净化和环保也是当时面临的一大问题。

1.3 松南气田火山岩气藏高效开发历程

1.3.1 松南气田概况

1.3.1.1 松辽盆地构造背景

松辽盆地位于中国东北地区中部，由3个成盆期形成：①火山—断陷成盆期（$J—K_1$，早中侏罗统、火石岭组、沙河子组和营城组）；②挠曲—凹陷成盆期（登娄库组、泉头组、青山口组、姚家组合嫩江组）；③构造反转期（四方台组、明水组、一直持续到35Ma）。火山—断陷成盆期属蒙古—鄂霍茨克洋构造域，以南北向或北西—南东向挤压—伸展和断陷作用为主；挠曲—坳陷成盆期和构造反转成盆期属太平洋构造域，是太平洋板块沿着欧亚大陆东缘向欧亚大陆之下俯冲的结果；构造反转期是松辽盆地构造—热事件的主期，也是盆地东缘隆升、剥蚀、盆地被改造的主期。从成盆动力学角度讲，松辽盆地是一个典型的复合成因盆地（据王璞珺等，2001）。松辽盆地具有断陷层和坳陷层二元结构，断陷层由 NNE 向分布的 30 余个大小不一、彼此独立的断陷湖盆构成（据冯志强等，2011），总面积约 $5.36 \times 10^4 km^2$，约为凹陷盆地面积的 1/2，松南气田即发育在松辽盆地的长岭断陷营城组火山岩中（图 1-11）。

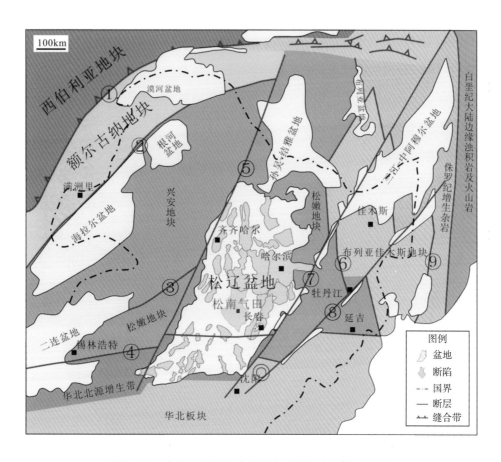

图 1-11　东北地区构造单元划分（据刘永江等，2010）

①—鄂霍茨克缝合带；②—德尔布干构造带；③—贺根山缝合带；④—西拉木伦河缝合带；⑤—嫩江—八里罕走滑断裂带；⑥—牡丹江断裂带；⑦—伊通—依兰走滑断裂带；⑧—敦—密断裂带；⑨—锡霍特—阿林构造带

1.3.1.2 松南气田构造背景

松南气田位于吉林省长春市西北约 170km、长岭县以北约 45km 处的前郭县查干花乡腰英台村，是长春天然气能源的重要供应基地。

松南气田所属的长岭断陷位于松辽盆地中央凹陷带南部，断陷面积 7240km²，是松辽盆地最大的断陷之一。受断层控制，长岭断陷可分为3个二级构造单元和9个三级构造单元（图1-12）。3个二级构造单元分别为西部陡坡带、中部洼陷带、东部缓坡带。西部陡坡带发育2个三级构造单元，分别为苏公坨断阶带和北正断阶带，苏公坨断阶带为一走向北北东的斜坡构造带，北正断阶带为走向北西的构造高带；中部洼陷带发育4个二级构造单元，分别为乾安次凹、所图低凸起、达尔罕断凸带、长岭牧场次凹，乾安次凹和长岭次凹分别发育在长岭断陷北部和南部，断陷地层发育齐全，为长岭断陷的主要油气源区，所图低凸起为长岭断陷中部的低凸起区，达尔罕断凸为近南北向的构造凸起，两侧由长岭牧场次凹、查干花次凹夹持；东部缓坡带发育2个三级构造单元，分别为查干花次凹和东岭鼻状构造，查干花次凹为西断东超的箕状断陷，东岭鼻状构造为后期基底抬升形成的向西倾斜的单斜斜坡。松南气田位于长岭断陷达尔罕断凸起带的北缘，属于火山—构造复合隆起，整体发育一个完整的火山—构造背斜，其东部受达尔罕深大断裂控制（图1-13）。

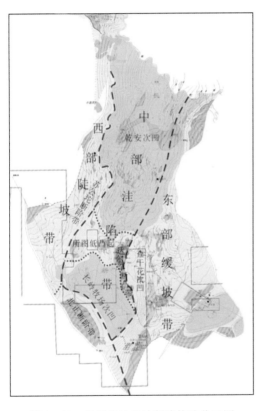

图1-12 松辽盆地长岭断陷构造分区图

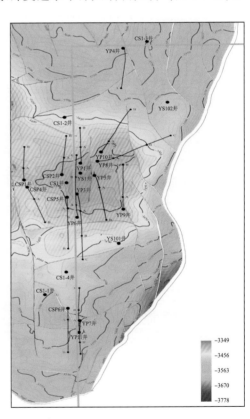

图1-13 松南气田顶面构造图

1.3.2 勘探与开发历程

1.3.2.1 勘探历程

松南长岭地区地质调查工作始于1959年，油气勘探始于20世纪80年代之后，大致可划分为六个阶段。

1. 第一阶段：1980~1995年，普查勘探阶段

完成了1:200000重力、航磁测量，地震测网密度8km×8km或8km×4km、6次迭加模拟二维地震资料，针对上部坳陷层钻探了一批石油探井。

2. 第二阶段：1996~2000年，区带评价阶段

1996年，华东石油局根据原地矿部的部署，进入松辽盆地南部开展油气普查勘探。通过选区评价研究，认为长岭断陷层系具有天然气"封存箱"成藏的有利条件，长岭坳陷层系则具有石油"二次运移"成藏的有利条件，选定长岭断陷作为主攻目标。

在这期间，完成了二维地震测网密度2km×4km至1km×2km，初步查清了断陷层系区域构造格局、油气生储盖条件，并在长岭断陷深层达尔罕构造DB11井营城组火岩岩发现良好天然气显示，测试获日产6000~20000m³低产气流，提交达尔罕构造营城组气藏天然气预测储量289.63×10⁸m³。在双龙构造带泉头组及登娄库组获得工业气流，提交天然气控制储量21.24×10⁸m³。与此同时，吉林油田在断陷盆地盆缘双坨子构造发现了泉头组小型次生气藏。

3. 第三阶段：2001~2005年，目标评价阶段

中国石化华东油气分公司在长岭地区腰英台至达尔罕区带完成了420km²三维地震，在坳陷层发现了整装连片的大中型油气田——腰英台油田，三级储量7246×10⁴t油当量；在断陷层落实和评价出一系列大型基底隆起、地层超覆尖灭、火山岩体三位一体的复合圈闭，并初步形成了断陷层深层目标勘探评价体系。

4. 第四阶段：2005~2006年，气田勘探发现阶段

YS1井是松南气田的发现井。于2006年2月26日开钻，2006年6月17日完钻，完钻层位营城组（未钻穿）。全井共发现油气异常显示250.5m/41层。其中，浅层青山口组异常显示75.0m/20层，以油显示为主；深层泉头组二段区域盖层之下有3套含气层系，即泉头组砂岩气层、登娄库组砂岩气层和营城组火山岩气层；泉一段气显示异常27.00m/6层，登娄库组气显示异常63.00m/8层，营城组（3539.00~3715.00m）异常气显示85.5m/7层。测井解释：泉一段差气层73.4m/15层，登娄库组气层、差气层共29.5m/13层，营城组气层132.2m/5层、差气层45m/1层。

为了解YS1井区营城组火山岩产能及含气性，2006年7月7日~8月11日进行裸眼完井系统测试，在油嘴4.2~8mm，孔板20.5~22mm的工作制度下，测得地层压力42.039MPa，地层温度134.815℃，日产气量（5.7272~17.693）×10⁴m³，计算无阻流量为30.0×10⁴m³。

天然气分析表明：营城组火山岩具煤型气特征，CH_4含量为71.71%~72.06%，C_2H_6含量为1.189%~1.23%，CO_2含量为21.79%~22.72%，相对密度为0.7912~0.7987。

YS1 井在腰英台深层构造的成功钻探，标志着松南火山岩气田的正式发现。

5. 第五阶段：2006～2007年，气田探明阶段

继 YS1 井钻探成功后，2006年下半年到2007年上半年，先后在该构造南部和北部分别部署了2口评价井（YS101 井、YS102 井），目的是探索和评价松南气田营城组含气性；了解营城组火山岩发育、岩性岩相特征及储层变化规律；获取钻遇地层的地质参数及相关的油、气、水资料，为储量计算提供依据，基本探明松南气田。

YS101 井位于腰英台深层构造南部，于2006年9月25日开钻，至2007年4月8日完钻，完钻井深3882m，完钻层位为白垩系下统营城组。全井经录井及测井综合解释不同级别的油气水显示层共525.10m/132层。其中，泉一段—登娄库组（3196.50～3624.0m），综合解释气层19.8m/9层，含气层24.6m/15层。营城组（3624.00～3882.00m）综合解释火山喷发相109.2m/4层，均为气层；火山溢流相128.6m/9层，其中气层48.6m/3层、含气层31.0m/1层、含气水层6.5m/1层。

为获取松南气田营城组不同火山岩相带的产能及含气性资料，于2007年5～7月，射开营城组溢流相下部火山岩3824.0～3833.0m井段，累计产气56.86m³；2007年7～8月，上返到溢流相上部3745.5～3764.5m井段进行测试，在不同工作制度下（油嘴4.0～7.9mm）求得日产气量（5.375～14.416）×10⁴m³；测得地层压力42.49MPa，地层温度138.68℃。计算无阻流量为34.0×10⁴m³。

YS102 井位于腰英台深层构造北部，于2006年9月25日开钻，2007年3月25日完钻，完钻井深3878.26m，完钻层位为白垩系下统营城组。该井录井共发现油气显示204.72m/57层。综合解释泉一段—营城组中气层46.9m/1层、差气层39.1m/4层、含气层54.4m/5层。

YS102 井先后对溢流相差气层、爆发相气层进行了试气测试，目的是为了求取营城组火山岩有效储层的下限值及爆发相火山岩的产能及含气性。于2007年8月14～26日，射开营城组溢流相下部差气层段（3773.5～3792.0m），在油嘴6mm，流压12.77MPa的工作制度下，试获1.88×10⁴m³/d的工业气流，测试结论为低产气层。9月25日～10月24日上返至3680.0～3726.0m井段，测试爆发相产能，经压裂在油嘴6mm，油压23.2MPa，套压23MPa的工作制度下，日产量达（7.1～7.47）×10⁴m³，无阻流量为18.5×10⁴m³。

YS101、YS102 井在不同相带试获中、高产工业气流，进一步证实了松南气田营城组火山岩气藏是一个具有开发价值的工业性气藏。

2007年11月30日，申报了松南气田 YS1 井区探明储量，含气面积16.83km²，含气层位为营城组，天然气地质储量433.60×10⁸m³，其中，烃类气为338.21×10⁸m³，CO_2 气

为 $95.39 \times 10^8 \mathrm{m}^3$；天然气技术可采储量 $260.16 \times 10^8 \mathrm{m}^3$，天然气经济可采储量 $213.02 \times 10^8 \mathrm{m}^3$（图 1 – 14 和图 1 – 15）。

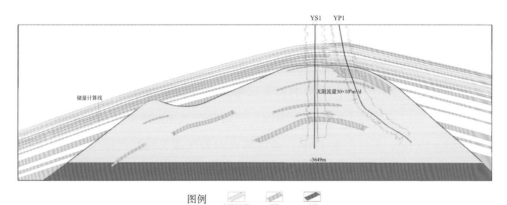

图 1 – 14　松南气田气藏剖面图

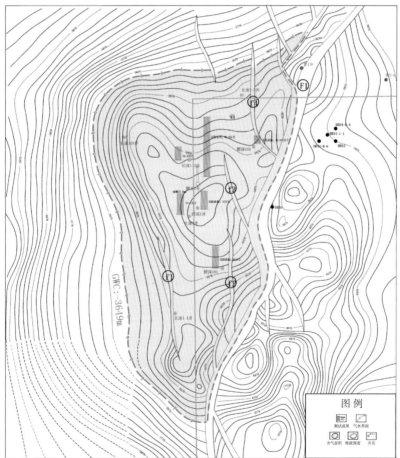

图 1 – 15　松南气田 YS1 井区营城组气藏顶面构造及含气面积图

6. 第六阶段: 2007～2008年, 气田开发评价与方案编制、实施阶段

在松南气田探明以后, 考虑到地面设施及管网、市场需求等方面的制约因素, 为规避投资风险, 开展了评价气井产能及稳产状况评价。针对第一口探井——YS1井, 安装撬装脱碳装置进行CNG试采和产能不稳定试井。通过CNG试采, 证实了火山岩气藏具有单井产能高、稳产能力强的特点, 具备经济开发的基础。

YS1井营城组从2007年11月20日投入试采, 至2008年3月13日试采110天。在试采生产过程中, 井口油压基本稳定在30MPa, 平均日产气$10.23 \times 10^4 m^3$, 产微量凝析水, 累计产气$439 \times 10^4 m^3$, 累计产水$13m^3$。通过对火山岩气藏长时间的试采, 明确了气井具备产量稳定、压力稳定、产水量不大的特点。依据该井试采情况, 利用松南气田已钻的3口直探井, 编制了松南气田26口开发井的开发概念设计, 由于直井产能低, 气田开发的经济效益较差。

为了进一步提高气田开发效益, 开展了水平井提高单井产量的开发评价工作, 2007年5～9月在YS1井以北700m处部署了1口大斜度开发准备井——YP1井, 该井完钻井深为4324.31m(垂深3742.78m, 井斜角82.0°, 北向位移834.89m), 于井深3597.00m(垂深3545.07m)揭开营城组地层, 见良好的气显示。射开该井大斜度井段(3599.8～4299.8m)进行测试, 获得$(30\sim40) \times 10^4 m^3/d$的稳定产量, 无阻流量达$351 \times 10^4 m^3/d$, 进一步证实了松南气田可以应用水平井进行开发的可行性。

随着开发评价的开展, 依据测录井、试气资料, 进一步深化研究, 识别出3个火山机构、3个气水界面, 火山岩储层认识由初期的"块状"转变为"似层状", 受火山岩相及喷发期次控制, 爆发相底部和溢流相顶部储层是松南火山岩气藏的最好储层, 水平井可以增加泄气面积, 获得更高的产能, 为整体开发奠定了坚实的基础。

通过深化气藏地质研究, 将直井全部优化为水平井(大斜度井), 编制了用15口水平井开发气田的整体开发方案。并在实施过程中, 依据对火山机构、储层展布和气水分布的新认识, 先后4次优化5口水平井的方位、井身轨迹, 最终方案总井数减少为12口, 大幅提高了气田的开发效益。

1.3.2.2 开发现状

松南气田动用天然气储量$160 \times 10^8 m^3$, 部署水平开发井15口, 利用探井3口, 建成天然气产能$8.4 \times 10^8 m^3/a$, 日产气$255 \times 10^4 m^3$, 采气速度4.5%, 已稳产6年, 累计产气$40 \times 10^8 m^3$, 天然气采出程度25%。

1.3.3 挑战与策略

松南气田火山岩气藏是中国石化正式开发的第一个火山岩气藏。由于缺少火山岩气藏

的高效开发经验可以借鉴，在开发过程中，面临了一系列挑战。针对这些挑战，技术人员通过不断的摸索，理论联系实际，形成了一系列关键开发技术和配套钻井、采气工程工艺，实现了松南气田的高效开发。包括：

（1）对火山岩气井的产能和稳产时间认识不足。在松南气田开发初期，国外虽然有火山岩气藏开发，但是详细的开发资料很难获得，而国内火山岩气藏开发还处于起步阶段，没有成熟的经验。能否进行松南气田的整体开发，首先要解决火山岩气藏产能到底有多大，能够稳产多长时间这两个问题。这两个问题直接决定了松南气田的效益和开发成败。为了解决这两个问题，利用探井 YS1 井进行了试采、产能评价。YS1 井试采阶段无阻流量可达 $30 \times 10^4 \mathrm{m}^3/\mathrm{d}$，平均日产气量 $10 \times 10^4 \mathrm{m}^3$，试采 3 个月累计产气 $440 \times 10^4 \mathrm{m}^3$，压力基本稳定，证明松南气田火山岩气井不但能高产，而且能长期稳产。

（2）如何高效开发火山岩气藏。在明确了火山岩气井具有良好的产能和较长的稳产时间后，如何制定合理的开发方案实现气藏高效开发，是面临的又一个难题。在 YS1 井试采的基础上，编制了松南气田 26 口直井和大斜度井的开发方案。但经过经济核算后，26 口井的开发方案在经济上并不高效。通过 YP1 井、YP4 井和 YP7 井 3 口大斜度井和水平井的钻探，科研人员计算了水平井和直井的产能替换比和井控储量，发现水平井的产能和井控储量是直井的 2~3 倍，遂采用水平井替换原方案中的直井，将总井数由原来的 26 口优化为 15 口（3 口直井 + 12 口水平井）。另一方面，科研人员通过对不断增加的钻井资料进行火山岩储层研究、测井储层和流体识别、地震储层和流体预测，不断加强对松南气田火山岩储层、气藏的地质认识，最终实现了精细的三维建模刻画。在不断加强地质认识的基础上，根据火山岩储层和裂缝的特点，优化了井网部署方式，水平井围绕优势火山岩储层部署，合理增加井距；根据构造低部位 YP4 井、YP7 井的出水情况，认识到了气藏存在边底水，进一步优化部署方案，井数减少为 12 口井，形成了火山岩气藏水平井开发 + 不规则井网技术，成功实现了松南气田少井高产。

（3）如何保证气藏稳产。气藏稳产的核心是控水，不合理的生产措施会导致边底水锥进，气井水淹和气藏开发状况恶化等严重后果。气藏最合理的生产状态是边底水保持匀速、缓慢上升。松南气田在生产中，以追求高采收率和边底水匀速推进为原则，通过合理配产、制定生产红线实现稳气控水。合理配产包括利用试采、生产曲线、经济技术界限产量等资料综合计算，确定单井合理产量，在此基础上，进一步结合构造位置实施差异化配产，"一井一策"进行控水配产，实现气藏长期稳产高效开发。

（4）缺少适合火山岩气藏开发的配套工程工艺。相较于碎屑岩气藏，火山岩气藏开发存在一系列工程工艺难题。主要表现在火山岩硬度大，可钻性强，钻头的磨损问题严重；

火山岩裂缝发育、钻井液漏失严重，且常规钻井液易造成储层污染；火山岩气藏完井、压裂等缺乏成熟的工艺；松南气田天然气高含 CO_2，井设备、集输设备防腐，天然气脱碳等也是开发初期亟需解决的工程工艺难题。面对这些问题，松南气田在开发中采取边实验、边应用的策略，将一系列新工程工艺技术迅速用于实践，并在实践中不断调整，形成了包括火山岩高效钻井、完井、压裂和储层保护等适合火山岩气藏开发的新型配套工程工艺技术系列，并配套建成了天然气集输、脱碳等地面工程。实现了地下地面配套、生产和销售一致，综合效益良好。

1.3.4　主要成果

1.3.4.1　形成了火山岩气藏的精细描述技术

火山岩气藏精细描述是气田开发的基础，松南气田在开发过程中，以火山岩体内幕细化研究、测井储层—流体识别和地震储层—含气性预测三条研究为主线，形成了对火山岩气藏的地质—地球物理精细描述技术。

在地质精细刻画研究方面，以钻井和测井资料为基础，结合地震资料，在纵向上划分火山喷发旋回，在横向上刻画了多个火山机构，提出了机构控藏的地质认识，利用火山机构及机构相带约束了储层的横向分布特征。通过火山机构内幕的详细解剖，认识到火山机构纵向上由多期喷发构成，这些期次控制了火山机构内部岩性、岩相和储层的纵向分布特征。在此基础上，对主火山机构两套高渗储层的形成机理展开研究，这两套高渗储层为两期火山喷发形成，受喷溢相上部亚相控制，储集空间以原生孔隙为主，由于发育在期次界面处，次生溶蚀孔隙发育，次生孔隙和基质微裂缝起到了沟通储层的作用，形成了高孔、高渗储层。通过气水界面分析，认为在火山机构内部，气藏为底水型块状气藏，不同火山机构具有相对独立的储层和气水系统，气水界面也稍有不同。根据这些认识，建立了火山岩储层的旋回—机构—期次—相带—岩相地质精细刻画技术。

在地球物理研究方面，通过对火山岩孔隙结构的研究，分类型建立孔隙度、渗透率、含气性预测模型，实现了单井火山岩储层和含气性参数的准确定量计算。通过地震叠前处理提高地震分辨率，火山岩的成像效果得到改善，提高了火山岩层段的信噪比和分辨率，形成了综合能量补偿、保幅多域去噪、提高分辨率、叠前时间偏移成像等火山岩地震分辨率改善技术。运用地震属性多信息融合、叠前地震属性反演、叠前纵横波同时反演处理技术，实现了储层和含气性精细预测，建立了火山岩储层和气藏的三维地质模型。

1.3.4.2　实现了火山岩气藏的高效开发

松南气田在开发过程中，通过持续的技术攻关，形成了多项火山岩气藏关键开发技术，实现了火山岩气藏的高效开发。

（1）水平井高效开发—不规则井网技术。根据产能测试和储量评价，计算了水平井和直井的产能替换比，表明火山岩水平井产能是直井产能的 2～3 倍，从而采用水平井代替初始方案中的直井进行开发，提高了井控储量和单井产能，增长了稳产时间。在开发过程中，不断优化开发井网，在井网形式上提出"储层最优、考虑裂缝延伸、按构造部位和气水关系"部署开发井三原则；综合考虑储层连通性、井控程度、经济极限、采气速度等因素论证井网密度及井距，明确了合理的直井井距为 800～1000m，合理的水平井井距为1200～1500m，根据火山岩优势储层和裂缝的分布规律，创新性地采用水平井＋不规则井网开发技术，实现少井高产。

（2）稳气控水技术。针对每口气井，通过试采法、采气曲线法、经济极限法，确定单井合理产量。应用数值模拟，确定采气速度和边底水锥进的关系，按照高部位高配、低部位低配的思路，预防了边底水锥进，稳定了构造低部位气井的出水量，实现一井一策，将气井产量控制在合理范围内，减缓了气藏底水锥进。根据提高采收率的稳产原则，采取控制合理产量、增压采气、重复压裂、排液采气、高密低疏布井等措施延长稳产期，实现了气田生产的稳定和采收率的提高。

1.3.4.3　形成了火山岩气藏开发的四项配套技术

通过对松南气田高效开发工程工艺的研究，形成如下配套技术：

（1）储层保护技术。在现用钻井液体系损害评价的基础上，通过钻井液选型，从选用低损害处理剂着手，对钻井液体系的流变性、抗高温稳定性、抑制性、抗污染性、润滑性、对储层的损害程度等各方面进行实验研究，确定出适合于松南深层火山岩储层的低损害钻井液体系。

（2）完井技术。针对松南火山岩气藏具有埋藏深、岩性致密且硬而脆、高温高压、非均质严重、井段长、气层厚、微裂缝发育、高含二氧化碳等突出特点，形成了直井完井技术、水平井完井技术和高含 CO_2 气藏完井技术。

（3）压裂改造技术。通过研究水力加砂压裂改造方式、施工参数优化、配套压裂工艺等技术，建立了降滤失、控缝高、降破裂压力等多参数优化的储层改造技术，确保大规模压裂施工的顺利完成。

（4）储层压后改造效果评估技术。通过压裂支撑裂缝导流伤害和前期压裂改造分析，形成了从支撑剂的破碎率、嵌入程度及支撑裂缝导流能力等方面进行压裂效果评估的技术。评估表明，组合粒径支撑剂高导流压裂工艺，能满足复杂地应力条件，提高压裂效果。

第2章 松南气田火山岩储层地质精细描述

在松辽盆地油气勘探中，从规避火山岩，到以火山岩为目标，火山岩储层地质研究起到了重要的推动作用。火山岩储层地质描述包括基于露头、钻井岩心、岩屑、测井、地震资料的火山岩岩性、岩相、储集空间类型、物性特征、非均质性、火山岩储层空间分布特征等精细描述。在松南气田勘探和开发过程中，火山岩储层地质精细描述，为气藏的高效开发奠定了坚实的基础。

2.1 火山岩岩性、岩相

2.1.1 岩性

2.1.1.1 岩性分类方案

松辽盆地10余年的火山岩油气勘探实践表明，无论是国外还是国内的任何一种分类方案都不可能完全适用某特定地区的火山岩研究，而且纯岩类学的分类也不可能适用于以储层研究为首要目标的火山岩油气勘探研究。近年来，随着资料的快速积累、火山岩勘探的连续突破和产业化进程的突飞猛进，录井、测井、勘探、开发等几个方面在岩性定名方面的差异逐渐突显，已经给生产和科研带来诸多不便，成为制约火山岩油气藏勘探开发的瓶颈问题。在松南气田勘探、开发过程中，根据松辽盆地本区的火山岩特点，以储层研究为目标，采用如下岩性分类方案（表2-1）。

表2-1 松辽盆地深层岩性分类表（据王璞珺等，2007）

结构大类		成分大类	基本岩石类型	特征矿物组合或碎屑组分
火山熔岩类（熔岩基质中分布的火山碎屑<10%，冷凝固结）	熔岩结构	基性 SiO$_2$ 45%~52%	玄武岩/气孔杏仁玄武岩	基性斜长石、辉石、橄榄石
		中基性 SiO$_2$ 52%~57%	玄武安山岩/玄武粗安岩	中基性斜长石、辉石、角闪石
		中性 SiO$_2$ 57%~63%	安山岩	中性斜长石、角闪石、黑云母、辉石
			粗面岩/粗安岩	碱性长石、中性斜长石、角闪石、黑云母、辉石

结构大类	成分大类	基本岩石类型	特征矿物组合或碎屑组分
火山熔岩类（熔岩基质中分布的火山碎屑＜10%，冷凝固结）	中酸性 SiO₂ 63%~69%	英安岩	中酸性斜长石、石英、碱性长石、黑云母、角闪石
	酸性 SiO₂＞69%	流纹岩/碱长流纹岩	碱性长石、石英、酸性斜长石、黑云母、角闪石
		球粒流纹岩/气孔流纹岩/石泡流纹岩	碱性长石、石英、酸性斜长石、黑云母、角闪石
	一般为酸性 SiO₂＞69%，基性、中性都有	珍珠岩/黑曜岩/松脂岩/浮岩依据化学成分冠以流纹质/安山质/玄武质等	常见石英和长石斑晶（雏晶）；亦可见黑云母、角闪石、辉石、橄榄石等斑晶
火山碎屑熔岩类（熔岩基质中分布的火山碎屑＞10%，冷凝固结）	基性 SiO₂ 45%~52%	玄武质（熔结）凝灰/角砾/集块岩	基性斜长石、辉石、橄榄石
	中性 SiO₂ 52%~63%	安山质（熔结）凝灰/角砾/集块岩	中性斜长石、角闪石、黑云母、辉石
	中酸性 SiO₂ 63%~69%	英安质（熔结）凝灰/角砾/集块岩	中酸性斜长石、石英、碱性长石、黑云母、角闪石
	酸性 SiO₂＞69%	流纹质（熔结）凝灰/角砾/集块岩	碱性长石、石英、酸性斜长石、黑云母、角闪石
	基性－中性－酸性	玄武质隐爆角砾岩	基性斜长石、辉石、角闪石
		安山质隐爆角砾岩	中性斜长石、角闪石、黑云母、辉石
		粗安质隐爆角砾岩	碱性长石、中性斜长石、角闪石、黑云母、辉石
		流纹质隐爆角砾岩	碱性长石、石英、酸性斜长石、黑云母、角闪石
火山碎屑岩类（火山碎屑＞90%，压实固结）	基性 SiO₂ 45%~52%	玄武质凝灰/角砾/集块岩	碎屑中：基性斜长石、辉石、橄榄石
	中基性 SiO₂ 52%~57%	玄武安山质角砾岩	碎屑中：中基性斜长石、辉石、橄榄石
	中性 SiO₂ 57%~63%	安山质凝灰/角砾/集块岩	碎屑中：中性斜长石、角闪石、黑云母、辉石
	中酸性 SiO₂ 63%~69%	英安质凝灰/角砾岩	碎屑中：中酸性长石、石英、碱性斜长石、黑云母、角闪石

结构大类			成分大类	基本岩石类型	特征矿物组合或碎屑组分
火山碎屑岩类（火山碎屑 >90%，压实固结）	火山碎屑结构		酸性 SiO₂ >69%	流纹质（晶屑玻屑）凝灰岩	碎屑中：碱性长石、石英、酸性斜长石、黑云母、角闪石
				流纹质（岩屑浆屑）角砾/集块岩	碎屑中：碱性长石、石英、酸性斜长石、黑云母、角闪石
			蚀变火山灰 通常 SiO₂ >63%	沸石岩、伊利石岩、蒙脱石岩/膨润土	沸石、伊利石、蒙脱石
沉火山碎屑岩类（火山碎屑 50%~90%，压实固结）	沉火山碎屑结构	碎屑 <2mm	火山碎屑为主	沉凝灰岩	火山灰（岩屑、晶屑、玻屑、火山尘），外碎屑（石英、长石）
		碎屑 >2mm		沉火山角砾/集块岩	火山弹、火山角砾、火山集块、外来岩屑
沉积岩（火山碎屑 <50%）当火山碎屑含量 50%~10% 时冠以凝灰质岩	碎屑结构	碎屑 >2mm	陆源碎屑为主、火山碎屑为辅	砾岩	岩屑、长石、石英
		碎屑 0.063~2mm		砂岩	长石、石英、岩屑、云母、角闪石
		碎屑 0.0039~0.0063mm		粉砂岩	石英、长石、黏土矿物
	泥状结构	碎屑 <0.0039mm	黏土质、有机质	泥岩/页岩/油页岩	黏土矿物、石英、长石、碳质
				煤	有机显微组分，黏土矿物、碳酸盐矿物、石英、黄铁矿
浅成岩	结晶结构		基性	辉绿岩	基性斜长石、辉石、橄榄石
			中性	闪长玢岩/正长斑岩	中性斜长石/碱性长石、角闪石、黑云母、辉石
			酸性	花岗斑岩	碱性长石、石英、酸性斜长石、黑云母、角闪石

结构大类		成分大类	基本岩石类型	特征矿物组合或碎屑组分
深成岩	结晶结构	基性	辉长岩	基性斜长石、辉石、橄榄石
		中性	闪长岩/正长岩	中性斜长石/碱性长石、角闪石、黑云母、辉石
		酸性	花岗岩	碱性长石、石英、酸性斜长石、黑云母、角闪石
变质岩	变余结构	板岩类	砂质板岩、泥质板岩、炭质板岩	砂质、泥质、炭质
	变晶结构	千枚岩类	绢云母千枚岩、绿泥石千枚岩	绢云母、绿泥石、石英、钠长石
		片岩类	云母片岩、绿片岩、石英片岩	云母、绿泥石、阳起石、石英、长石、滑石
		片麻岩类	长英质片麻岩	钾长石、斜长石、石英、云母、角闪石、辉石
	碎裂、糜棱构造	动力变质岩类	碎裂岩、糜棱岩	石英、长石、绢云母、绿泥石

2.1.1.2 松南气田主要火山岩类型

通过松南气田从北到南 3 口探井元素俘获测井 TAS 图解可以看出，松南气田营城组火山岩化学成分以偏酸性的流纹质为主，少量为英安质，偏碱性（图 2 – 1）。

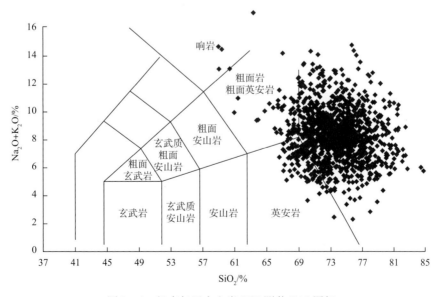

图 2 – 1　松南气田火山岩 ECS 测井 TAS 图解

具体到岩性上，松南气田主要发育流纹岩、英安岩、流纹质凝灰熔岩、隐爆角砾岩等火山岩石类型（图2-2）。

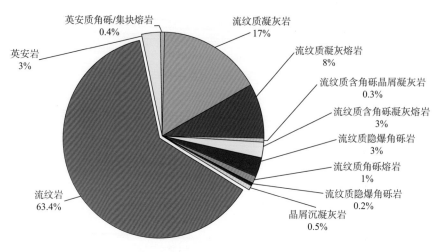

图2-2　松南气田火山岩岩性比例图

2.1.2　岩相

2.1.2.1　岩相分类标准

结合松辽盆地火山岩特点和油气勘探需要，王璞珺等（2003）提出火山岩相的"岩性—组构—成因"分类方案，并对火山岩储层发育有直接的指示作用，在松辽盆地火山岩油气勘探中获得了广泛的应用。松南气田在勘探和开发过程中，采用了该种分类方案，对储层研究起到了良好的效果（表2-2）。

表2-2　盆地火山岩相分类和亚相特征的识别标志表（据王璞珺等，2003）

相	亚相	搬运机制和物质来源	成岩方式	特征岩性	特征结构	特征构造	相序和相律	储层空间类型
V 火山沉积岩	V₃凝灰岩夹煤沉积	凝灰质火山碎屑和成煤沼泽环境的富植物泥炭	压实作用导致的胶结成岩	火山凝灰岩与煤层互层	火山/陆源碎屑结构	韵律层理、水平层理	位于距离火山穹隆较近的沼泽地带	碎屑颗粒间孔和各种原生、次生孔和缝，物性特征及其变化类似于沉积岩
	V₂再搬运火山碎屑沉积岩	火山碎屑物经过水流作用改造		层状火山碎屑岩/凝灰岩	砾石有磨圆但不含外碎屑，火山碎屑结构	交错层理、槽状层理、粒序层理、块状构造	多见于火山机构穹隆之间的低注地带，亦见于大型火山机构的近源组合之中	
	V₁含外碎屑火山碎屑沉积岩	以火山碎屑为主并有其他陆源碎屑物质加入		含外来碎屑的火山凝灰（质砂砾）岩	砾石有磨圆并含外碎屑，火山/陆源碎屑结构		位于火山机构穹隆之间的低注地带	

相	亚相	搬运机制和物质来源	成岩方式	特征岩性	特征结构	特征构造	相序和相律	储层空间类型
Ⅳ侵出相（位于火山旋回后期）	Ⅳ₃ 外带亚相	熔浆前缘冷凝、变形并铲刮和包裹新生和先期岩块，内力挤压流动	熔浆冷凝熔结新生和原岩块	具变形流纹构造的角砾熔岩	熔结角砾和熔结凝灰结构	变形流纹构造	侵出相岩穹的外部，可与喷溢相过渡	角砾间孔缝、显微裂缝、流纹理层间缝隙
	Ⅳ₂ 中带亚相	高黏度熔浆受到内力挤压流动，停滞堆砌在火山口附近成岩穹	熔浆（雨水淬火）冷凝固结	块状珍珠岩和细晶流纹岩	玻璃质结构、珍珠结构、少斑结构、碎斑结构	块状、层状、透镜状和披覆状	侵出相岩穹的中带	原生显微裂缝、构造裂缝，晶洞
	Ⅳ₁ 内带亚相			枕状和球状珍珠岩		岩球、岩枕、穹状	侵出相岩穹的核心	岩球间空隙、穹内松散体、微裂缝、晶洞
Ⅲ喷溢相（位于火山旋回中期）	Ⅲ₃ 上部亚相	含晶出物和同生角砾的熔浆在后续喷出物推动和自身重力的共同作用下沿着地表流动	熔浆冷凝固结	气孔流纹岩	球粒结构、细晶结构	气孔、杏仁、石泡	流动单元上部	气孔、石泡腔、杏仁内孔
	Ⅲ₂ 中部亚相			流纹构造流纹岩	细晶结构、斑状结构	流纹构造，可见气孔、杏仁	流动单元中部	流纹理层间缝隙，气孔、构造缝
	Ⅲ₁ 下部亚相			细晶流纹岩、含同生角砾的流纹岩	玻璃质、细晶结构、斑状结构、角砾结构	块状或断续的变形流纹构造	流动单元下部	板状和楔状节理缝隙，构造裂缝最易于形成和保存
Ⅱ爆发相（形成于火山旋回早期）	Ⅱ₃ 热碎屑流亚相	含挥发分的灼热碎屑—浆屑混合物在后续喷出物推动和自身重力的共同作用下沿着地表流动	熔浆冷凝胶结为主，多有压实作用叠加	含晶屑、玻屑、浆屑、岩屑的熔结凝灰（熔）岩；熔浆胶结复成分砾岩	熔结凝灰结构、火山碎屑结构	块状、正粒序、逆粒序，气孔、火山玻璃等拉长定向，基质支撑	火山旋回早期多见，爆发相上部，与喷溢相过渡	颗粒间孔，气孔，每个冷却单元底部可能发育几十厘米松散层

相	亚相	搬运机制和物质来源	成岩方式	特征岩性	特征结构	特征构造	相序和相律	储层空间类型
II 爆发相（形成于火山旋回早期）	II₂ 热基浪亚相	气射作用的气—固—液态多相浊流体系在重力作用下近地表呈悬移质快速搬运（最大时速达240km/h）	压实作用	含晶屑、玻屑、浆屑、岩屑的凝灰岩	火山碎屑结构（以晶屑凝灰结构为主）	平行层理、交错层理、逆行沙波层理	爆发相中下部或与空落相互层，低凹处厚，向上变细变薄，与古地形呈披覆状	有熔岩围限且后期压实影响小则为好储层（岩体内松散层），以晶粒间空隙和角砾间孔缝为主，物性特征及其变化类似于沉积岩
	II₁ 空落亚相	气射作用的固态和塑性喷出物（在风的影响下）作自由落体运动	压实作用	含火山弹和浮岩块的集块岩、角砾岩、晶屑凝灰岩	集块结构、角砾结构、凝灰结构	颗粒支撑正粒序层理，弹道状坠石	多在爆发相下部，向上变细变薄，也可呈夹层	
I 火山通道相（位于火山机构下部）	I₃ 隐爆角砾岩亚相	富含挥发分岩浆入侵破碎岩石带产生地下爆发作用，爆炸—充填作用同步进行	与角砾成分相同或不同的岩汁（热液矿物）或细碎屑物冷凝胶结	隐爆角砾岩（原岩或围岩可以是各种岩石）	隐爆角砾结构、自碎斑结构、碎斑结构	筒状、层状、脉状、枝杈状，裂缝充填状	火山口附近或次火山岩体顶部或穿入围岩	角砾间孔，原生显微裂隙，但多被捕后期岩汁再充填
	I₂ 次火山岩亚相	同期或晚期的浅侵入作用	熔浆冷凝结晶	次火山岩玢岩和斑岩	斑状结构、不等粒全晶质结构	冷凝边构造，流面、流线，柱状、板状节理，捕房体	火山机构下部几百至1500m，与其他岩相和围岩呈交切状	柱状和板状激励的缝隙，接触带的裂隙
	I₁ 火山颈亚相	熔浆侵出停滞并充填在火山通道，火山口塌陷充填物	熔浆冷凝固结、熔浆熔结火山碎屑物，压实影响	熔岩、熔结角砾/凝灰熔岩及凝灰/角砾岩	斑状结构、熔结结构、角砾/凝灰结构	堆砌构造，环状或放射状节理，岩性分带	直径数百米，产状近于直立，穿切其他岩层	角砾间孔、基质遮蔽孔、环状和放射状裂隙

2.1.2.2 松南气田主要岩相类型

松南气田钻井共钻遇4相9亚相，其中喷溢相和爆发相是两种主要的岩相类型（图2-3）。

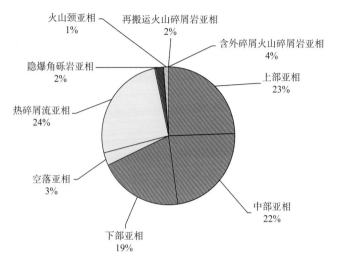

图 2-3 松南气田火山岩岩相比例图

2.1.3 岩性、岩相鉴别特征

2.1.3.1 流纹岩—喷溢相

松南气田喷溢相的流纹岩最为发育,按构造可细分为气孔流纹岩、流纹构造流纹岩和块状流纹岩。气孔流纹岩岩心一般呈棕灰色,气孔、杏仁构造发育〔图 2-4(a)和图 2-4(b)〕,属于喷溢相上部亚相。流纹构造流纹岩岩心为灰色、灰白色,见斑状结构〔图 2-4(c)〕,斑晶为碱性长石,中等到低角度流纹构造发育,镜下见基质为霏细结构,显微嵌晶结构,可以看到基质中多晶石英条带形成的流纹构造,流纹构造遇斑晶绕过,无压扁和拉长现象,属于喷溢相中部亚相〔图 2-4(d)〕。块状流纹岩属喷溢相下部亚相,见斑状结构,斑晶为碱性长石和石英,斑晶含量一般少于 5%,长石蚀变较强烈,基质溶蚀现象严重,基质一般为霏细结构、球粒结构〔图 2-4(e)〕,基质中可见特征性碱性矿物——钠铁闪石,为深蓝绿色,呈小片状分布在基质中,多色性和吸收性明显〔图 2-4(f)〕。

(a)气孔流纹岩—上部亚相(钻井岩心)气孔构造
发育,气孔直径在 1~2mm 之间,
YS101 井,3754 m

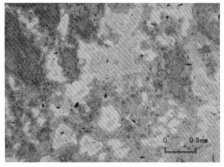

(b)对应薄片照片(单偏光,视域直径 d=3mm),
气孔构造发育,气孔形态不规则

（c）流纹构造流纹岩—中部亚相（钻井岩心），斑状结构、流纹构造发育，YS102井，3770m

（d）对应薄片照片—中部亚相（正交偏光，视域直径d=3mm），结晶程度不同形成了流纹岩中的流动构造

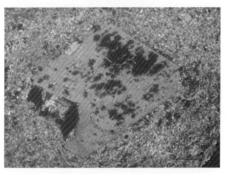

（e）块状流纹岩—下部亚相（正交偏光，视域直径d=6mm），斑状结构，斑晶为钾长石，基质为霏细结构，YS101井，3756.61m

（f）块状流纹岩—下部亚相（单偏光，视域直径d=1.2mm），基质中发育钠铁闪石，具有蓝色吸收性，YS101井，3838.38m

图2-4　流纹岩—喷溢相

2.1.3.2　流纹质自碎角砾熔岩—喷溢相

自碎角砾熔岩属喷溢相上部亚相，岩心可见角砾化现象［图2-5（a）］；镜下可见岩石为斑状结构，斑晶为碱性长石，少见石英，含量在5%左右。基质为细晶结构，含有流纹构造流纹岩、珍珠岩集块和角砾。基质角砾为同源角砾，为熔岩流顶部岩石冷却后，内

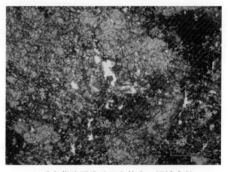

（a）流纹质自碎角砾熔岩（钻井岩心），岩心可见碎裂的小角砾，YP4井，3834m

（b）对应薄片照片（正交偏光，视域直径d=3mm），基质角砾化现象严重，可见气孔构造和较多溶孔

图2-5　流纹质自碎角砾熔岩—喷溢相

部仍在流动，挤压破碎造成。岩石蚀变严重，黏土矿化强烈，表面见较多溶蚀孔隙及气孔［图2-5（b）］。

2.1.3.3 隐爆角砾岩-火山通道相

隐爆角砾岩属于火山通道相隐爆角砾岩亚相，为后期岩浆炸裂原岩形成。YS102井见典型的隐爆角砾岩，原岩为晶屑凝灰岩，具隐爆角砾结构，网状、枝杈状裂缝发育，裂缝中充填黑色岩汁，角砾之间裂缝可以拼接（图2-6）。

(a)隐爆角砾岩（钻井岩心），枝杈状裂缝，中间充填黑色岩汁，YS102井，3653m

(b)对应薄片照片（正交偏光，视域直径$d=3mm$），原岩为晶屑凝灰岩，铁质岩汁沿枝杈状裂隙灌入

图2-6 隐爆角砾岩—火山通道相

2.1.3.4 流纹质凝灰熔岩/熔结凝灰熔岩—爆发相

松南气田大部分钻井均钻遇流纹质凝灰熔岩和熔结凝灰熔岩，属于爆发相热碎屑流亚相。流纹质熔结凝灰熔岩岩心为灰色，可见大量晶屑、拉长的浆屑和少量外源角砾［图2-7（a）］。镜下岩石为火山碎屑结构，晶屑为长石和石英，直径大部分小于2mm，基质为极细的火山灰，全消光或微显光，塑性浆屑发育，有脱玻化现象［图2-7（b）］。流纹

(a)流纹质浆屑晶屑熔结凝灰熔岩—爆发相热碎屑流亚相（钻井岩心），可见晶屑和拉长的塑性浆屑，YS101井，3708m

(b)对应薄片照片（正交偏光，视域直径$d=3mm$），岩石为熔结凝灰熔岩结构，浆屑为流纹质，内部可见晶形较完整的斑晶

图2-7 流纹质凝灰熔岩/熔结凝灰熔岩—爆发相

(c)流纹质晶屑凝灰熔岩—爆发相热碎屑流亚相（正交偏光，视域直径d=3mm），火山碎屑结构，碎屑物为石英、长石晶屑，表面裂纹发育，基质为火山灰和熔浆混合，YS102井，3652m

(d)流纹质晶屑玻屑凝灰熔岩—爆发相热碎屑流亚相，（正交偏光，视域直径d=6mm），岩石由流纹质岩屑、半塑性—塑性波屑构成，基质为火山灰，全消光，YS101井，3866m

图2-7　流纹质凝灰熔岩/熔结凝灰熔岩—爆发相（续）

质凝灰熔岩镜下观察仅见少量浆屑，晶屑发育，基质为凝灰质与熔浆混合物，微显光性 [图2-7（c）]，除浆屑外还可发育鸡骨状玻屑和大量岩屑 [图2-7（d）]。

2.1.3.5　沉凝灰岩—火山沉积相

位于火山旋回上部，属于火山沉积相含外碎屑火山沉积亚相，各井均有钻遇，晶屑为长石、石英，呈棱角—次棱角状，含少量片状黑云母，部分褐色陆源碎屑呈弯曲状环绕于晶屑间，呈定向排列，填隙物以泥质为主（图2-8）。

(a)沉凝灰岩（单偏光，视域直径d=3mm），碎屑物长石、石英为晶屑，半定向—定向排列，填隙物以泥质为主

(b)沉凝灰岩（正交偏光，视域直径d=3mm），碎屑物长石、石英为晶屑，半定向—定向排列，填隙物以泥质为主

图2-8　沉晶屑凝灰岩—火山沉积相

2.2　火山岩成储机理

火山岩中含有大量的能够储集、运移油气的孔—洞—缝结构、构造，这些孔、洞、缝既有原生的，也有次生的。在松南气田火山岩储层中，孔—洞是主要的储集空间，裂缝是重要的油气运移通道，两者配合形成了松南气田火山岩中的有效储层。

2.2.1 储集空间

通过对松南气田3口探井、5口水平井取心段岩心、铸体薄片及岩屑薄片进行分析，将松南气田火山岩储集空间类型分为3大类9亚类（表2-3）。

表2-3 松南气田火山岩储集空间类型表

成因类型	孔隙类型	特 征	分 布
原生孔隙	原生气孔	圆形、椭圆形，具有压扁拉长现象，为微裂隙所沟通，气孔周缘见一圈马牙状石英晶簇	多数分布于流纹岩中，少数分布于浆屑晶屑熔结凝灰熔岩的浆屑中
	杏仁体内孔	多为长形、多边形或围边棱角状不规则形状，连通性好	多数分布于流纹岩中，少数分布于浆屑晶屑凝灰熔岩的浆屑中
	基质收缩裂缝	不规则状，局部呈环带状，连通性好	多见于流纹岩中
	矿物炸裂缝	斑晶、晶屑炸裂逢	多见于凝灰岩、凝灰熔岩、熔结凝灰岩中
次生孔隙	晶内溶孔	孔隙形态不规则，完全溶蚀的晶内溶孔保留原晶体假象，主要为晶内孔，连通性好	流纹岩、晶屑凝灰熔岩、浆屑晶屑凝灰熔岩
	基质内溶孔	细小的筛状孔，连通性较好	流纹岩、凝灰岩、凝灰熔岩、熔结凝灰岩
	基质脱玻化孔	球粒边部与雏晶间收缩孔隙	球粒流纹岩
裂缝	构造裂缝	常平行成组出现，具方向性，常连通其他孔隙	流纹岩、凝灰岩、凝灰熔岩、熔结凝灰岩
	充填—残余构造裂缝	不规则构造裂缝被后期热液不完全充填	流纹岩、凝灰岩、凝灰熔岩、熔结凝灰岩

（1）原生气孔：岩浆喷出地表后溶解在岩浆中的挥发分以气体形式逸出，在岩石内部形成的未充填的孔隙。形状为圆形、椭圆形，呈定向排列。气孔周缘多可见一圈后期汽相结晶作用形成的马牙状石英晶簇。气孔多为孤立存在，但多被冷凝时形成的基质收缩微裂缝及基质内溶孔所沟通，连通性较好。松南气田原生气孔多发育于流纹岩喷溢相上部亚相中［图2-9（a）］，少量分布于浆屑晶屑凝灰熔岩浆屑中［图2-9（b）］。

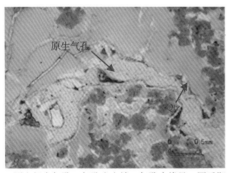

(a)原生超大气孔，气孔未充填，气孔内缘见一圈后期汽相结晶作用形成的马牙状石英晶簇，气孔被微裂隙沟通，内部可见少量方解石充填，
YS101井，3759.05m（单偏光，4倍镜）

(b)浆屑内原生气孔，气孔为拉长状，可见边部马牙状石英晶簇及内部的方解石充填，
YS101井，3708.59m（单偏光，4倍镜）

图2-9 松南气田典型储集空间类型

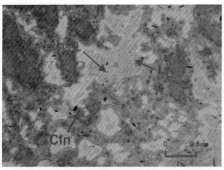

(c)杏仁体内孔，
原生气孔为后期玉髓不完全充填剩余的孔隙，
YS101井，3756.66m（单偏光，4倍镜）

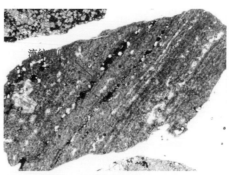

(d)流纹理间孔，
气孔成拉扁状沿流纹理裂缝发育，
CS1-1井，3889m（单偏光，4倍镜）

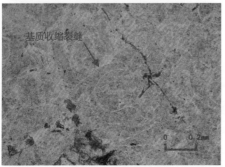

(e)流纹岩基质收缩裂缝
裂缝细小，呈不规则状，局部环带状，连通性较好，
YS101井，3756.66m（单偏光，10倍镜）

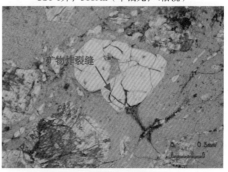

(f)矿物炸裂缝
石英晶屑喷出地表减压炸裂产生裂缝，
YS102井，3652.64m（单偏光，4倍镜）

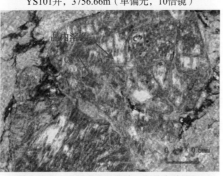

(g)晶内溶孔，斑晶内溶蚀孔隙、斑晶为碱性长石，
表面蚀变严重，溶孔为不规则状，不完全溶蚀，
YS101井，3758.11m（单偏光，10倍镜）

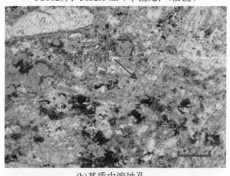

(h)基质内溶蚀孔，
流纹岩基质内溶孔，呈不规则筛状，连通性较好，
YS101井，3758.67m（单偏光，10倍镜）

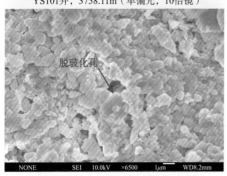

(i)基质脱玻化孔，基质中玻璃质成分脱玻化，
形成小的结晶颗粒，结晶颗粒之间发育微孔，
YS101井，3761m（扫描电镜，6500倍）

(j)构造裂缝，
多为平直裂缝，部分有充填，
YS102井，3726.54m

图2-9　松南气田典型储集空间类型（续）

（2）杏仁体内孔：松南气田火山岩中原生气孔被玉髓、方解石等矿物充填，形成杏仁构造，当杏仁体没有完全充填，留下的空间则为杏仁体内孔，其连通性一般较好［图2-9（c）］。

（3）流纹理间孔：流纹构造流纹岩中气孔沿流纹构造定向排列，呈串珠状，连通性好［图2-9（d）］。

（4）基质收缩裂缝：岩浆喷发时，基质在等体积条件下快速冷凝形成。基质收缩缝为不规则状和环带状，连通性好［图2-9（e）］。

（5）矿物炸裂缝：由斑晶、晶屑炸裂形成，呈不规则状，通常不是主要的储集空间类型［图2-9（f）］。

（6）晶内溶孔：为斑状火山岩斑晶被溶蚀产生的孔隙，形状不规则。当斑晶被完全溶蚀后，产生的晶内溶孔将保持原斑晶形状［图2-9（g）］。

（7）基质内溶孔：基质由于后期溶蚀作用而形成的孔隙，形态为细小不规则的筛状，部分沿基质中裂隙溶蚀，溶孔边部较平直，溶孔棱角分明。在松南气田火山岩中，基质溶孔一般连通性较好［图2-9（h）］。

（8）基质脱玻化孔：由于球粒流纹岩玻璃质脱玻化作用，结晶矿物形成后会导致净体积减少，在岩石中球粒与雏晶边部产生一定数量的孔隙，据研究，岩石脱玻化作用产生的孔隙可使岩石孔隙度最多增加7%［图2-9（i）］。

（9）构造裂缝：松南气田火山岩受构造应力作用产生裂缝，可见高角度、中等角度和低角度几种，构造裂缝一般较平直，也可见网状裂缝。构造裂缝切穿矿物颗粒、气孔、溶孔等，连通性较好［图2-9（j）］。

2.2.2 储层类型和物性特征

松南气田火山岩中通常同时发育多种类型的储集空间，形成多种储集空间组合，并构成多种不同类型的储层。根据储集空间的组合类型，将松南气田储层归结为火山熔岩类储层、火山碎屑熔岩类储层、火山碎屑岩类储层三大类（表2-4）。

表2-4 松南气田火山岩储层类型划分表

储层类型		代表岩性	代表岩相	主要储集空间类型	次要储集空间类型	组合方式	孔隙度/%		渗透率/$10^{-3}\mu m^2$		典型照片
大类	亚类										
火山熔岩类	原生孔隙—微裂缝型	气孔流纹岩	喷溢相上部亚相	原生气孔、各种溶孔	脱玻化孔隙、微裂缝	原生气孔（大量）+溶孔（大量）+微裂缝	最大值 28.3	最大值 38.3			
							最小值 0.9	最小值 0.01			
							平均值 12.98	平均值 7.59			

储层类型		代表岩性	代表岩相	主要储集空间类型	次要储集空间类型	组合方式	孔隙度/%		渗透率/10⁻³ μm²		典型照片
大类	亚类										
火山熔岩类	次生孔隙—微裂缝型	球粒流纹岩	喷溢相上部亚相	脱玻化孔、溶孔	原生气孔、微裂缝	微孔（大量）+微裂缝	最大值 22		最大值 21.98		
							最小值 0.4		最小值 0.01		
							平均值 8.02		平均值 3.96		
	原生孔隙—构造裂缝型	流纹构造流纹岩	喷溢相中部亚相	流纹理间气孔	流纹理间裂缝、溶蚀孔、构造裂缝	流纹理间孔（少量）+流纹理间缝+构造裂缝	最大值 21		最大值 19.7		
							最小值 0.4		最小值 0.01		
							平均值 6.66		平均值 2.11		
	构造裂缝型	块状流纹岩、英安岩	喷溢相下部亚相	构造裂缝	溶蚀孔、脱玻化孔	构造裂缝	最大值 6.2		最大值 5.27		
							最小值 0.5		最小值 0.01		
							平均值 1.42		平均值 0.4		
火山碎屑熔岩类	次生孔隙—构造裂缝型	流纹质凝灰/角砾熔岩	爆发相热碎屑流亚相	溶蚀孔、浆屑内气孔	构造缝、矿物炸裂缝	溶孔+气孔+裂缝	最大值 21		最大值 19.3		
							最小值 0		最小值 0		
							平均值 4.7		平均值 0.68		
火山碎屑岩类	构造裂缝型	流纹质凝灰岩	爆发相空落亚相	晶粒间孔、溶孔	溶蚀缝、构造裂缝	构造裂缝	最大值 2.6		最大值 1.77		
		流纹质角砾/集块岩	爆发相空落亚相	构造缝、砾间孔	矿物炸裂缝和解理缝、溶蚀孔缝	构造裂缝	最小值 0.8		最小值 0.01		
							平均值 1.43		平均值 0.15		

2.2.2.1 火山熔岩类储层

松南气田广泛发育熔岩类储层，包括原生孔隙—微裂缝型储层、次生孔隙—微裂缝型储层、原生孔隙—构造裂缝型储层、构造裂缝型储层四个亚类。

（1）原生孔隙—微裂缝型储层：松南气田该类火山岩储层的代表岩性为气孔流纹岩，主要储集空间类型以原生气孔为主，溶蚀孔隙发育，基质发育大量微裂缝，可以作为沟通原生孔隙的渗流通道。储层储集空间组合方式为原生气孔（大量）+溶孔（大量）+微裂缝，具有较好的孔、缝配置关系。根据研究区 8 口钻井测井和岩心实验孔渗数据统计，其孔隙度最大值为 28.3%，最小值为 0.9%，平均值为 12.98%，渗透率最大值为 38.3×

$10^{-3}\,\mu m^2$，最小值为 $0.01\times10^{-3}\,\mu m^2$，平均值为 $7.59\times10^{-3}\,\mu m^2$，在所有类型储层中储层物性最好，为高孔—高渗型储层（图 2-10 和图 2-11）。

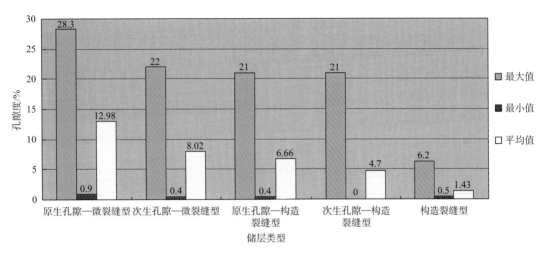

图 2-10　松南气田不同类型储层孔隙度分布图

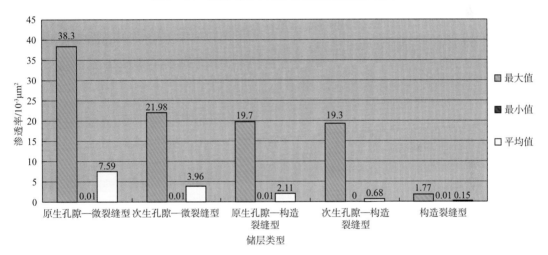

图 2-11　松南气田不同类型储层渗透率分布图

（2）次生孔隙—微裂缝型储层：代表岩性为球粒流纹岩，主要储集空间类型以脱玻化孔、溶孔为主，次要储集空间类型为原生气孔和微裂缝。储集空间的组合方式为微孔 + 微裂缝。由于微孔和微裂缝密度较高，其储层物性也较好。孔隙度最大值为 22%，最小值为 0.4%，平均值为 8.02%；渗透率最大值为 $21.98\times10^{-3}\,\mu m^2$，最小值为 $0.01\times10^{-3}\,\mu m^2$，平均值为 $3.96\times10^{-3}\,\mu m^2$。其储层物性仅次于原生孔隙—微裂缝型储层，为中高孔—中高渗型储层（图 2-10 和图 2-11）。

（3）原生孔隙—构造裂缝型储层：松南气田中该类火山岩储层的代表岩性为流纹构造流纹岩，主要储层空间类型为流纹理间孔；次要储集空间类型为流纹理间裂缝、溶蚀孔、构造裂缝；主要渗流通道为构造裂缝、流纹理间裂缝。储集空间组合类型为流纹理间孔（少量—中等数量）+ 流纹理间裂缝 + 构造裂缝。孔隙度最大值为21%，最小值为0.4%，平均值为6.66%；渗透率最大值为$19.7 \times 10^{-3} \mu m^2$，最小值为$0.01 \times 10^{-3} \mu m^2$，平均值为$2.11 \times 10^{-3} \mu m^2$。为中孔—中渗型储层（图2-10和图2-11）。

（4）构造裂缝型储层：代表岩性为块状流纹岩，代表岩相为喷溢相下部亚相，主要储集空间类型为构造裂缝和脱玻化孔，次要储集空间类型为极少量溶蚀孔、脱玻化孔。孔隙发育极少，主要储集空间为构造裂缝，其储集空间极为有限。孔隙度最大值为6.2%，最小值为0.5%，平均值为1.43%；渗透率最大值为$1.77 \times 10^{-3} \mu m^2$，最小值为$0.01 \times 10^{-3} \mu m^2$，平均值为$0.15 \times 10^{-3} \mu m^2$。为低孔—低渗型储层（图2-10和图2-11）。

2.2.2.2　火山碎屑熔岩类储层

次生孔隙—构造裂缝型：代表岩性为流纹质凝灰/角砾熔岩，代表岩相为爆发相热碎屑流亚相。主要储集空间类型为溶蚀孔、浆屑内气孔。以溶蚀孔为主，浆屑内气孔一般体积较大，数量较少，并随岩石熔结程度的增加而增多。次要储集空间类型为矿物炸裂缝、构造缝。渗流通道为构造裂缝，储集空间组合类型为溶孔（大量）+ 气孔（少量）+ 构造裂缝。由于构造裂缝较微裂缝稀疏，导致连通性不好。其孔隙度最大值为21%，最小值为0，平均值为4.7%；渗透率最大值为$19.3 \times 10^{-3} \mu m^2$，最小值为0，平均值为$0.68 \times 10^{-3} \mu m^2$，为中低孔—低渗型储层（图2-10和图2-11）。

2.2.2.3　火山碎屑岩类储层

构造裂缝型：代表岩性为流纹质凝灰岩，岩相为爆发相空落亚相、热碎屑流亚相。主要储集空间类型为砾间孔、构造缝；次要储集空间类型为矿物炸裂缝和节理缝、溶蚀孔缝。储集空间类型组合为构造裂缝。其孔隙度最大值为6.2%，最小值为0.5%，平均值为1.43%；渗透率最大值为$1.77 \times 10^{-3} \mu m^2$，最小值为$0.01 \times 10^{-3} \mu m^2$，平均值为$0.15 \times 10^{-3} \mu m^2$，为低孔-低渗型储层（图2-10和图2-11）。

2.2.3　储层成因

松南气田火山岩储层形成主要受成岩作用的影响，其中早成岩作用多数对储层有利，包括挥发分溢出、矿物炸裂、溶蚀、基质收缩等（图2-12）；晚成岩作用对储层的影响既有有利的一面（图2-12和图2-13），也有不利的一面（图2-14）。下面主要说明晚成岩作用，即火山岩在埋藏阶段经历的成岩作用对储层的影响。

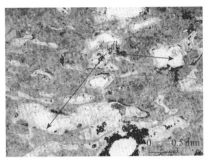

(a)挥发分逸出，YS101井，3758.67m，挥发分逸出作用产生的原生气孔

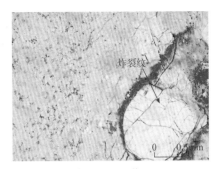

(b)减压碎裂作用，YS101井，3644.04m，石英晶屑表面炸裂纹

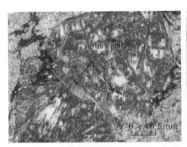

(c)溶蚀作用，YS101井，3758.5m，流纹岩中长石晶屑晶内溶蚀孔

(d)脱玻化作用，YP3井，3972m，球粒流纹岩，脱玻化在球粒边部产生收缩孔

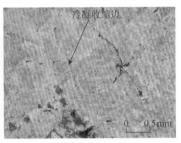

(e)冷凝收缩作用，YS101井，3756m，流纹岩，基质冷凝收缩产生裂缝

图2-12　松南气田有利成岩作用

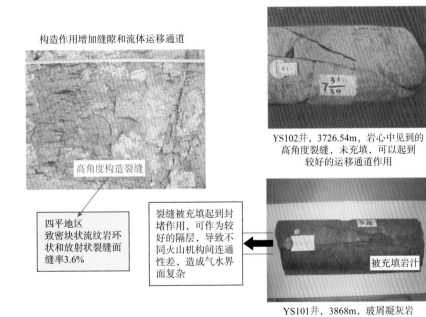

图2-13　松南气田构造作用对储层的影响

(a)YS101井，3759.58m，气孔杏仁流纹岩

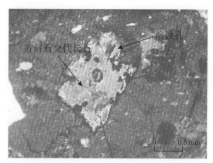

(b)YS102井，3652.64m，方解石交代碱性长石斑晶后被溶蚀形成碱性长石斑晶晶内溶孔

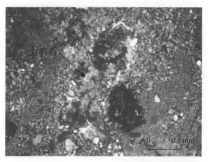

(c)YS101井，3649.58m，孔隙内充填方解石

(d)YP3井，4180m，碳酸盐交代，无孔隙

(e)YS101井，3648.6m，浆屑晶屑凝灰熔岩，气孔中充填方解石又被溶蚀

图2-14　松南气田有利与不利并存的成岩作用

2.2.3.1　充填作用

充填作用主要与后生成岩作用阶段发生的热液活动和地下水活动有关，在松南气田火山岩中较为常见。主要表现为气孔充填、裂缝充填、溶蚀孔的再充填。充填物主要有石英、方解石等。在火山岩中纯粹的充填作用对火山岩的储集性具有极大的破坏性，充填在气孔中的自生矿物可以部分充填孔隙，也可以全部堵塞孔隙，因此大大地降低了储层的储集性能。充填在裂缝中的矿物具有更大的破坏性，它不但占据一部分孔隙空间，更重要的是大大地降低了储层的渗透性。

2.2.3.2　脱玻化作用

脱玻化作用是火山玻璃随时间、温度和压力的变化，逐渐转化为雏晶或微晶的作用。火山岩储层随埋深增加、温度升高，有时候会有部分原生孔隙的损失，如火山碎屑岩粒间孔隙的缩小，黑云母向黏土矿物的转化由于体积膨胀而使孔隙缩小。但值得注意的是，松辽盆地深层球粒流纹岩储层在成岩演化过程中，流纹质玻璃发生脱玻化作用，形成球状、放射状或纤维状的长英质矿物。由于流纹质玻璃的密度（约 $2.3g/cm^3$）小于长石和石英的密度（分别约 $2.61g/cm^3$ 和 $2.65g/cm^3$），结晶矿物形成后会导致净体积的减少，在岩石中出现相当数量的微孔隙。

2.2.3.3　交代作用

交代作用主要是由后成岩作用阶段地层水对火山岩作用产生，其作用类型为方解石交代原生颗粒及基质，在松南气田火山岩中最为常见的是方解石交代。

2.2.3.4　溶解作用

溶解作用可以产生大量的次生孔隙，在松南气田火山岩中常见溶解作用形成的次生孔隙，例如在火山熔岩中，长石和角闪石斑晶常被溶解形成溶蚀孔隙。

2.2.3.5　构造作用

构造运动常会形成裂缝，而这些裂缝会成为流体运移的通道。流体对火山岩的直接影响是引起物质的带入和带出，使火山岩体处于开放体系下。火山活动、构造活动和排烃作用等都会引起大规模的热液活动。热液活动的直接后果是导致原有矿物发生蚀变、溶蚀，同时有新的矿物形成，导致次生胶结和充填作用发生。蚀变和溶解使火山岩孔隙度增加，胶结和充填使孔隙度和渗透率降低。所以，热液活动对于火山岩储层的综合效应因时、因地而异，更取决于局部因素。构造作用在岩心上常表现为构造缝，在野外露头表现为节理和裂缝。

2.3　火山岩储层发育的时空规律

2.3.1　火山机构内幕刻画

松南气田火山岩气藏为火山机构内幕型气藏，其储层发育特征受火山机构控制。随着松南气田火山岩气藏步入开发阶段，大量水平生产井的钻探要求对储层展布特征进行精细描述。精细划分火山机构，查明其内部岩性、岩相及储层特征对火山岩气藏的开发具有很大的意义。

松南气田火山机构解剖研究中涉及到的相关概念如下：

火山机构：火山机构是指一定时间范围内，来自同喷发源的火山物质围绕源区堆积构成的，具有一定形态和共生组合关系的各种火山作用产物的总和，表现为火山喷发在地表形成的各种各样的火山地形及与其相关的各种构造。

火山喷发期次：在盆地火山岩相关研究中，期次指一个喷发中心一次相对集中的火山活动形成的，在喷发方式及强度上有规律性变化、相序上有互相联系的火山岩组合。在钻井中，一个期次的火山岩通常具有一套或几套完整的岩相序列，如喷溢相下部亚相—中部亚相—上部亚相组合即可构成一个期次。

火山地层界面：火山脉动式喷发或长期喷发间断形成的分界面，火山地层界面是划分火山机构、期次的直接依据。

松南气田火山机构解剖采取组内划段，段内划分火山机构和期次的方案。利用岩性、岩相、相序分析等地质识别方法和测井、地震等地球物理方法进行了段—火山机构—期次的精细划分，并以期次为单元实现了火山机构内部岩相、储层的精细解剖。

2.3.1.1 火山机构识别及划分

在地震识别研究中，火山机构的地震响应特征的研究已经较为成熟，可以依据地震反射外形、内部结构及地震属性进行火山机构的地震识别。两个相邻火山机构间存在侧向叠置关系，两个火山机构之间如果存在短时间的喷发间断，则在火山机构叠置处可形成不整合面，同时由于火山机构喷发中心的位置不同，火山岩层的产状也会出现角度相交等不协调现象，反映在地震上会出现地震同相轴的明显不整合相交；对于相邻的同期喷发的火山机构，其喷发物在交界处互相穿切叠置，在地震上无明显界面，但其同相轴表现为倾角相反，可以以两个火山机构间最薄处作为分界线。

在地震剖面上（图2-15），火山口四周由于火山碎屑物质就近堆积，常形成正向隆起，呈丘状、透镜状，内部由于塌陷而下凹，剖面上表现为弧形凹陷或地堑下拉的反射特征，多杂乱反射。火山通道在地震剖面上表现为裂隙式近直立、向上发散的反射特征，中弱振幅，同相轴不连续。远火山口具有一定成层特征，振幅强，同相轴连续。

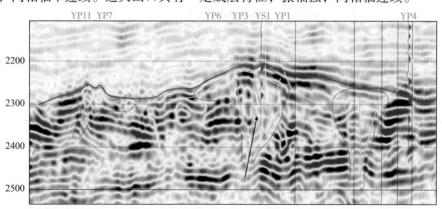

图2-15　YP7井—YP3井—YS1井—YP1井—YP4井火山机构地震识别剖面

在多属性融合体上，火山口具有明显的发散特征。与地震剖面特征结合进行火山机构识别，能够更加精细地刻画火山口与火山通道的空间展布特征，增加解释的可信度（图 2 - 16）。

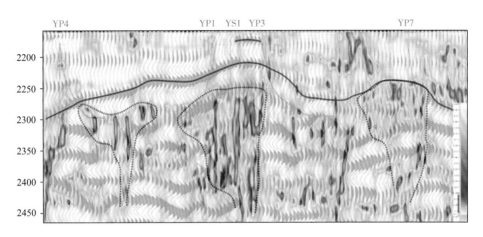

图 2 - 16　过 YP4 井—YS1 井—YP7 井地震与方差融合剖面

松南气田可识别出三个火山机构，从南至北依次为 YP7 火山机构、YS1 火山机构和 YP4 火山机构。YS1 火山机构规模最大，为典型的多锥复合火山机构。YP7 和 YP4 火山机构规模较小为单锥复合火山机构。

2.3.1.2　火山机构内部期次的识别及划分

在盆地火山岩相关研究中，期次指一个喷发中心一次相对集中（准连续）的火山活动形成的，在喷发方式及强度上有规律性变化、相续上有互相联系的火山岩组合。由于深层地震分辨率较低，目前从地震上还无法准确地直接识别火山岩储层，如何在地震的约束下进行火山岩岩相和储层的划分是火山机构内幕解剖的关键。以期次作为地震上可以识别的约束火山岩相和储层空间展布特征的最小单元，在研究区火山机构精细划分的基础上，可对火山机构内部期次—岩相—储层进行逐级解剖。

松南气田营城组火山岩由同一时期形成的火山机构复合体构成。地质上，不同期次火山岩在岩性、岩相上具有一定的差异。同时，期次界面常发育不同规模的风化壳、沉积岩夹层、火山灰层等，其为在火山活动间歇期，受风化剥蚀和沉积作用的影响形成，结合地质、测井、地震等方法可以进行很好地识别。在测井上，可以通过常规测井与成像测井识别火山灰夹层与风化壳，风化壳常规测井表现为高伽马、低电阻、低密度，成像测井静态图像电阻率较低，为橘红色—暗色，静态图像和动态图像中均可见成层堆积的原地角砾（图 2 - 17）。火山灰层常规测井曲线的振幅高于相邻火山岩，成像测井静态图像上为低阻橘红色，动态图像可见非常好的成层性（图 2 - 18）。在利用成像测井识别沉积岩夹层时应当注意，爆发相热基浪亚相在成像测井图像上也可以表现为成层性极好，在实际工作中应结合岩屑进行综合识别。另外，不同期次火山岩在喷发类型、物质成分上均有较大差别，而同一期次火山岩由于处于相同的喷发阶段而在岩性、岩相上有较强的相似性，在常规测井上表现为不同期次火山岩测井曲线具有较大的差异性，而同一期次火山岩测井曲线具有较好的相似性，通过连井对比，可以在井上初步确定期次界面。在地震剖面上，由于期次界面是区域构造不整合面，界面上、下波阻抗差较大，反射波能量较强，同相轴为连续强反射，在区域上可以进行连续追踪，期次界面上下岩层同相轴在界面上出现尖灭现象。通过追踪这种同相轴变化，结合钻井资料，即可确定期次界面空间展布特征。

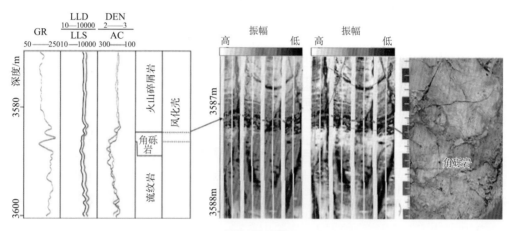

图 2 - 17　松南气田期次界面风化壳测井、岩心识别特征图

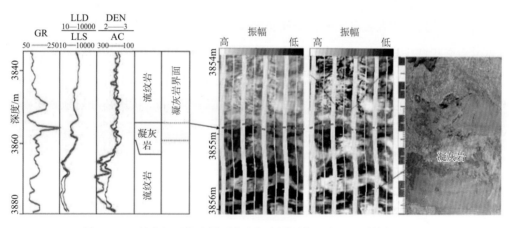

图 2 - 18　松南气田期次界面火山灰夹层测井、岩心识别特征图

松南气田纵向上可划分为 3 个期次（图 2 - 19）：期次 3 火山岩岩性以酸性浆屑晶屑熔结凝灰熔岩、酸性晶屑凝灰熔岩为主，岩相以爆发相所占的比例最大；期次 2 火山岩岩性以气孔流纹岩、球粒流纹岩、流纹构造流纹岩、致密块状流纹岩为主，岩相以喷溢相为

主，发育 YS1、YP7 两个厚度中心；期次 1 钻井揭示较少，岩性以喷溢相流纹岩为主，主要通过地震反射特征进行识别（图 2 - 20）。

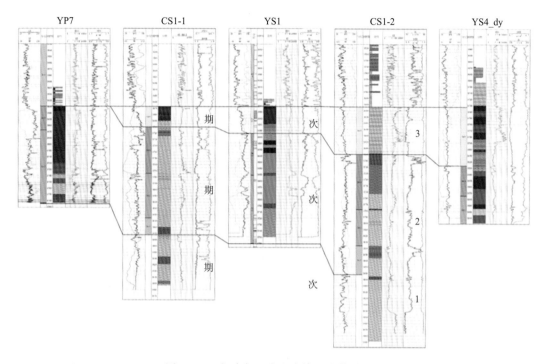

图 2 - 19　松南气田火山岩旋回连井对比图

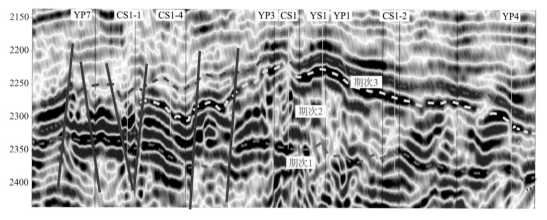

图 2 - 20　松南气田火山岩期次连井地震剖面图

2.3.1.3　期次内部流动单元的划分

期次界面是地震上能够识别的控制岩相和储层展布特征的最小单元。而流动单元的识别主要依靠钻井相序的识别。喷溢相下部亚相—中部亚相—上部亚相组合即可构成一个流动单元。流动单元顶部气孔发育，向下逐渐变致密，发育柱状节理。根据一个流动单元自上而下从气孔带到致密带岩石物性的变化可通过常规测井曲线和成像测井进行识别。常规测井曲线表现为电阻率自上而下逐渐升高（图2-21），声波时差逐渐降低；成像测井在顶部气孔带为低阻团带状、高声波、低密度，下部致密带成像测井高阻均一，低声波、高密度。

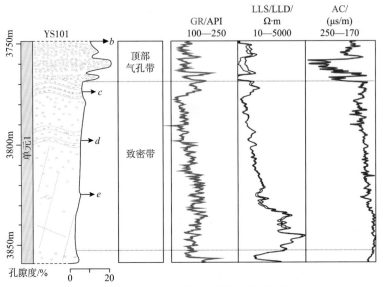

图2-21　松南气田YS101井流动单元划分图

松南气田期次3厚度薄，流动单元对储层物性影响弱，未细分。期次2根据物性单元变化，内部细分为3个流动单元（图2-22）。

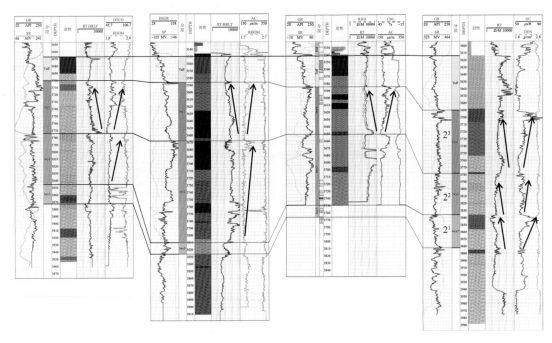

图2-22　松南气田期次2流动单元划分对比图

2.3.2 火山机构对储层的控制

通过对松南气田火山机构内部岩性、岩相和储层分析可以发现，松南气田火山岩储层发育受期次、火山机构、期次内部岩相和改造作用的分级控制。

2.3.2.1 期次控制

由于松南气田不同期次火山岩在岩性、岩相类型和比例上存在较大差异，导致了不同期次火山岩储层在整体上具有较大差异。松南气田钻遇的期次2、期次3火山岩岩性、岩相、孔渗的统计结果表明，期次2储层发育较好，厚度大，全区发育稳定，岩性主要为喷溢相，占88%，其中上部亚相占28%。高孔—高渗型储层钻井累计厚度占松南气田所有高孔—高渗型储层累计厚度的87%，中高孔—中高渗型储层累计厚度占所有中高孔—中高渗型储层累计厚度的65%。期次3火山岩主要为爆发相，占75%；高孔—高渗型储层累计厚度只占松南气田所有高孔—高渗型储层累计厚度的13%；中高孔—中高渗型储层累计厚度占松南气田所有中高孔—中高渗型储层累计厚度的35%；储层物性较期次2整体偏差。

2.3.2.2 火山机构相带控制

松南气田火山机构不同部位储层物性有较大差异，火山口—近火山口相带储层物性最好，近源相带次之，远源相带最差（图2-23）。火山机构上部由于长期风化剥蚀对储层的改造作用，其储层物性要相对好于火山机构其他部位。不同期次火山岩顶部储层物性也相对好于中、下部储层物性。碎屑岩火山机构不同冷凝单元之间发育的松散层及冷凝单元上部溶孔发育带均是有利的储集部位。

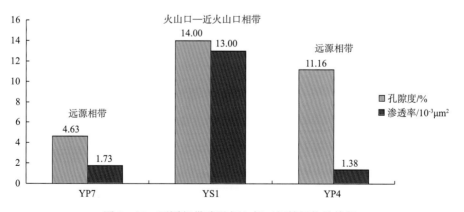

图2-23　不同相带喷溢相上部亚相储层物性特征

2.3.2.3 亚相控制

钻井资料是研究盆地埋藏火山机构唯一的高精度资料，从钻井岩相和储层物性的关系我们可以看出（图2-24），喷溢相上部亚相和爆发相热碎屑流亚相是松南气田火山岩最有利的两个成储相带。喷溢相上部亚相一般为气孔流纹岩，含角砾气孔流纹岩、球粒流纹岩，原生气孔、杏仁体内孔发育。其一般位于一个期次火山喷发序列的上部，经过后期改造，溶蚀孔隙发育，极大地改善了储层物性，储层物性最好。爆发相热碎屑流亚相主要为浆屑晶屑凝灰熔岩，储集空间类型主要为角砾间孔、基质、晶内溶孔、浆屑内原生气孔。

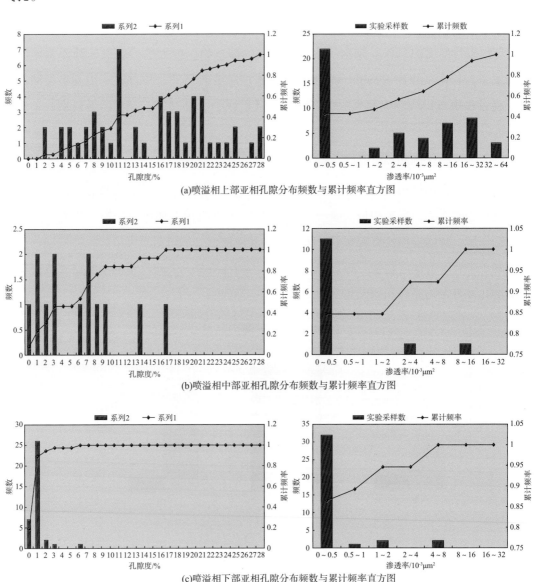

图2-24 松南气田火山岩岩相与储层物性关系直方图

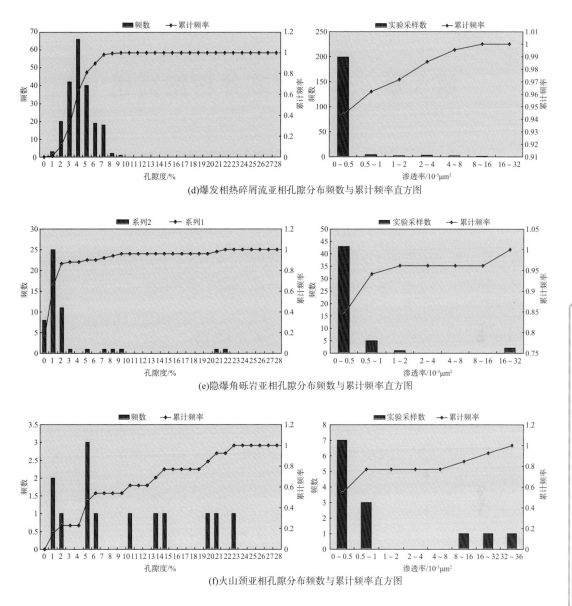

(d)爆发相热碎屑流亚相孔隙分布频数与累计频率直方图

(e)隐爆角砾岩亚相孔隙分布频数与累计频率直方图

(f)火山颈亚相孔隙分布频数与累计频率直方图

图 2-24 松南气田火山岩岩相与储层物性关系直方图（续）

第3章 火山岩测井精细描述

中国火山岩油气藏的大规模勘探历史不过 10 余年时间，储层和气藏的测井识别技术还较不成熟，利用沉积岩模型进行火山岩测井解释在应用中误差较大，迫切需要建立专门针对火山岩储层和气藏的测井识别技术。通过松南气田火山岩储层地质研究，火山岩储层应按孔—洞—缝三种孔隙进行建模。基于三孔隙模型，建立了区别于沉积岩的火山岩测井孔隙度、渗透率、气水层解释模型，提高了火山岩气藏测井解释精度。

3.1 火山岩测井识别

3.1.1 岩性识别

岩性识别一直是火山岩评价的重点和难点之一。通过对松南气田测井响应特征的研究，归纳出交会图版法、自组织神经网络法、主成分分析法，以及模糊聚类法四种识别火山岩岩性的方法。

3.1.1.1 交会图版法

已有学者根据松辽盆地火山岩薄片数据建立了 GR—TH（自然伽马—钍值）交会图版，可以较好地区分玄武岩、安山岩、粗面岩、英安岩、流纹岩五类火山岩岩性，松南气田根据薄片及 ECS 指示的岩石成分确定的岩性与图版法确定的岩性吻合（图 3–1），证明交会图版法识别岩性可靠程度高。

从图版中可以看出，玄武岩、安山岩、粗面岩、英安岩、流纹岩五类岩石的测井特征不同。其中，基性玄武岩自然伽马值为 $0 \sim 50$ API，钍值为 $(0 \sim 11.0) \times 10^{-6}$，对应蓝色框区域；中性安山岩自然伽马值为 $50 \sim 90$ API，钍值为 $(3.0 \sim 16.0) \times 10^{-6}$，对应绿色框区域；中酸性英安岩自然伽马值为 $90 \sim 120$ API，钍值为 $(5.0 \sim 11.0) \times 10^{-6}$，对应粉色框区域；酸性粗面岩自然伽马值为 $120 \sim 150$ API，钍值为 $(5.0 \sim 11.0) \times 10^{-6}$，对应蓝紫色区域框；酸性流纹岩自然伽马值为 $90 \sim 250$ API，钍值为 $(11.0 \sim 30) \times 10^{-6}$，对应红色框区域。

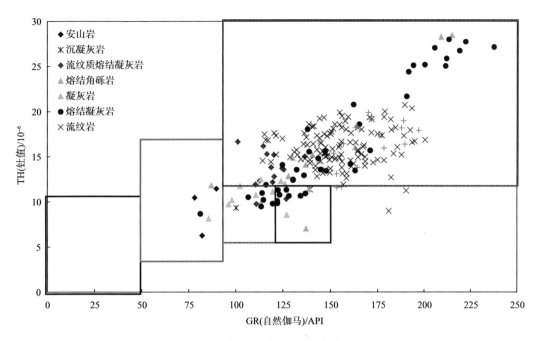

图 3 – 1　岩性识别 GR—TH 交会图版

图例：
◆ 安山岩
× 沉凝灰岩
◆ 流纹质熔结凝灰岩
▲ 熔结角砾岩
▲ 凝灰岩
● 熔结凝灰岩
× 流纹岩

纵轴：TH(钍值)/10⁻⁶
横轴：GR(自然伽马)/API

3.1.1.2　自组织神经网络法

人工神经网络是人们在模拟人脑处理问题的过程中发展起来的一种智能信息处理理论，它能够对人脑的形象思维、联想记忆等过程进行模拟和抽象，实现与人脑相似的学习、识别、记忆等信息处理能力。人工神经网络一般分为有监督和无监督的神经网络两类，它们都能够通过对样本的训练和网络自身结构的调节，实现对输入数据的自动分类，从而为综合利用各种测井参数提供了新的手段。

对于岩性十分复杂的火山岩地区，当已知地层信息较少时，有监督的神经网络（如BP 网络）将受到限制，此时，利用 Kohonen 提出的自组织特征映射网络，简称"SOM"（Self-Organization Map），能够对输入信息进行自动分类，它是一种无监督的聚类方法，能够通过网络自身的调节对输入模式进行聚类，且对参加训练的参数没有限制，可以作为一种可行的判别火山岩岩性的方法，实现对复杂的火山岩地区的岩性识别。

利用 Kohonen 提出的自组织神经网络 SOM 网络的基本原理和结构，编制了自组织神经网络进行聚类的 VC＋＋程序，对火山岩进行岩性判别。在建立火山岩样本数据模型并对其进行聚类结果分析的基础上，研究 SOM 网络的结构参数及测井参数的选择对分类结果的影响，并以此为依据，对实际测井资料进行火山岩岩性判别，取得了良好的应用效果，证实该方法可作为一种有效的火山岩岩性判别方法。图 3 – 2 为自组织神经网络的流程图。

3.1.1.3　主成分分析法

主成分分析（简称"PCA"）是将研究对象的多个相关变量指标化为少数几个不相关

变量的一种多元统计方法，而且这些不相关的综合变量包含了原变量提供的大部分信息，从数学的角度来看，就是降维的思想。任取一个特征向量，如果它所对应的特征值在整个数据集上代表着一个显著的方差值，则称其为这个数据集的一个主成分。尽可能多地保留原变量所包含的信息，同时又用尽可能少的主成分替代原有变量，从而使问题变得简单。

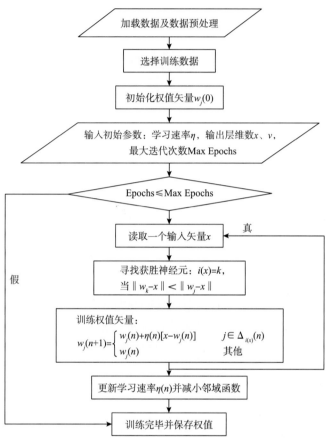

图 3-2　自组织神经网络程序流程图

原理为：设有 P 个指标组成的 P 维随机向量 $X = (x_1, x_2, \cdots, x_p)$ 作指标的线性组合（得综合指标）：

$$
\begin{cases}
Z_1 = a_{11}x_1 + a_{21}x_2 + \cdots + a_{p1}x_p \\
\qquad\qquad\vdots \\
Z_i = a_{1i}x_1 + a_{2i}x_2 + \cdots + a_{pi}x_p \\
\qquad\qquad\vdots \\
Z_p = a_{1p}x_1 + a_{2p}x_2 + \cdots + a_{pp}x_p
\end{cases}
\tag{3-1}
$$

其中，组合系数 a_{ij} 由以下条件确定：

$$
a_{1j}^2 + a_{2j}^2 + \cdots + a_{pj}^2 = 1 \quad j = 1, 2, \cdots, p
$$

Z_1 是 $(x_1, x_2, \cdots, x_p)$ 的一切线性组合中方差最大的；Z_2 与 Z_1 不相关，且在 $(x_1, x_2, \cdots, x_p)$ 的一切线性组合中方差最大；Z_p 与 Z_1、Z_2、$\cdots$、Z_{p-1} 都互不相关，且在 $(x_1, x_2, \cdots, x_p)$ 的一切线性组合中方差最大。

设 $X = (x_1, x_2, \cdots, x_p)'$ 的协方差阵 $D(X)$，$D(X)$ 的特征根为 $\lambda_1 \geq \lambda_2 \geq \cdots \lambda_p \geq 0$，$u_1$、$u_2$、$\cdots$、$u_p$ 为对应的标准特征向量，第 i 主成分为 $Z_i = u'_i$，X（$i = 1, 2, \cdots, p$）。称 $\lambda_i \Big/ \sum\limits_{k=1}^{p} \lambda_k$ 为主成分 Z_i 的贡献率，$\sum\limits_{i=1}^{m} \lambda_i \Big/ \sum\limits_{k=1}^{p} \lambda_k$ 为 Z_1、Z_2、$\cdots$、Z_m 的累计贡献率，累计贡献率越大，损失的数据信息就越少。通常，m 取值标准是使得累计贡献率达到 80% 以上。

正交变换后的主成分是正交的，其中第一主成分具有最大方差，第二主成分具有第二大方差，依次递推，最后一个主成分具有的方差最小，可忽略后面的主成分。主成分分析法通常以岩心及薄片资料为基础，选用对岩性识别效果较好的自然伽马、中子、密度、钍等测井参数，进行主成分分析计算，提取主因子，并确定出每种岩石类型的中心点及各主因子的分布半径，然后利用模糊模式识别的方法，识别火山岩的岩性。

3.1.1.4 模糊聚类法

用模糊聚类方法识别岩性的主要内容是：通过对研究区火山岩地层的测井响应进行统计，计算各种岩性的多种测井响应的平均值和均方差，将多种岩性的集合定义为论域 U，每一岩性则视为论域中的一个模糊子集，建立各种岩性的隶属函数，并利用最大隶属原则识别岩性（据卞德智，1991）。

设 A_1、A_2、$\cdots$、$A_n \in \beta(u)$，$u_0 \in u$

若有 $i \in (1, 2, \cdots, n)$，使得：

$$U_{A_i}(u_0) = \max\left[U_{A_1}(u_0), U_{A_2}(u_0), \cdots, U_{A_n}(u_0) \right]$$

对于某种岩性来说，当样点足够多时，测井信息近似符合正态分布。因此，采用正态分布函数作为隶属函数的基本单元：

$$f(x) = \frac{1}{\sqrt{2\pi}\sigma} e^{-\frac{(x-\bar{x})^2}{2\sigma^2}} \tag{3-2}$$

式中　x——测井信息；

　　　$\bar{x}$——该岩性测井信息的数学期望；

　　　σ——该岩性测井信息的标准方差。

在确定了隶属函数的基本单元之后，接下来要确定的是每一测井信息的权系数 B_j，由于每一测井信息在识别岩性中的作用不等，所以 B_j 也不尽相等，这一系数的确定必须通过对大量测井信息的特征进行分析后才能得到。

确定了权系数 B_j 后，所需要的隶属函数便可写出。为简便起见，对上述隶属函数做稍微的修改，就得到了火山岩岩性识别的隶属函数的表达式：

$$U_{A_i}(X) = \sum_{j=1}^{m} B_j e^{\frac{-(x_j - \bar{x}_{ij})^2}{2\sigma_{ij}^2}} \tag{3-3}$$

式中　$i=1$，2，$\cdots$，n——不同的岩性的编号；

　　　　$j=1$，2，$\cdots$，m——m 种不同的测井信息；

$X=(x_1，x_2，\cdots，x_m)$——待判地层的 m 种测井响应值；

　　　　　　　　x_j——待判地层的第 j 种测井响应值；

　　　　　　　　$\bar{x}_{ij}$、σ_{ij}——第 i 种岩性第 j 种测井信息的数学期望值、标准方差。

3.1.2　岩相识别

3.1.2.1　交会图法

对岩石薄片、铸体薄片及岩心资料进行分析，在镜下识别出的岩石结构有斑状结构、霏细结构、球粒结构、交织结构、熔结结构、凝灰结构、火山碎屑结构、沉火山碎屑结构几种类型。应用测井资料可识别出的岩石结构包括熔岩结构（斑状结构、霏细结构和交织结构）、熔结结构和凝灰结构（凝灰结构和火山碎屑结构）三种，从而区分喷溢相、爆发相和火山沉积相三种岩相。

对常规测井资料交会图的研究发现，GR—TH（自然伽马—钍值）交会图、GR—DT（自然伽马—声波时差）交会图对岩石结构反映较敏感，因此主要利用 GR—H 交会图和 GR—DT 交会图结合进行岩石结构划分。

从火山岩岩石薄片所对应的 GR—TH 交会图和 GR—DT 交会图（图 3 - 3、图 3 - 4）可以看出，凝灰结构（火山沉积相）的自然伽马值 <135API，声波时差值 <202μs/m；熔结结构（爆发相）的钍值为 (21.5~30.0)×10^{-6}；上述范围之外，均属于熔岩结构（喷溢相）。

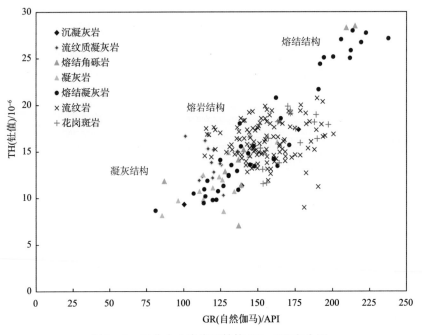

图 3 - 3　区分火山岩岩石结构 GR—TH 交会图

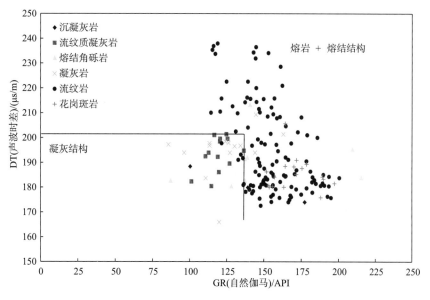

图 3 – 4　区分火山岩岩石结构 GR—DT 交会图

　　另外，实际处理过程中发现 TH—K（钍值—钾值）交会图对于岩石结构也较为敏感。在 TH—K 交会图中（图 3 –5），直线上部主要岩性为流纹岩、花岗斑岩，对应熔岩结构；直线下部为流纹质凝灰岩、沉凝灰岩、凝灰岩，对应凝灰结构；熔结角砾岩则在两种结构中均有分布。

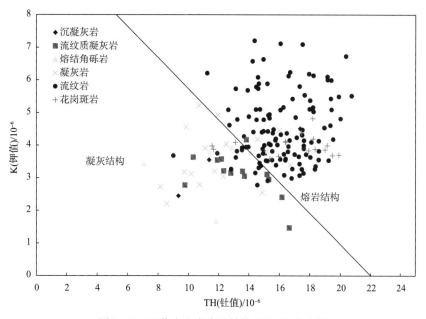

图 3 – 5　区分火山岩岩石结构 TH—K 交会图

3.1.2.2　常规测井曲线识别

1. 火山通道相

隐爆角砾岩亚相常规测井曲线表现为自然伽马曲线具有低振幅，呈锯齿状，最大值为

124API，最小值为93API，平均值为104API。深、浅侧向曲线形态为高幅度齿化箱形，曲线存在微幅度差，深侧向电阻率最大值为540Ω·m，最小值为78Ω·m，平均值为277Ω·m；浅侧向电阻率最大值为383Ω·m，最小值为60Ω·m，平均值为204Ω·m。声波时差曲线具有微弱振幅，呈锯齿状，曲线平直，最大值为184μs/m，最小值为172μs/m，平均值为177μs/m［图3-6（a）］。

2. 喷溢相

上部亚相常规测井曲线表现为自然伽马曲线呈低幅度锯齿状，最大值为291API，最小值为23API，平均值为138API。深、浅侧向曲线呈箱形。深侧向电阻率最大值为479Ω·m，最小值为73Ω·m，平均值为153Ω·m；浅侧向电阻率最大值为703Ω·m，最小值为139Ω·m，平均值为242Ω·m。声波时差曲线呈箱形，最大值为243μs/m，最小值为183μs/m，平均值为225μs/m［图3-6（b）］。

中部亚相常规测井表现为自然伽马曲线呈低幅微齿形，深、浅侧向曲线呈中幅度反向齿化箱形。深侧向电阻率最大值为1593.6Ω·m，最小值为243.3Ω·m，平均值为734.9Ω·m；浅侧向电阻率最大值为1204.1Ω·m，最小值为143.2Ω·m，平均值为535.3Ω·m。声波时差曲线呈微齿化，曲线平直，最大值为209.8μs/m，最小值为169.1μs/m，平均值为180.8μs/m［图3-6（c）］。

下部亚相常规测井自然伽马曲线呈中幅度锯齿状，最大值为389API，最小值为22API，平均值为125API。深、浅侧向曲线跳动剧烈，呈中高幅度锯齿状，为裂隙发育的反映，深侧向电阻率最大值为40000Ω·m，最小值为11Ω·m，平均值为2049Ω·m；浅侧向电阻率最大值为17209Ω·m，最小值为8Ω·m，平均值为1173Ω·m；声波时差曲线呈微弱幅度锯齿状，最大值为337μs/m，最小值为156μs/m，平均值为200μs/m；密度曲线平均值较中上部亚相高［图3-6（d）］。

3. 爆发相

热碎屑流亚相常规测井曲线上表现为自然伽马曲线呈低振幅锯齿状，曲线具有指状尖峰，峰值为71API，最大值为303API，最小值为29API，平均值为120API；深、浅侧向曲线呈低幅度锯齿状，为反向齿化箱形曲线，正幅度差明显，深侧向电阻率最大值为7665Ω·m，最小值为4Ω·m，平均值为181Ω·m，浅侧向电阻率最大值为5855Ω·m，最小值为3Ω·m，平均值为136Ω·m；声波时差曲线呈高振幅锯齿状，曲线摆动剧烈，最大值为319μs/m，最小值为120μs/m，平均值为215μs/m［图3-6（e）］。

由于松南气田取心段未钻遇空落亚相，现以YN1井空落亚相说明其测井响应特征。自然伽马曲线呈微弱幅度锯齿状，曲线平直，最大值为193API，最小值为72API，平均值为132API；深、浅侧向曲线呈高或极高幅度锯齿状，深、浅侧向曲线较吻合，深侧向电阻率最大值为5255Ω·m，最小值为38Ω·m，平均值为562Ω·m，浅侧向电阻率最大值为

3936Ω·m，最小值为37Ω·m，平均值为520Ω·m；声波时差曲线呈微弱幅度锯齿状，曲线形态平直，最大值为231μs/m，最小值为147μs/m，平均值为186μs/m［图3-6（f）］。

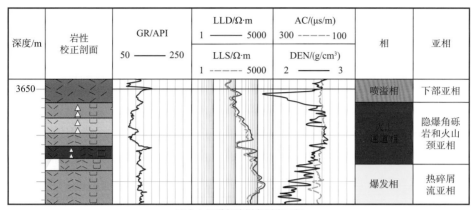

(a)火山通道相隐爆角砾岩亚相

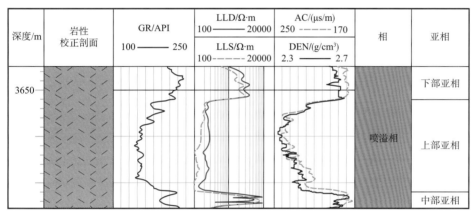

(b)喷溢相上部亚相

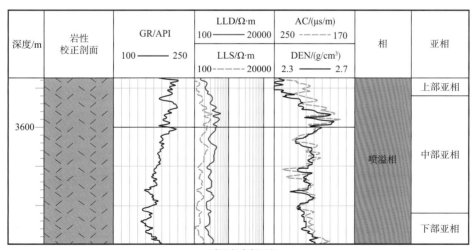

(c)喷溢相中部亚相

图3-6 火山岩相的常规测井响应特征图

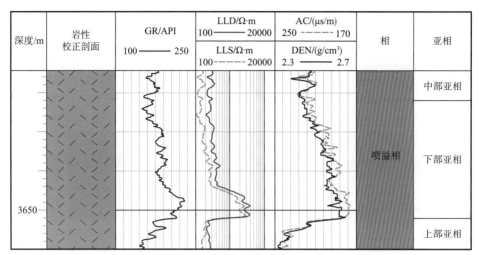

(d)喷溢相下部亚相

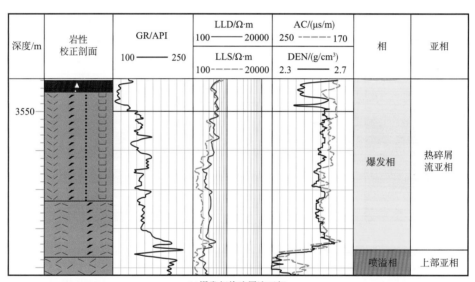

(e)爆发相热碎屑流亚相

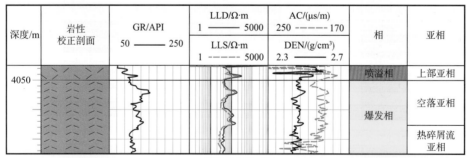

(f)爆发相空落亚相

图3-6 火山岩相的常规测井响应特征图（续）

3.1.2.3　成像测井识别

成像测井通过电阻率扫描图像的特征可精细反映岩石结构的变化，如岩石的致密程度、岩石的孔隙发育程度、裂缝发育程度、层理和流纹理、角砾和浆屑含量等。通过这些结构的识别，可实现火山岩亚相的精确识别（图3-7）。

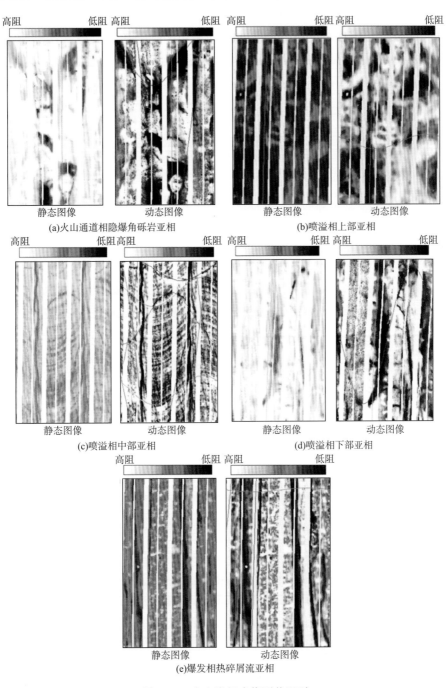

图 3-7　火山岩相成像测井识别

火山通道相隐爆角砾岩亚相在静态图像上表现为高阻黄色，动态图像表现为枝杈状，暗色裂隙发育，裂缝分割的黄色板块为角砾[图3-7（a）]；喷溢相上部亚相静态图像电阻率较低，为暗色—橘红色，动态图像为亮色条带夹暗色团块，分布不均匀，无规律性[图3-7（b）]；喷溢相中部亚相静态图像为中低阻暗色—橘黄色到高阻黄色—亮黄色均有，动态图像为亮色和暗色条带呈正弦曲线状交替、均匀排列[图3-7（c）]；喷溢相下部亚相静态图像为中高阻橘黄色到亮黄色，动态图像上各种角度构造裂隙发育，高角度裂隙延伸较远[图3-7（d）]；爆发相热碎屑流亚相静态图像一般表现为中高阻，动态图像为麻点状，见拉长的高阻浆屑形成的顺层亮斑结构，局部见高阻角砾[图3-7（e）]。

3.1.3 裂缝识别

3.1.3.1 常规测井曲线识别裂缝

根据岩心观察和各种常规测井信息的综合对比分析，可以总结出常规测井资料对储层裂缝的响应特征。

1. 自然伽马测井

由于某些地区地下水活动活跃，水中溶解的铀元素（U）被离析，并沉积在裂缝周围的壁上，造成铀元素富集，使得裂缝发育层段出现高自然伽马异常。但如果在地下水活动不活跃的地区，则裂缝性储集层的自然伽马显示为低值，此时需要结合其他常规测井资料，如中子、密度、声波时差来判断是否为裂缝性储集层。

2. 电阻率测井

裂缝在电阻率曲线上的响应取决于许多因素，如裂缝倾角与方位、裂缝充填物等，下面就常规测井方法中双侧向测井、微球形聚焦测井及感应测井对裂缝的响应特征做简单描述。

（1）双侧向测井低角度裂缝电阻率降低的幅度较大，表现为尖刺状"负异常"，高角度裂缝电阻率降低的幅度较小，表现为较圆滑的"正异常"，差异大小与裂缝发育程度有关。在钻井过程中，由于钻井液对裂缝的侵入，可以根据双侧向测井的深、浅侧向电阻率曲线的幅度差来判断储层和裂缝发育段。一般来说，深、浅侧向电阻率曲线的幅度差越大，则裂缝越发育。

（2）微球形聚焦测井为极板型仪器，所以测量值具有方向性，只有当极板贴在裂缝之上时，才能反映出裂缝。但在裂缝方向上，往往有扩径现象而形成椭圆井眼，增大了微电阻率测井探测裂缝的机会，且因微电阻率测井的探测深度小，所以裂缝对它们的影响也大。

（3）感应测井基本上不受垂直裂缝的影响，而强烈地受水平裂缝的影响，因为水平裂缝实际上与感应测井的电流并联，与裂缝周围的电阻率相比，裂缝电阻率是很低的。水平裂缝使侧向电流聚焦作用加强，测量的电阻率降低。

目前，在火山岩储层的裂缝识别中，应用最广泛、有效的常规测井方法是双侧向—微聚焦测井法，对于致密火山岩层段，双侧向—微聚焦三电阻率曲线均为明显高值且基本重合；对于裂缝性火山岩层段，因钻井泥浆或泥浆滤液侵入较深，使得电阻率值明显降低，在裂缝发育不均时，电阻率曲线常呈高低间互、起伏不平的多尖峰状，当裂缝发育时，浅侧向明显低于深侧向，当仅有孤立稀疏的裂缝发育时，双侧向电阻率降低不明显，而微聚焦可为显著低值。

3. 密度测井

由于密度测井仪为极板推靠式仪器，当仪器探测正好与张开裂缝相接触时，会对密度测井产生较大影响。通常，密度测井主要反映岩石的总孔隙度，而与孔隙的几何形态无关，当地层中有裂缝存在时，密度会降低。因泥饼使补偿值增加，密度测井的校正曲线是快速、直观识别裂缝的有效曲线，常常是裂缝存在的良好指示。但密度仪器常受极板压力和井壁不规则的影响，这些因素都会影响密度测井判断裂缝的效果。

4. 声波时差测井

声波曲线对裂缝的显示主要取决于裂缝的张开度、发育程度、充填物和流体的性质。由于声波传播时，选择最短的传播声程，因此传播过程有可能不经过裂缝，所以裂缝在声波时差曲线上的响应与井筒周围裂缝的产状及发育程度密切相关。理论上，高角度裂缝对声波时差影响小，低角度裂缝或网状裂缝对声波时差影响大。当存在大的水平裂缝或网状裂缝时，因绕射与反射将会使纵波幅度产生很大的衰减，以致不能检测到首波甚至以后的几个波峰，导致所谓的"周波跳跃"现象产生。因此，利用声波时差可以识别水平裂缝或网状裂缝，但不能用于识别垂直裂缝。

5. 补偿中子曲线

由于补偿中子测井探测深度较大，在非均质的裂缝性火山岩气藏研究中，是取得总孔隙度的有效方法。在火山岩剖面裂缝性层段上，裂缝大量发育时，泥浆滤液沿裂缝侵入，造成补偿中子显示为相对高的孔隙度值。与其他常规测井类似，补偿中子也同样只能指示裂缝带的位置，不能确定裂缝的发育方向。

3.1.3.2 成像测井识别裂缝

对研究区内有成像测井资料的井进行了图像的处理和裂缝识别，并提取了有关裂缝参数。松南气田各种裂缝在 FMI 图像上的主要特征为：高导缝在 FMI 图像上表现为深色

（黑色）的正弦曲线，连续性比较好，往往充填有钻井泥浆等低阻物质，其倾角大小变化很大，主要在 40°~80° 之间变化。高阻缝在 FMI 图像上表现为相对高阻（浅色到白色）正弦曲线，高阻缝多为闭合缝，为高阻物质充填裂缝或裂缝闭合而成。钻井诱导缝为钻井过程中产生的裂缝，主要由于地层内部应力释放，以及钻具在井壁造成的擦痕所形成，最大特点是沿井壁的对称方向出现，呈羽状或雁列状（图 3-8）。

(a)高导天然缝 　　　　　　　(b)高阻天然缝 　　　　　　　(c)钻井诱导缝

图 3-8　裂缝 FMI 特征图

3.1.3.3　分维及综合裂缝概率方法

1. 分维方法

分维是人们在自然界和社会实践活动中所遇到的不规则事物的一种数学抽象。事实上，目前还没有严格的数学定义，只能给出描述性的定义。粗略地说，分维是没有特征长度但具有一定意义的自相似图形和结构的总称。

断裂、大裂缝、小裂缝的空间分布已经证明具有分维特征。同样，裂缝在井中的分布也应该具有分维的特点，这种特点可以从反映分维变化的测井曲线上进行提取。已有的研究结果表明，裂缝越发育，往往测井曲线上变化越剧烈，因此分维值就会很高，相反，如果地层比较均匀、致密，测井曲线平滑且稳定，分维值就会低。

计算测井曲线的关联维采用嵌入空间法。嵌入空间法主要用于时间序列分析，它是把一定时间范围内不同时刻观测的数据序列人为地拓展到一定维数的向量空间，通过向量分析方法对观测数据进行研究的方法。观测数据人为拓展成的向量空间称为嵌入空间。测井数据是等深度采样间距测量的与地层的物理性质相关的数据，亦可看成是一种时间序列。测井所得到的时间序列（实为深度序列）包含着丰富的信息，它蕴藏着地层各种特征变量的痕迹，因此，可根据测井资料这种时间序列数据来确定地层的分维。在利用嵌入空间法计算测井曲线的关联维时，首先要将测井数据序列拓展成一定维数的向量空间，然后计算其关联维数。

2. 综合裂缝概率方法

由于各种测井方法对裂缝的敏感程度并非完全相同，加之某些非裂缝因素也可能引起与裂缝相同的异常响应，所以用一两种测井方法判别裂缝往往很难做出确切的回答，在井眼条件较差时尤其如此，因而多种测井方法综合反映裂缝的可能性明显增大，用多种测井方法综合判断裂缝更为合理。综合裂缝概率方法是利用测井特征判断裂缝发育的概率，多种测井方法加权计算，最后构成一条裂缝概率曲线，对裂缝进行综合判断。各测井曲线的裂缝概率及综合裂缝概率如下：

（1）双侧向幅度差。

当前处理深度的电阻率幅度差指示的裂缝概率为：

$$P = (\Delta R - \Delta R_b)/(\Delta R_f - \Delta R_b) \tag{3-4}$$

式中　　P——裂缝概率；

ΔR——当前深度的电阻率对数的幅度差绝对值；

ΔR_b——致密段的双侧向幅度差绝对值；

ΔR_f——裂缝段的双侧向幅度差绝对值。

（2）铀曲线。

通过铀曲线计算的当前处理深度的裂缝概率为：

$$P = (U - U_b)/(U_f - U_b) \tag{3-5}$$

式中　　P——裂缝概率；

U——当前深度铀的测井值；

U_b——致密段铀的测井值；

U_f——裂缝段铀的测井值。

（3）自然伽马曲线。

通过自然伽马曲线计算的当前处理深度的裂缝概率为：

$$P = (GR - GR_b)/(GR_f - GR_b) \tag{3-6}$$

式中　　P——裂缝概率；

GR——当前深度的 GR 测井值；

GR_b——致密段的 GR 测井值；

GR_f——裂缝段的 GR 测井值。

（4）密度曲线。

通过密度曲线计算的当前处理深度的裂缝概率为：

$$P = (DEN - DEN_b)/(DEN_f - DEN_b) \qquad (3-7)$$

式中　　P——裂缝概率；

　　DEN——当前深度的密度测井值；

　　DEN_b——致密段的密度测井值；

　　DEN_f——裂缝段的密度测井值。

（5）声波曲线。

通过声波曲线计算的当前处理深度的裂缝概率为：

$$P = (DT - DT_b)/(DT_f - DT_b) \qquad (3-8)$$

式中　　P——裂缝概率；

　　DT——当前深度的声波测井值；

　　DT_b——致密段的声波测井值；

　　DT_f——裂缝段的声波测井值。

（6）中子曲线。

通过中子曲线计算的当前处理深度的裂缝概率为：

$$P = (CNL - CNL_b)/(CNL_f - CNL_b) \qquad (3-9)$$

式中　　P——裂缝概率；

　　CNL——当前深度的声波测井值；

　　CNL_b——致密段的声波测井值；

　　CNL_f——裂缝段的声波测井值。

通过上述各种概率方法与成像裂缝参数的对比，发现不同方法得到的概率与成像裂缝参数反映程度不同，因此在实际处理时采用如下方式求取裂缝综合概率：

$$P = \sum_{i=1}^{N} \omega_i P_i \qquad (3-10)$$

式中　P_i、ω_i——第 i 种方法求取的裂缝概率、权重系数；

　　N——曲线条数，实际处理是取 $N=6$。

表 3-1 为各条曲线的权重分配表。

表 3-1　计算裂缝综合概率的各条曲线权重分配表

曲线名称	电阻率	铀	自然伽马	密　度	声　波	中　子
权重	0.05	0.10	0.20	0.25	0.25	0.15

从上述权重求取的 YS1 井综合裂缝概率处理成果图（图 3-9）可以看出，利用不同

权重获得的裂缝综合概率与成像给出的裂缝参数反映程度近似，二者吻合较好。

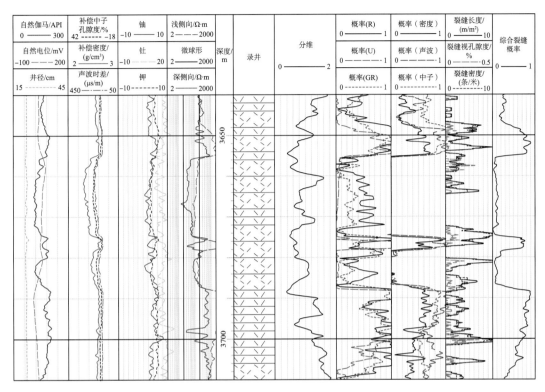

图 3 – 9　YS1 井加权裂缝综合概率处理成果图

3.2　测井储层定量评价

沉积岩和火山岩在测井储层和流体识别上存在很大差别，其本质区别在于沉积岩和火山岩储集空间类型和组合关系不同。沉积岩主要由母岩的风化产物经过水流或冰川的搬运、沉积、成岩作用形成，其储集空间类型主要为粒间孔，孔隙类型较为单一，孔隙分布均匀，非均质性弱；火山岩主要由喷溢相的火山熔岩冷凝和爆发相的火山碎屑压实形成，其内部孔隙由挥发分分异、火山岩脱玻化、溶蚀等作用形成，孔隙类型多，孔隙分布不均匀、非均质性强。火山岩储层物性和流体测井识别，必须针对火山岩储层孔隙类型多、非均质性强的特点，进行针对性的建模，才能取得较好的识别效果。

3.2.1　孔隙度模型

松南气田火山岩储层岩性变化快，不适应单一组分模型。在开发过程中，尝试采用多组分体积模型进行孔隙度的计算，取得了跟实际测试较为吻合的效果。

3.2.1.1　多组分体积模型

岩石体积模型就是根据储集层的组成，按其物理性质（如声波时差、密度、中子测井孔隙度或电阻率等）的差异，把岩石体积分成对应的几个部分。然后研究每一部分对测井结果的贡献，并把测量结果看成是这几个部分贡献的总和。对于复杂火山岩储层，由于矿物种类变化复杂，矿物成分多，需要建立多组分体积模型，才能计算出准确的孔隙度。

对于松南气田典型基性、中性、酸性岩的主要代表岩石：玄武岩、安山岩、流纹岩等，通过与岩心分析孔隙度或核磁测井孔隙度对比，确定出岩石的骨架参数，而非典型的其他火山岩的骨架参数，则介于两种典型的火山岩骨架参数之间。图 3 - 10 是以典型火山岩岩石为组成单位的体积模型——多组分模型。

图 3 - 10　典型火山岩岩石多组分体积模型

3.2.1.2　骨架参数确定

利用 ECS 测井得到的各元素的质量分数计算出骨架的参数，画出各井的骨架中子—骨架密度交会图及研究区的中子—密度交会图（图 3 - 11），由图中可以看出，骨架不是稳定的，而是有明显的变化趋势。

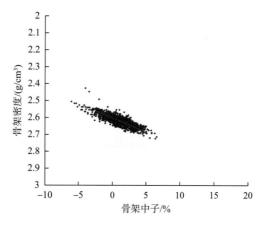

图 3 - 11　研究区骨架中子—密度交会图

3.2.1.3　火山岩总孔隙度计算

常规孔隙度测井计算体积模型为简单的骨架与孔隙，本次采用常规孔隙度测井结合 ECS 骨架参数计算孔隙度，这里将骨架分为两个部分 M_1 和 M_2。其中，M_1、M_2 的中子和密度由 ECS 求得的骨架中子和骨架密度交会图确定。

设孔隙度为 Φ，组分 M_1、M_2 的体积分别为 V_1、V_2。则测井响应方程为：

$$\begin{cases} \varPhi_N = \varPhi_{Nf}\varPhi + \varPhi_{Nma1}V_1 + \varPhi_{Nma2}V_2 \\ \rho_b = \rho_f\varPhi + \rho_{ma1}V_1 + \rho_{ma2}V_2 \\ 1 = \varPhi + V_1 + V_2 \end{cases} \qquad (3-11)$$

由此方程求出火山岩储层总孔隙度 $\varPhi$、组分 1 和组分 2 的体积 V_1 和 V_2。

3.2.1.4 多组分处理方法与实际处理效果

将基质孔隙度、总孔隙度与岩心分析孔隙度进行对比，计算的渗透率与岩心分析渗透率进行对比（图 3-12），YS1 井计算孔隙度与岩心分析孔隙度基本吻合。通过对整个井区的计算，基质孔隙度与岩心孔隙度的平均绝对误差为 1.44%，若不考虑裂缝层段，则整个井区的计算基质孔隙度与岩心孔隙度的平均绝对误差为 0.93%，平均相对误差 <8%。

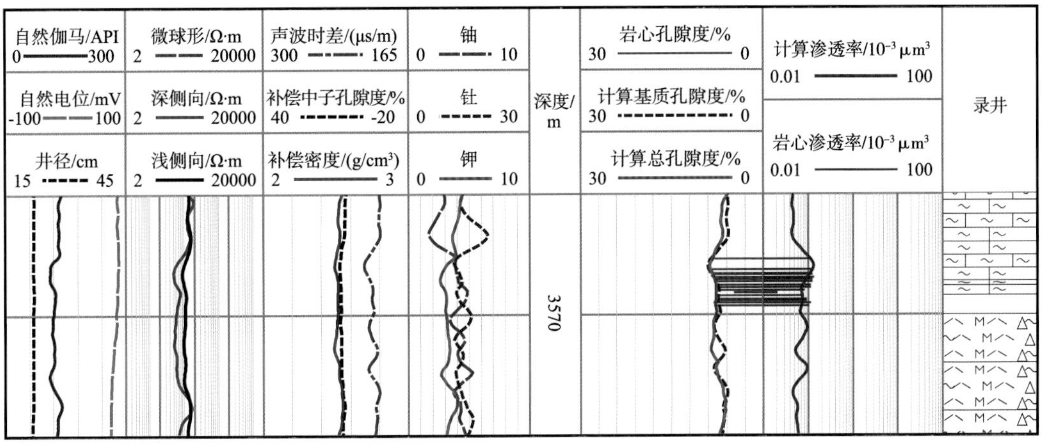

图 3-12　YS1 井计算孔隙度与岩心孔隙度对比图

3.2.2 渗透率模型

毛管压力曲线包含了岩石孔隙喉道分布的规律，根据毛管压力曲线的形态可以大体上判断岩石储集性能的好坏，评价岩石的储集性质。毛管压力曲线形态主要受孔隙喉道的分选性和喉道大小控制。基于毛管压力曲线的孔隙结构对松南地区火山岩进行分类，从而计算出火山岩渗透率。

3.2.2.1 基于毛管压力曲线的孔隙结构分类

选择松南气田多口钻井，进行了 74 块火山岩岩样的压汞曲线测量。根据压汞曲线形态将研究区的岩样分为 4 类：Ⅰ类、Ⅱ类、Ⅲ类、Ⅳ类。下面分别从压汞图和物性参数角度进行论述。第Ⅰ类储层的储集性很好。其孔隙度分布在 19.79% ~ 29.15%，平均值为 24.14%，渗透率在 $(2.11 ~ 26.1) \times 10^{-3} \mu m^2$，平均值为 $13.09 \times 10^{-3} \mu m^2$，排驱压力在 0.01 ~ 0.1MPa，且非均质性较强 [图 3-13 (a)]。

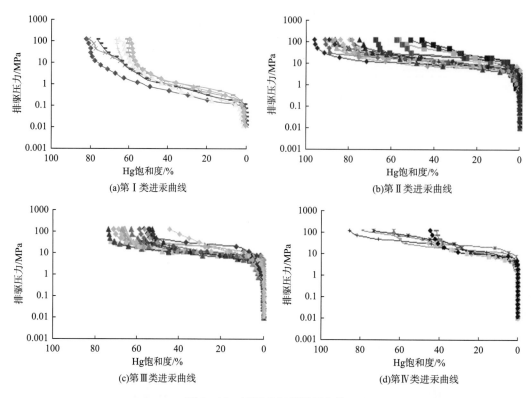

(a)第Ⅰ类进汞曲线 （b)第Ⅱ类进汞曲线

(c)第Ⅲ类进汞曲线 (d)第Ⅳ类进汞曲线

图3-13 四类毛细管压汞曲线

第Ⅱ类储层的储集性较差。其孔隙度分布在 3.9% ~ 9.4%，平均值为 6.16%，渗透率在 $(0.011 ~ 0.079) \times 10^{-3} \mu m^2$，平均值为 $0.031 \times 10^{-3} \mu m^2$，为低孔低渗储层，排驱压力在 1 ~ 10MPa，该类储层均质性较好 ［图 3 - 13 （b）］。

第Ⅲ类储层的储集性较差。其孔隙度分布在 2.75% ~ 5.93%，平均值为 4.72%，渗透率在 $(0.014 ~ 0.07) \times 10^{-3} \mu m^2$，平均值为 $0.036 \times 10^{-3} \mu m^2$，为低孔低渗储层，排驱压力在 1 ~ 10MPa，本类储层均质性较好 ［图 3 - 13 （c）］。

第Ⅳ类储层的储集性较差。其孔隙度分布在 2.41% ~ 6.39%，平均值为 4.60%，渗透率在 $(0.015 ~ 0.024) \times 10^{-3} \mu m^2$，平均值为 $0.019 \times 10^{-3} \mu m^2$，为特低孔低渗储层，排驱压力在 10MPa 附近，本类储层均质性较好 ［图 3 - 13 （d）］。

3.2.2.2 基于毛管压力曲线类型计算渗透率

不同性质的岩样压汞曲线形态不同，物性接近的岩样压汞曲线形态类似，因此依据四类毛管压力曲线分别计算渗透率将提高渗透率的计算精度。由于第Ⅲ类与第Ⅳ类储层孔渗关系差别不明显，故将第Ⅲ类储层与第Ⅳ类储层关系式合为一类。

第一类储层：$K = 0.1376 e^{0.1737 \Phi}$，$R^2 = 0.4296$。

第二类储层：$K = 0.0029 e^{0.3581 \Phi}$，$R^2 = 0.8487$。

第三类储层：$K = 0.0055 \mathrm{e}^{0.3996\Phi}$，$R^2 = 0.6713$。

经过压汞曲线分类后计算的渗透率与岩心分析渗透率基本一致。

3.2.3 含水饱和度模型

与沉积岩类储层相比，火山岩储层具有储集空间类型多，孔隙结构复杂多变，受次生作用影响强烈，非均质性强等特点。利用三重孔隙系统计算含水饱和度，并进行含水饱和度模型选取，应用效果与实际试油结论吻合较好。

3.2.3.1 双孔隙系统储层参数评价方法

由于火山岩岩石的特殊孔隙结构特点，使之具有与砂泥岩储层不同的导电机理，仅仅利用阿尔奇公式不能很好地评价具有裂缝、气孔和基质孔隙的火山岩储层。因此，必须使用适合于复杂多孔隙系统的含水饱和度公式。

1. 基于双侧向测井计算含水饱和度

裂缝性储集层的孔隙度由裂缝孔隙度和基质孔隙度两部分组成。裂缝孔隙度对总孔隙度的贡献一般并不大，但是裂缝对于渗透率的影响却非常大。由于裂缝和基质的渗透率相差悬殊，因此在发生泥浆侵入时，在基质中的流体被代替之前，侵入带裂缝已经充满了泥浆滤液。于是，用深浅探测的仪器测得的电阻率可以分别表示为：

$$\frac{1}{R_{\text{深}}} = \frac{\Phi_{\mathrm{m}}^{m} S_{\mathrm{wm}}^{n}}{R_{\mathrm{w}}} + \frac{\Phi_{\mathrm{f}}^{m_{\mathrm{f}}} S_{\mathrm{wf}}^{n_{\mathrm{f}}}}{R_{\mathrm{w}}} \qquad (3-12)$$

$$\frac{1}{R_{\text{浅}}} = \frac{\Phi_{\mathrm{m}}^{m} S_{\mathrm{wm}}^{n}}{R_{\mathrm{w}}} + \frac{\Phi_{\mathrm{f}}^{m_{\mathrm{f}}} S_{\mathrm{xof}}^{n_{\mathrm{f}}}}{R_{\mathrm{mf}}} \qquad (3-13)$$

式中　　f、m——裂缝、基质；

　　　　S_{wm}、S_{wf}——原状地层基质、裂缝的含水饱和度；

　　　　m_{f}、m——裂缝、地层基质胶结指数；

　　　　n_{f}、n——裂缝、地层基质的饱和指数；

　　　　S_{xof}——裂缝冲洗带含水饱和度。

$$\frac{1}{R_{\text{浅}}} - \frac{1}{R_{\text{深}}} = \Phi_{\mathrm{f}}^{m_{\mathrm{f}}} \left(\frac{S_{\mathrm{xof}}^{n_{\mathrm{f}}}}{R_{\mathrm{mf}}} - \frac{S_{\mathrm{wf}}^{n_{\mathrm{f}}}}{R_{\mathrm{w}}} \right) \qquad (3-14)$$

对于含油地层，有理由假定原状地层的裂缝中完全被油充满，即 $S_{\mathrm{wf}} = 0$。而侵入带裂缝中完全被泥浆滤液充满，即 $S_{\mathrm{xof}} = 1$。于是，得到估计裂缝孔隙度的公式：

$$\Phi_{\mathrm{f}} = \sqrt[m_{\mathrm{f}}]{R_{m_{\mathrm{f}}}(C_{\text{浅}} - C_{\text{深}})} \qquad (3-15)$$

对于含水地层，如果地层水电阻率和泥浆溶液电阻率差别明显时，也可以得到一个近似的估计裂缝孔隙度的关系式：

$$\Phi_f = \sqrt[m_f]{\frac{C_浅 - C_深}{C_{mf} - C_w}} \tag{3-16}$$

式中 C_{mf}、C_w——泥浆滤液和地层水的电导率。

求得裂缝孔隙度之后，再代回深浅侧向测井的公式中，即可求得地层的含水饱和度 S_{wm}。

2. 基于导电路径模型计算含水饱和度

理论上，电阻率测井仅反映连通的、由盐水占据的孔隙空间的导电性。但实际中，无孔隙的致密层电阻率并非无穷大。通过对岩心观察、薄片分析的研究表明，火山岩中存在着不连通的死孔隙。将连通的孔隙流体之外的所有其他因素引起的导电效应全部认为是背景导电，在上述条件下建立符合某些边界条件含水饱和度 S_w 方程：

$$S_w = \frac{1}{2C_w}\left\{ C_w S_{wr} + C_{BG} + \left[\left(C_w S_{wr} + C_{BG} \right)^2 - 4C_w \left(C_{BG} S_{wr} - \frac{C_t - C_{BG}}{a\Phi_t} \right) \right]^{1/2} \right\} \tag{3-17}$$

式中 C_t——储层测井电导率，S/m；

C_{BG}——背景电导率，S/m；

C_w——地层水电导率，S/m。

a——孔隙空间的连通因子，用于区分连通孔隙空间与总孔隙空间；

Φ_t——总孔隙度，小数；

Φ_s——导电截止孔隙度，小数；

S_{wr}——不参与导电的水饱和度，$S_{wr} = \Phi_s / \Phi_t$。

3.2.3.2   三重孔隙系统计算含水饱和度

Aguilera 提出了用于含裂缝和孔洞储层的三重孔隙模型。整个孔隙空间由以下三部分组成：基质孔隙空间、连通裂缝和（或）孔洞孔隙空间以及非连通孔洞孔隙空间（图3-14）。基质（不含孔隙空间）和基质孔隙空间形成了基质系统。基质系统的体积（V）是基质体

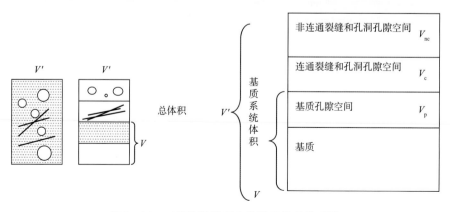

图 3-14   三重孔隙模型电路及其体积模型图

积和基质孔隙空间体积（V_p）的总和。在三重孔隙模型中，连通的裂缝和（或）孔洞孔隙空间代表了张开裂缝、侵蚀裂缝和（或）连通孔洞的体积。非连通孔洞孔隙空间代表了分离的或非连通孔洞的体积，例如分散粒孔隙、堵塞裂缝等。随着三种不同孔隙组合的变化，胶结指数 m 也发生变化。

在实际应用中，首先通过分析双侧向测井曲线的深、浅电阻率来获得三重孔隙模型中包含不同孔隙度参数的分析方程，然后用于评价含有裂缝和孔洞储层的有效性。重点为计算连通裂缝和孔洞孔隙度的值以及它们在整个孔隙中所占的百分比。

当某种类型的孔隙空间非常小时，三重孔隙模型就减少到双重孔隙或者单个孔隙模型，在带有很少的连通孔隙和非连通孔隙的储层中，三重孔隙模型减少到只包含基质孔隙度的单孔隙模型。在带有少量基质孔隙的储层中，三重孔隙模型减少到只包含连通裂缝孔隙和非连通孔洞孔隙的双重孔隙模型。

3.2.3.3 含水饱和度模型选取与应用效果

三重孔隙模型考虑了裂缝以及连通孔洞对胶结指数 m 的影响，是两种双孔隙模型的综合，水层含水饱和度很高，而气层含水饱和度很低，与实际试油结论吻合地很好（图 3-15）。综合分析决定采用三孔隙模型对研究区测井数据进行分析，符合率达到 93.5%。

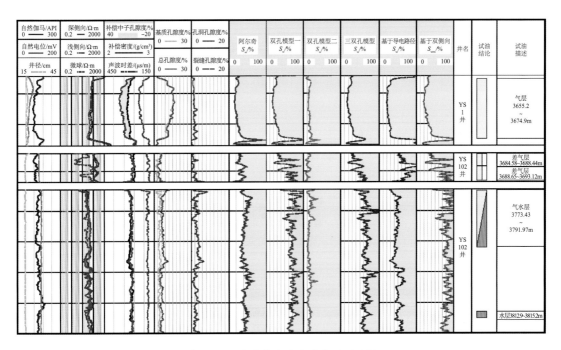

图 3-15　含水饱和度求取方法对比图

3.3 测井流体识别

3.3.1 流体性质识别

3.3.1.1 交会图图版气层识别指标

对长岭地区火山岩井段进行了试气层位统计，分别读取相应层段测井曲线平均值制作交会图版。利用电阻率与声波时差交会图（图3-16）、中子与电阻率交会图（图3-17）、密度与电阻率交会图（图3-18），能够大致将水层与气层分开。相比较而言，电阻率与声波时差交会图效果较好。

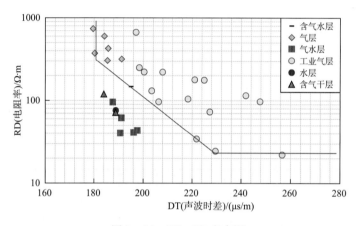

图 3-16　DT—RD 交会图

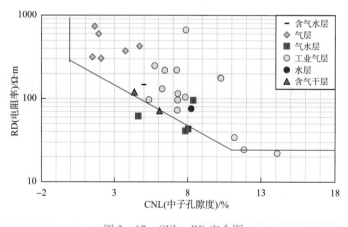

图 3-17　CNL—RD 交会图

从图中可以看出，工业气层、气层、气水层等各种层在测井响应上面都有各自范围，如表3-2所示。据这三个图版，认为在图的右上方为气层，从而得出气层识别指标。该指标具体意义为：从图版上气水层的分界，计算在相同孔隙度测井读数的情况下，测井响应值距该线的距离。

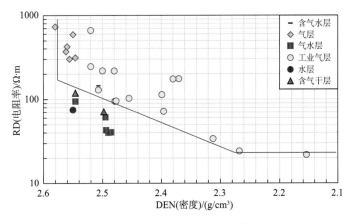

图 3 - 18　DEN—RD 交会图

表 3 - 2　各测试层的测井响应值范围

层位性质	电阻率/Ω·m	中子孔隙度/%	密度/(g/cm³)	声波时差/(μs/m)
工业气层	302 ~ 774	1.49 ~ 4.70	2.54 ~ 2.58	179 ~ 192
气层	21 ~ 664	5.39 ~ 14.10	2.15 ~ 2.52	197 ~ 257
气水层	40 ~ 95	4.60 ~ 8.40	2.48 ~ 2.55	187 ~ 198
含气干层	71 ~ 120	4.30 ~ 6.10	2.50 ~ 2.55	183 ~ 189

（1）由 DT—RD 交互图得到的 d_{RDdt}，首先从图 3 - 16 上得到油水分界线方程，这样，将声波测井数据代入方程中，即可得到一个油水分界处的电阻率值 RD_a，然后用实际的深侧向测井值 RD 与 RD_a 做差，得到参数 d_{RDdt}。

识别标准：当 $d_{RDdt} > 0$ 时，为气层；当 $d_{RDdt} < 0$ 时，为非气层。

（2）由 CNL—RD 交会图得到的 d_{RDcnl}，首先从图 3 - 17 上得到油水分界线的方程，这样，将中子孔隙度测井数据代入方程中，即可得到一个油水分界处的电阻率值 RD_b，然后用实际的深侧向测井值 RD 与 RD_b 做差，得到参数 d_{RDcnl}。

识别标准：当 $d_{RDcnl} > 0$ 时，为气层；当 $d_{RDcnl} < 0$ 时，为非气层。

（3）由 DEN—RD 交会图得到的 d_{DENrd}，首先从图 3 - 18 上得到油水分界线的方程，这样，将深侧向测井数据代入方程中，即可得到一个油水分界处的密度值 DEN_a，然后用实际的密度测井值与 DEN_a 做差，得到参数 d_{DENrd}。

识别标准：当 $d_{DENrd} < 0$ 时，为气层；当 $d_{DENrd} > 0$ 时，为非气层。

3.3.1.2　中子—密度重叠识别气层指标

当地层含气时，密度测井数据会偏小，而中子孔隙度测井数据因挖掘效应也会偏小，二者的变化幅度不同，根据这一原理建立气层识别指标 DEN_CNL：

$$DEN\_CNL = \frac{8}{3} - \rho_b - \frac{1}{60}\Phi_N \qquad (3-18)$$

式中 ρ_b ——地层的密度测井数据；

       Φ_N ——地层的中子孔隙度测井数据。

识别标准：当 $DEN\_CNL > 0$ 时，为气层；当 $DEN\_CNL < 0$ 时，为非气层。

通过与试油结论对比可以看出：在气层上，DEN_CNL 比较大；在差气层上，DEN_CNL 偏小，但仍然大于 0；在水层上 DEN_CNL 则小于 0。因此，这种方法能很好地划分出气水层，并且在气层与差气层上也有明显差别，是一个有效的气层识别指标。

3.3.1.3 利用弹性参数识别气层

1. 横、纵波时差比识别气层

基于横、纵波时差比可以对轻质油层或气层进行流体识别。在储层岩性和孔隙度都相同的条件下，水层纵波速度大于轻质油气层的纵波速度，横波速度不受流体影响。以地层被水完全饱和时的纵波速度与横波速度的比值作为对比的背景值，如果储层为含气层，该层测量得到的纵、横波速度比将小于背景值，相反，如果储层为油层或水层，则测量得到的纵、横波速度比与背景值比较接近。

Δt_c 纵波时差，Δt_s 横波时差，定义横、纵波时差比为：

$$DTR = \Delta t_s / \Delta t_c \qquad (3-19)$$

识别标准：当 $DTR < 1.68$ 时，为气层；当 $DTR > 1.68$ 时，为非气层。

2. 体积压缩系数与泊松比联合识别气层

体积压缩系数 BCC 可以用体积弹性模量的倒数来表示，利用 logview 软件将获得的偶极阵列声波测井资料转换成文本形式以便计算。体积弹性模量用式（3-19）表示：

$$K = \rho_b\left(V_p^2 - \frac{4}{3}V_s^2\right) \qquad (3-20)$$

其中，V_p、V_s 分别为纵波和横波的速度，ρ_b 为地层密度测井值。那么体积压缩系数即为：

$$BCC = \frac{1}{K} \qquad (3-21)$$

由式（3-21）可以看出，气的存在将使得体积压缩系数 BCC 增大。泊松比的定义为：

$$U = (1/2DTR^2 - 1)/(DTR^2 - 1) \qquad (3-22)$$

其中，$DTR = \Delta t_s / \Delta t_c$，由式（3-22）可以看出，气的存在将使得泊松比 U 减小。

因此，建立气层识别标准：当 $BCC > 0.24$，$U < 0.215$ 时，为气层，否则为非气层。

将压缩系数与泊松比结合到一起可以有效地降低单一识别指标的误差，能更好、更有效地识别气层。

3. 利用纵波等效弹性模量差比法识别气层

纵波等效弹性模量可以表示为体积密度和纵波时差的函数，用式（3-23）表示为：

$$E_c = 10^{16} \frac{\rho_b}{\Delta t_c^2} \qquad (3-23)$$

式中　Δt_c——纵波时差；

　　　ρ_b——体积密度。

这种方法在没有横波数据的条件下也能够使用。这样计算纵波等效弹性模量可以避免直接计算岩石的泊松比。岩石的等效模量差比值可以用式（3-24）表示：

$$DR = \frac{E_{cw} - E_c}{E_c} \qquad (3-24)$$

式中　E_{cw}——水层岩石的等效弹性模量；

　　　E_c——目的层的等效弹性模量。

识别标准：当 $DR > 0$ 时，为气层；当 $DR < 0$ 时，为非气层。

3.3.1.4　视骨架密度比识别气层指标

地层元素俘获谱测井（ECS）能准确地测量地层岩石中各元素的含量，也能准确测量侵入岩、火山岩中若干元素质量分数，并计算出火山岩岩性识别需要确定的数据，包括骨架密度、骨架中子、中子俘获截面响应等。根据斯伦贝谢公司提供的骨架参数和元素含量之间的关系，通过 ECS 测井就可以计算岩石骨架密度：

$$\begin{aligned} \rho_{ma-ECS} = {} & 3.1475 - 1.1003 W_{Si} - 0.9834 W_{Ca} - 2.4385 W_{Na} - \\ & 2.4082 W_K + 1.4245 W_{Fe} - 11.31 W_{Ti} \end{aligned} \qquad (3-25)$$

式中　W_{Si}——ECS 得到的硅元素的质量分数；

　　　W_{Ca}——ECS 得到的钙元素的质量分数；

　　　W_{Na}——ECS 得到的钠元素的质量分数；

　　　W_{Fe}——ECS 得到的铁元素的质量分数；

　　　W_K——ECS 得到的钾元素的质量分数；

　　　W_{Ti}——ECS 得到的钛元素的质量分数。

利用威利公式可以得到一个孔隙度：

$$PORS = \frac{\Delta t_c - \Delta t_{cma}}{\Delta t_{cf} - \Delta t_{cma}} \qquad (3-26)$$

利用 $PORS$ 可以得到一个视骨架密度：

$$(\rho_{ma})_a = \frac{\rho_b - PORS\rho_f}{1 - PORS} \qquad (3-27)$$

式中　Δt_c ——地层的声波时差；

　　　Δt_{cf} ——流体的声波时差；

　　　Δt_{cma} ——地层骨架声波时差；

　　　ρ_b ——骨架密度；

　　　ρ_f ——流体密度。

ECS 计算的地层骨架密度不受流体的影响，那么可以得到比值 DD：

$$DD = \frac{(\rho_{ma})_a}{\rho_{ma-ECS}} \qquad (3-28)$$

识别标准：当 $DD < 1$ 时，为气层；当 $DD > 1$ 时为非气层。

3.3.1.5　ECS 与核磁测井识别气层指标

将由 ECS 计算得到的地层的骨架密度 ρ_{ma-ECS} 代入密度、孔隙度公式中：

$$\Phi = \frac{\rho_b - \rho_{ma-ECS}}{\rho_f - \rho_{ma-ECS}} \qquad (3-29)$$

将 Φ 与核磁测井的 $TCMR$ 做比值，建立气层识别指标 TT：

$$TT = \frac{\Phi'}{TCMR} \qquad (3-30)$$

识别标准：当 $TT > 1$ 时，为气层；当 $TT < 1$ 时，为非气层。

利用上述五种方法，可以综合识别气层。如果有地层元素俘获谱测井（ECS）以及核磁测井数据时，可以利用气层识别指标 DD 和 TT；如果有横波测井数据，可以用弹性参数识别气层；有些井只有常规测井数据，也可以通过交会图图版和中子密度测井识别气层。各种方法综合使用可以更好地对地层的流体性质进行评价分析。

从各种识别气层指标的综合体现（图 3 - 19）可以看出，交会图图版识别气层指标 d_{RDdt} 对水层和气层区分得很好，但是在气水层的划分上存在不足，实际地层不可能是单纯的水层和气层的交替，而是水和气的混合和渐变，这时单纯利用交会图图版进行气层识别就容易漏掉一些有价值的气水层。中子和密度测井识别气层指标 DEN_CNL 与试油结论的吻合程度很高。因此，当地层只有常规测井数据时，可以以 DEN_CNL 识别气层为主，以交会图图版识别气层为辅。

弹性参数识别气层的指标 $DTSC$、BCC、U、DR 对气层的指示效果都很好，但这些方法还受到很多因素的影响：①岩性。火山岩岩性复杂，虽然研究区以酸性火山岩为主，但酸性火山岩本身的界定范围就比较宽，从而造成横、纵波时差比在横向和纵向上对比困难。

②物性。在相同流体条件下，孔隙度越小，流体的影响就越小。③裂缝。尤其是高角度裂缝，纵波时差不受高角度缝影响，横波时差会明显增大，导致比值会增大。因此，用偶极横波测井资料单独识别流体性质会有一些误差，必须与交会图图版识别指标 d_{RDdt}、中子密度测井识别指标 DEN_CNL 有效结合，进行综合识别。ECS 测井和核磁测井识别气层指标 DD 与 TT 对气层的指示效果都很好，因此当出现不同解释结果时，可以通过综合判断来下结论。

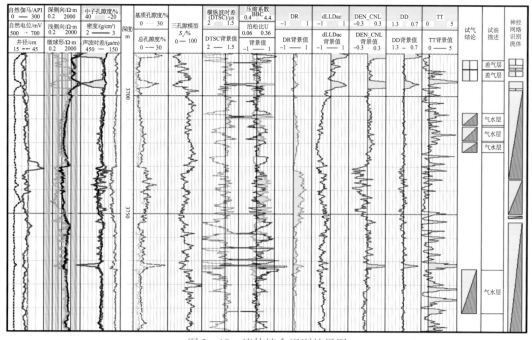

图 3-19　流体综合识别效果图

3.3.2　气水界面确定

火山岩气藏的气水关系十分复杂，在松南气田开发过程中，通过测井对气水界面有了较为准确的识别。

从火山岩流体识别出发，进行气层和水层的识别，可划定气水界面的位置。松南气田钻遇气水界面的井有 2 口，YP4 井直导眼测井识别气水界面深度为 3824m；YP7 井钻遇气水过渡带，解释气水同层底界 3782m，推测气水界面在 3790m 以下；主火山机构高部位 YP1 井、YP3 井、YP9 井未钻遇气水界面；YS101 井在 3794m 以上未钻遇水层，3794m 以下为致密层段。

YS102 井测试井段 3773.5～3792.0m，常规测试日产气 4730m³，日产水 5.28m³，测试结论为气水同层。测井曲线特征为深、浅侧向基本重合，中子孔隙度大于密度孔隙度，与解释结果吻合。上部测试井段 3707.0～3726.0m，常规测试日产气 3769m³，压裂后日产气 4.553×10^4 m³，日产水 39.6m³，测试结论为气水同层。YS102 井生产测井资料表明：

3680.0～3700.0m 井段微产气，3707.0～3715.2m 井段产气，3715.2～3720.0m 井段主产气，3720.0～3726.0m 井段产气水（图 3 – 20）。从电性上分析 139 号层（3684.0～3730.0m 井段）比下部 140 号层（3730.2～3748m 井段）的测井电阻率有明显更高的数值，套后中子与完井的补偿中子对比表明，140 号层两曲线靠拢，接近重合，而上部 139

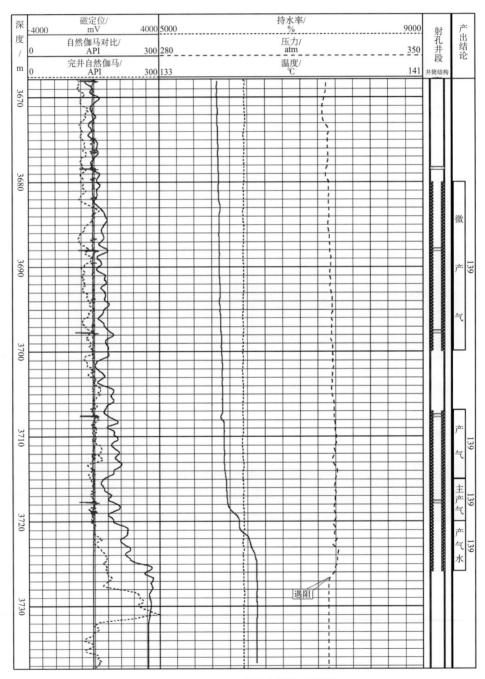

图 3 – 20　YS102 井生产测井成果图

号层有明显的曲线幅度差异（图 3 – 21）。从固井质量上分析 139 号层底部的 3726 ~ 3732m

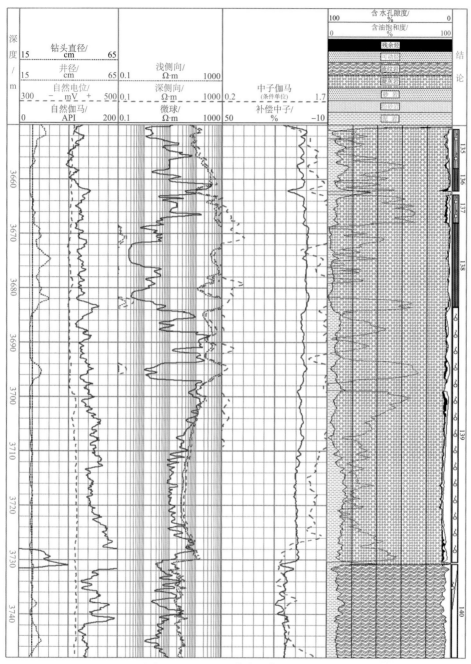

图 3 – 21　YS102 井中子伽马对比图

井段，有 6m 左右的第二界面固井质量较好，部分方位固井质量胶结中等，压裂后会导致 139 号层与 140 号层发生窜通。综合以上分析认为，第 139 号层产水是由于第 140 号层下水上窜所致。结合测井曲线特征，标定气水界面 3730m，构造深度 – 3564m（图 3 – 22）。

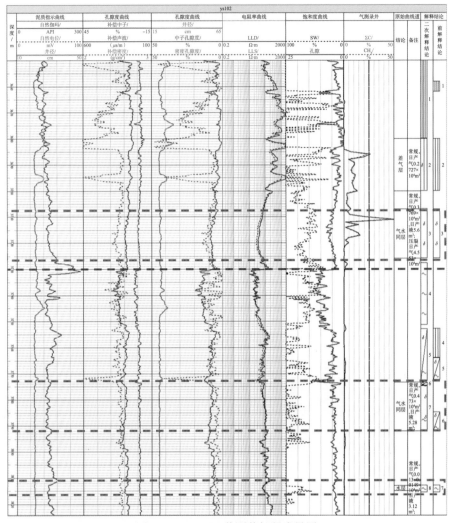

图 3 – 22　YS102 井测井解释成果图

综合分析认为，松南气田气水界面不统一（图 3 – 23）。

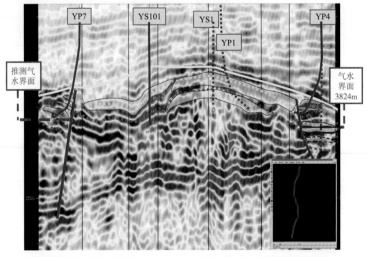

图 3 – 23　松南气田主体气水界面分析

第4章　地震火山岩储层识别及含气性预测

由于松南气田火山岩埋藏深度大，高频吸收性强，导致地震资料分辨率较低。在地震资料处理过程中，采用综合能量补偿技术、保幅多域去噪技术、提高分辨率技术和叠前时间偏移成像技术，火山岩内部成像分辨率逐步提高，火山岩成像效果逐步得到改善。综合利用火山岩储层地震多属性融合评价、地震衰减、谐振法油气检测和气层概率法等技术，对火山岩储层—气藏进行地震综合评价，成功预测气藏的分布，指导气田的高效开发。

4.1　地震资料叠前偏移处理

从以往的处理成果来看，火山岩内幕地震资料信噪比、分辨率低，断点、断面不清，地震资料品质低，成为影响下一步开发的负面因素，由此造成了现有处理成果难以满足目前精细储层预测的要求。通过应用叠前时间偏移目标处理技术，提高火山岩体及内幕特征的分辨率，使处理成果能更有效地进行火山岩期次划分。

4.1.1　原始地震资料分析

4.1.1.1　观测系统属性分析

1. 野外采集参数

本次地震处理采用 2003 年第六物探大队施工的腰英台西三维地震资料，野外基本采集参数如下：

观测系统形式：10L×10S；放炮方式：单边放炮；单线接收道数：80 道；总道数：80×10＝800 道；道距：40m；CMP 面元网格：20m×40m；覆盖次数：40 次；接收线距：160m；横向炮点距：200m；纵向炮线距：80m；最小偏移距：80m；束线距：1000m。

2. 覆盖次数

腰英台西三维覆盖次数 40 次，同时在部分边远地区采用了加密炮，最高覆盖次数达到了 50 多次，总体来说，资料覆盖次数较低。由于近偏移距覆盖次数较低且存在偏移距缺失现象，会对叠前时间偏移浅层成像造成一定影响，对中深层火山岩成像影响较小。

3. 偏移距

设计最大偏移距为3300m左右。为了了解最大偏移距的合理性，对资料进行分偏移距叠加，叠加剖面最深成像时间3.5s左右。从分偏移距叠加剖面来看，0~3000m偏移距对火山岩成像均有贡献，3000m以上偏移距对于火山岩成像贡献很小。

4. 面元

从单个满覆盖面元的方位角分析，由于单边放炮，偏移距主要集中在0°~67.5°与292.5°~360°之间，同施工方向基本一致。从玫瑰图及面元内偏移距信息可以看出，由于施工时炮排距较大，部分满覆盖面元内最大偏移距小于3000m，缺少大偏移距信息，而部分满覆盖面元内最小偏移距大于400m，缺少近偏移距信息。总体来讲，原始资料面元内偏移距信息较不均匀，对于叠前时间偏移成像存在一定影响。

4.1.1.2 火山岩资料品质分析

1. 火山岩分布特征

首先通过单炮与初叠加剖面对深层火山岩进行初步了解，从原始单炮来看，原始资料品质较好，个别束线信噪比稍低，中深层火山岩信息相对比较丰富，主要集中在2300~2700ms之间，火山岩深度和厚度变化不大；其次从横纵线初叠加剖面来看，工区中部火山岩相对埋深较浅，略微凸起，变化较小。

2. 火山岩能量

在处理过程中，能量对于叠前时间偏移成像影响较大，能量不一致会产生偏移划弧，影响偏移效果，需要从炮内及炮间两个方面对目的层能量情况进行分析。

从炮内能量来看，由于大地吸收作用，原始资料浅、中、深层能量逐渐减弱，且深层火山岩的能量吸收和屏蔽作用强于普通地层，因此在单炮及能量衰减曲线上有效波能量在2~2.7s之间衰减速率最快，中深层资料能量较弱。

从炮间能量来看，由于野外施工过程中激发、接收及地表存在差异，致使不同束线及相同束线不同位置单炮存在能量差异，在处理过程中可通过全区的地表一致性能量补偿予以消除。

3. 火山岩频率

火山岩有效频宽在5~40Hz，优势频带为8~35Hz，频带稍窄。从单炮的不同频带滤波扫描情况来看，低挡滤波时火山岩信息比较丰富，同相轴清晰，当滤波挡50~100Hz时，中深层火山岩信息已经十分微弱，而60~120Hz滤波扫描基本已经很难看到火山岩的有效信息。

4. 火山岩速度

在通过初叠加剖面确定火山岩的范围后，分别选取了3个控制点的速度谱分析该区的火山岩速度变化情况。通过不同位置的速度谱可以看出，该区火山岩速度变化不大，速度在4000m/s左右，与周围围岩相比，没有明显的升高趋势。

5. 火山岩信噪比

本工区野外采集地震资料整体信噪比较高，目的层的同相轴比较清晰，但由于工区地表情况比较复杂，各种干扰波相对比较发育。该区主要发育以下几种干扰类型：①面波干扰，全区分布，速度不超过500m/s，主频6Hz左右，近排列表现为线性，远排列表现为双曲线，由于面波的低频强能量特点，对于中深层火山岩成像影响较大；②高频干扰，主要集中在中深层，对火山岩成像影响较大；③其他干扰，包括次生干扰、工频干扰、野值及空道，但是数量较少，影响较小。在处理中主要针对面波和高频干扰波进行相关去噪处理。

4.1.2 地震资料叠前处理

松南气田火山岩埋藏深、高频吸收作用使地震分辨率降低。针对松南地区火山岩采用一系列处理技术提高了深层火山岩地震分辨率，处理流程为综合能量补偿→保幅多域去噪处理→提高分辨率处理→叠前时间偏移成像。

4.1.2.1 综合能量补偿

综合能量补偿技术是指为了消除地震波在传播过程中波前扩散和吸收因素的影响、地表条件的变化引起的振幅差异等，采用数据处理技术使地震波能量得到补偿。针对松南气田深层火山岩，在处理过程中采用球面扩散补偿、地表一致性振幅补偿以及剩余振幅补偿相结合的方法，使地震波振幅的变化能够较真实地反映地下火山岩的岩性变化。

1. 球面扩散补偿

为了消除地震波在传播过程中波前扩散和吸收因素的影响，使地震波振幅更好地反映地下火山岩岩性变化的特点，在预处理中根据区域叠加速度以及地震波在传播过程中的能量变化导出补偿因子，进行球面扩散与衰减补偿。

经过球面扩散补偿处理后，火山岩内部有效反射信号的能量得到了有效补偿，较好地消除了地震波在传播过程中波前扩散和介质吸收因素的影响，使中深层火山岩的振幅能量提高了20~30dB（图4-1）。

2. 地表一致性振幅补偿

球面扩散补偿后，地震波的能量在时间域得到了补偿，但横向上的能量差异未得到消除，这就需要利用地表一致性振幅补偿技术加以解决。其基本原理采用了与地表一致性反褶积相同的数学模型，同样是通过对其频率域取对数，然后加上地表一致性的约束，求得各个分量成分。应用该技术较好地消除了野外采集过程中由于激发和接收因素不一致造成的炮与炮之间、同一炮内道与道之间的振幅能量不一致问题（图4-2）。

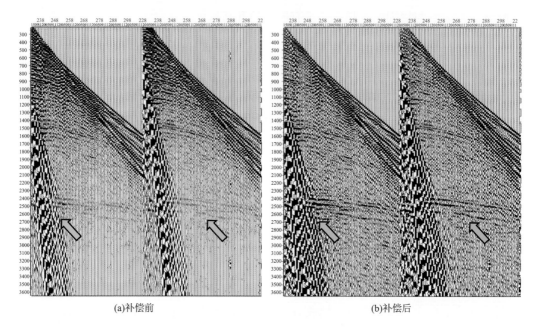

(a)补偿前　　　　　　　　　　　　　　(b)补偿后

图4-1　球面扩散能量补偿前后单炮

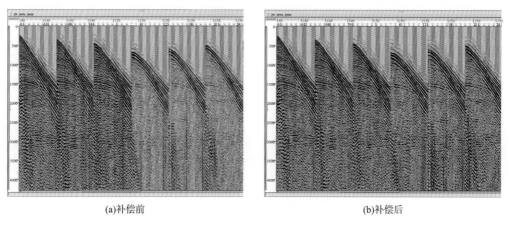

(a)补偿前　　　　　　　　　　　　　　(b)补偿后

图4-2　地表一致性振幅补偿前后记录

3. 剩余振幅补偿

球面扩散补偿以及地表一致性振幅补偿是在反褶积之前的单炮上进行的，经这两种处理后的数据仅能满足常规处理的要求，达不到对振幅要求较高的叠前时间偏移处理要求。因此，需要把静校正后的道集分选到共偏移距域，在共偏移距道集上进行剩余振幅补偿，达到使能量均衡的目的（图4-3）。

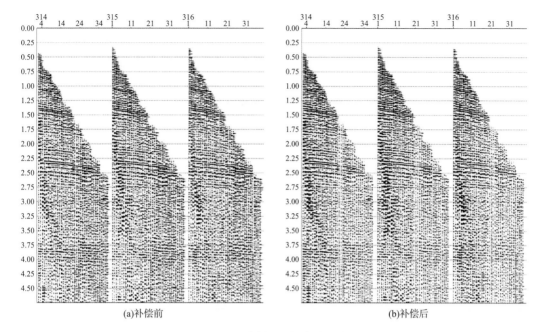

(a)补偿前   (b)补偿后

图 4 - 3   剩余振幅补偿前后道集

4.1.2.2 保幅多域去噪

保幅多域去噪技术是在保证地震波振幅不变的情况下，在时间域、空间域和频率域内有效去除噪声。处理的主要目的是提高火山岩层的信噪比和分辨率。为了消除松南地区地震波噪声的影响，在处理过程中采用十字交叉道集技术、地表一致性噪声衰减技术和随机噪声衰减技术去除噪声。

针对资料存在的废炮、坏道及规则干扰炮，逐炮进行人机交互炮、道编辑和初至检查。共剔除 36852 道，占总道数的 0.63%；炮编辑 61 炮，占总炮数的 0.78%。

1. 十字交叉道集技术去除面波干扰

由原始资料分析可知，工区内面波能量较强，其特点是有一定的主频和一定的传播范围。根据面波和反射波在频率上的分布特征、空间内的分布范围以及能量的差异，先对单炮进行十字交叉道集转换，然后进行三维空间滤波，消除面波带来的影响。火山岩以低频信号为主，同以往的面波消除技术相比，该技术在保持低频有效信号方面存在比较明显的优势。利用其频率—波数的差异消除面波（图 4 - 4），从处理前后的效果来看，单炮中的强能量面波在压制后得到了很好的消除。

2. 地表一致性噪声衰减

在野外资料采集过程中，由于各种因素的干扰，使得单炮记录上存在强脉冲等不规则干扰，这些干扰对后续的反褶积、叠加、偏移处理效果产生假振幅，造成同相轴扭曲，偏移时出现划弧等现象，因此需要应用区域异常噪声衰减的方法对记录上的异常噪声进行压制，提高剖面的处理质量（图4-5）。

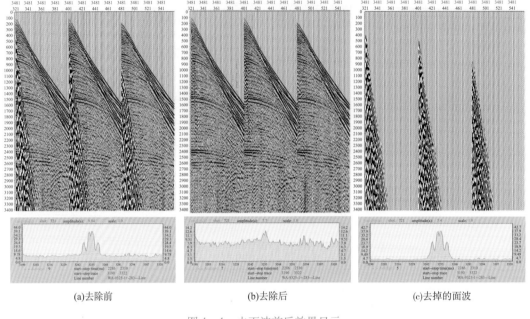

(a)去除前   (b)去除后   (c)去掉的面波

图4-4　去面波前后效果显示

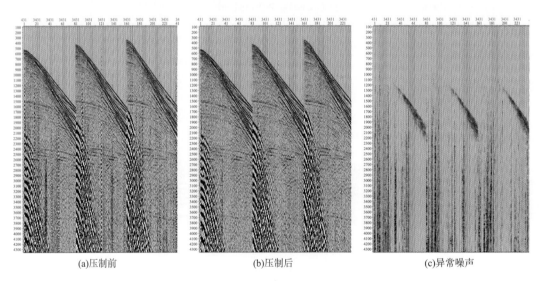

(a)压制前   (b)压制后   (c)异常噪声

图4-5　异常噪声压制前、异常噪声压制后、异常噪声

3. 随机噪声衰减

三维随机噪声衰减是一种减少地震资料非相干噪声的方法，信号的确定是利用一个简单的模型，把时间和空间的变量，由频率、空间域复指数的和构成信号。对于一致的频率，可以把信号预测为一个 X 的函数，然后再使用维纳滤波原理，获得地层信号的最小平

方近似值。当一个窗内所有频率算完后，相邻窗口的数据根据纵线和横线的重叠参数进行混叠，然后进行反傅氏变换，相邻时间窗口按照时间重叠参数进行混叠。该技术应用于叠前道集后，有效提高了火山岩层段的信噪比（图4-6）。

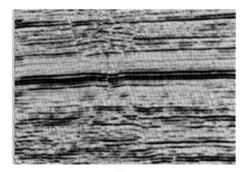

(a)衰减前　　　　　　　　　　　　　　(b)衰减后

图4-6　纵线506随机噪声衰减前后剖面

4.1.2.3　提高分辨率

提高分辨率处理是进一步提高松南气田深层火山岩储层分辨能力的关键。根据该区原始资料品质特征及开发地震对分辨率的要求，在保持资料信噪比的前提下，在多域逐次提高主要目的层的分辨率。主要包括不同反褶积方法及参数试验和叠前道集提频。

1. 不同反褶积方法及参数试验

反褶积又称反滤波，它是消除先前一种滤波作用的处理方法。通过对目前常用的地表一致性反褶积及预测反褶积两种方法进行实际处理效果分析，发现两种反褶积在相同步长参数情况下，对于目的层段资料分辨率的提高有着近乎相同的作用。单从提高分辨率的方面来讲，两种方法相差不大，但从反褶积的子波整形的角度来看，地表一致性反褶积后同向轴连续性稍好于预测反褶积，预测反褶积后同向轴不够平滑，有些"毛刺"现象，从两种反褶积后的自相关谱上可以看到（图4-7），地表一致性反褶积后自相关一致性要好于预测反褶积。因此，选择地表一致性反褶积进行松南气田火山岩层位叠前提高分辨率工作，使火山岩叠加剖面层间弱反射信息变得更加丰富，优势频带有效频宽得到了不同程度的拓宽。

2. 叠前道集提频

由于地层的吸收作用，当一个冲激函数输入大地，得到的反射波不再是冲激函数，反射面深度越大，高频衰减越多，这种滤波可称为 Q 滤波。它使分辨率降低，并且反射深度越大，分辨率越低。反 Q 滤波就是设计一个与 Q 滤波特征相反的滤波器，即反 Q 滤波器，对记录进行滤波，才能去掉吸收作用。叠前反 Q 滤波可以使浅、中、深层的子波基本上接近，反 Q 滤波中所用的 Q 值可以通过 Q 值扫描得到。反 Q 滤波在提高地震资料分辨率方面起着重要的作用。

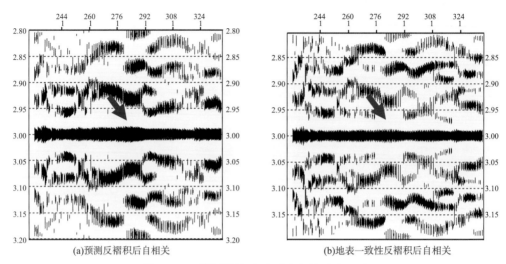

(a)预测反褶积后自相关　　　　　　　　　　(b)地表一致性反褶积后自相关

图4-7　不同反褶积方法后自相关对比显示

在实际处理过程中，应用 Q 值扫描的方法，得到火山岩内幕的 Q 值，对道集进行反 Q 滤波，补偿了火山岩吸收损失的高频成分，效果比较明显（图4-8）。

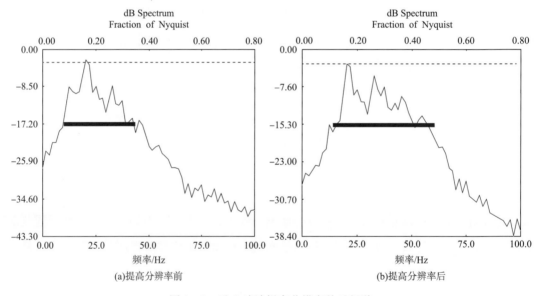

(a)提高分辨率前　　　　　　　　　　　(b)提高分辨率后

图4-8　反 Q 滤波提高分辨率前后频谱

3. 叠前时间偏移

叠前时间偏移处理技术是建立在对点反射的非零炮检距基础上的成像理论。与叠后时间偏移相比，其数据体既能够为叠前反演、属性分析、AVO 等提供比较准确的依据，又可作为叠后属性分析及测井约束地震反演可靠的基础数据，它具有相对准确成像以及保幅保真度强的特性优势。

在处理过程中，保幅条件下最大限度地压制各种噪声，较好地消除了影响火山岩成像的各种干扰，精确地实现有效反射的同相叠加，处理中每个步骤都注意信噪比的变化，最终的叠加剖面同相轴光滑，连续性好，各种地质现象反射特征清楚，目的层段保持了较好的信噪比（图4-9）。

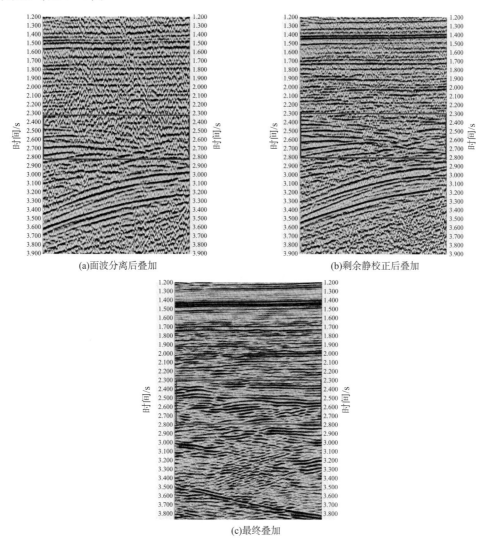

图4-9　不同步骤处理后叠加剖面

为了满足资料在勘探开发工作上的需要，在分辨率的处理上注意了信噪比和分辨率的合理搭配，既要保证资料的分辨率，又要保证构造成像，处理中在对目的层提高分辨率的同时，中、深层保持了较好的信噪比，通过相关步骤处理后，目的层的频带都得到了不同程度的拓宽。

火山岩在剖面上波组特征清楚，其顶、底表现为强反射特征，与上、下围岩差异明显，不同期次火山岩在剖面上特征明显。

4.2　储层稀疏脉冲反演及含气性预测

火山岩储层孔隙结构复杂、孔洞缝分布不均、非均质性强，储层与含气储层地球物理特征差异小，储层及含气性的预测具有一定难度。鉴于此，在对研究区地质情况深入分析的基础上，结合实钻火山岩体地震响应特征分析，在地震剖面上开展火山岩体识别及火山期次刻画；利用优选的地震属性信息判别火山岩体及有利储层发育部位；通过储层测井响应特征分析确定敏感参数，优选忠实于地震资料的稀疏约束脉冲反演方法，通过连井反演测试分析，确定反演预测有效参数，开展地震反演，预测有利储层空间展布；根据储层阻抗与孔隙度之间的统计关系，开展孔隙度平面分布预测；采用频谱衰减吸收检测火山岩储层的含气性。

4.2.1　火山岩储层岩石物理特征

4.2.1.1　测井响应特征

火山岩岩电特征是岩石矿物成分、孔隙结构、裂缝及孔隙发育程度等的综合反映。储气层及围岩一般具有不同的岩电响应特征。储气层段表现为高时差、高中子、低密度、低伽马、低波阻抗等特征（图 4 - 10），非储层段表现为低时差、低中子、高密度、高伽马、高波阻抗等特征。

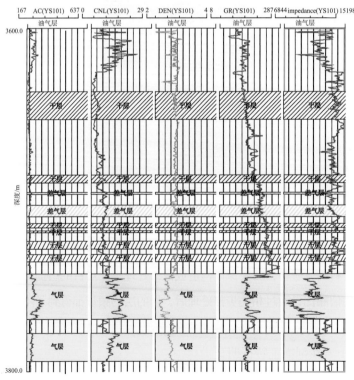

图 4 - 10　YS101 井火山岩储层地球物理响应特征

储层测井响应敏感性分析表明，波阻抗和密度曲线对储层有较好的敏感性，在两者交会图上（图4-11），趋势线位于45°斜线方向，阻抗和密度对储层敏感性没有明显差异。基于储层反演，一般采用褶积理论，阻抗反演具有很好的理论依据，同时地质意义也比较明显，因此本次采用波阻抗反演预测储层展布。测井分析表明，储层孔隙度下限为4%，对应密度为2.52g/cm³，从交会图上可以看出，储层阻抗值一般 <

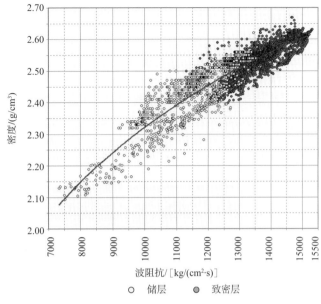

图4-11　松南气田密度—波阻抗交会图

13500kg/（cm² · s），非储层阻抗值一般 >13500kg/（cm² · s）。

4.2.1.2 地震响应特征

测井响应分析表明，营城组火山岩地层较陆相碎屑岩地层具有较高的速度和密度值，两者差异较大。总体上，火山岩反射特征明显，其顶、底表现为强反射特征，与上、下围岩差异大。火山岩外形具丘状反射结构，内部表现为较连续或杂乱反射特征。在营城组火山岩内部，火山岩储气层较火山岩围岩具有明显的低密度、低速特征，同时由于火山岩界面及内部流体的高吸收特征，火山岩储气层段地震反射表现为强振幅、低频反射特征（图4-12）。

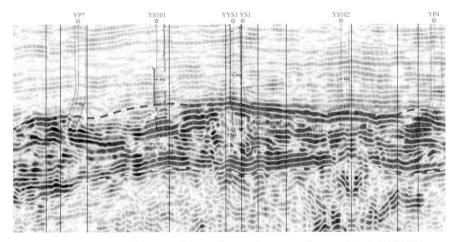

图4-12　过YP7井-YS101井-YS1井-YP1井-YS102井-YP4井连井地震剖面

4.2.2 火山岩储层模型正演

4.2.2.1 一维正演

通过单井合成记录标定及连井对比，对营城组火山岩地层开展了一维正演模拟。研究表明，营城组火山岩地层与周围围岩波阻抗差异明显，在地震剖面上表现为较强振幅特征（图4-13），同时在火山岩内部，由于岩性、岩相差异，地层横向非均质性强，反射同相轴横向变化大。储层段由于低阻抗和高频吸收特性，地震反射表现为强振幅、低频反射特征。

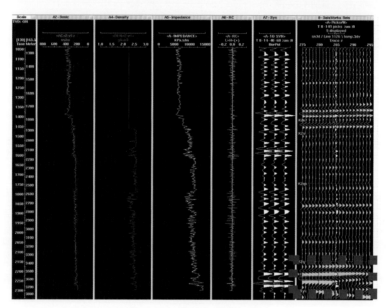

图4-13　YS1井合成记录

4.2.2.2 二维正演

为了更好地探究储层的空间展布，以YS1井岩石物理参数为基础，参考地震剖面反射结构特征，建立了相应的火山岩地层地质模型（图4-14），开展了二维正演模拟，研究地层接触关系及储层空间展布。

1. 地质模型的建立

以YS1井岩石物理参数为基础，储层表现为低速、低密度特征，致密层表现为高速、高密度特征，纵向弹性参数变化以YS1井为准。根据地震剖面反射特征，设计第一套储层为全区广泛分布，近似平行于T_4层位；第二套储层为局部分布，在某一方向与第一套储层呈交切关系，与下伏地层呈平行接触关系。

2. 二维正演

对上述地质模型赋予弹性参数，建立火山岩储层数值模型，与30Hz雷克子波褶积产生二维正演模型，与实际地震剖面比较，具有较好的一致性（图4-15）。正演模型研究表明，第一套储层分布广，横向分布稳定。根据波形反射特征，第一套储层局部具有厚度和物性差异。第二套储层分布相对局限，由于受建模方法的影响，建立的二维正演模型中第二套储层没有反映出横向的非均质性，反射轴表现为连续较强反射特征，而实际地震剖面反映储层中心部位能量较强，向两侧减弱，在两套储层合并方向具有局部能量增强的特征。分析认为，第二套储层主要在火山口附近局部分布，也不排除为第一套储层侧向叠置的下压部分。

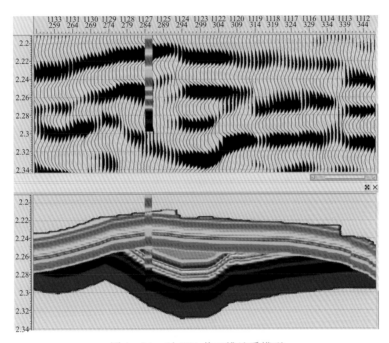

图 4 – 14　过 YS1 井二维地质模型

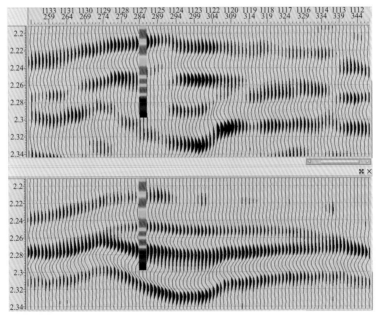

图 4 – 15　二维正演模型与地震剖面对比

4.2.3　地震属性分析

地震属性分析就是以地震属性为载体从地震数据中提取隐藏的信息，并将这些信息转化成与岩性、物性或油气藏参数相关的、可以为地质解释或油藏工程直接服务的信息的一项技术。目前，从地震数据体中能够提取很多地震特征参数，如振幅类、频率类、相关类、极性、阻抗（或速度）等，每一类又包含多种参数。因为火山岩储层的岩石物理特征与围岩不同，所以必然引起地震信号的差异，从而导致地震属性的差异。因而通过对多种地震属性的分析，可以预测火山岩储层的分布范围，描述储层的物性变化。

常规地震属性研究主要是分析地震波的速度、振幅、相位、频率等参数的变化幅度、范围。在准确的储层标定基础上，选取代表火山岩储层的时窗段，依据储层的地震响应特征，提取不同的属性，找出火山岩储层地震有异常反映的属性类型，开展储层横向预测。通过对松南主体已钻井的多属性分析发现（图 4 - 16），振幅能量类属性对储气层段反映不明显，频率类属性在储层段响应明显，与围岩存在较大差异。连井低频属性剖面显示（图 4 - 17），储层发育区和含气区频率明显偏低，低频区上下叠置，横向变化大，在火山口附近异常明显，与储层展布特征基本一致。因此，应用该方法可以有效预测高孔和含气储层的分布。低频属性（图 4 - 18）显示 YP1 井区频率最低，对储层发育有利，在 YP7 和 YP4 井区也存在部分低频异常，显示该区为储层发育相对有利区。

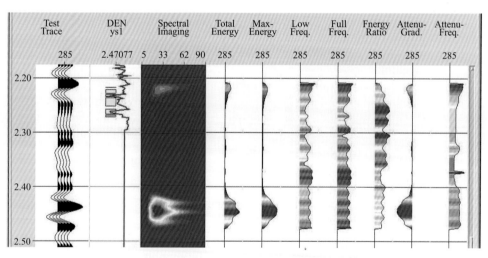

图 4 - 16　YS1 井地震属性优选分析

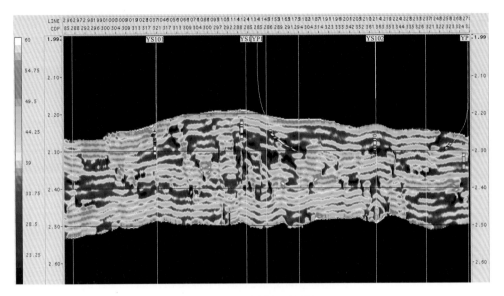

图 4 – 17　连井低频属性剖面

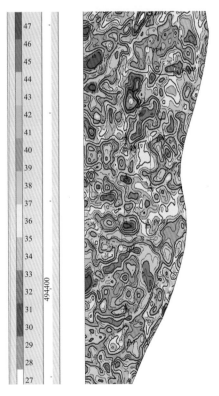

图 4 – 18　低频属性平面分布图（气顶往下 45ms 时窗）

4.2.4　火山岩储层分布预测

地下不同地层存在波阻抗差异，当地震波传播到有波阻抗差异的地层分界面时，会发生反射，从而形成地震反射波。地震反射波等于反射系数与地震子波的褶积，而某界面的垂直反射系数就等于该界面上、下介质的波阻抗差与波阻抗和之比。也就是说，如果已知地下地层的波阻抗分布，可以得到地震反射波的分布，即地震反射剖面。由地质的地层波阻抗剖面得到地震反射波剖面的过程称为地震波阻抗正演，反过来，由地震反射剖面也可以想办法换算出地质的地层波阻抗，与地震波阻抗正演相对应，由地震反射剖面得到地层波阻抗剖面的过程称为地震波阻抗反演。

地震反演技术在 20 世纪 70 年代开始出现，当时对地震反演的研究只是以基于褶积模型的叠后一维波阻抗反演为主，到 80 年代得到了蓬勃发展。1983 年，Cooke 介绍了地震资料广义线性反演方法，从而揭开了波阻抗反演技术的新篇章。90 年代初期，人们提出了综合利用地质、地震和测井资料进行约束反演，可克服单一的线性反演方法的缺陷。90 年代至今，围绕一维波阻抗反演的各类算法以及应用成果层出不穷，随着研究的升温，在 1997 年左右开始出现了一些令人反思的文章，指出了波阻抗反演中存在的一些缺陷，并提出了一些解决方案。BP Amoco 公司的 Connolly 在 1999 年正式发表了弹性波阻抗反演方法的论文，随后在 2000 年的 SEG 年会上出现了 4 篇论文对弹性波阻抗反演进行了研究，ARCO 公司介绍了他们申请专利的弹性波阻抗反演方法，认为其在求取的反射系数的稳定性方面要好于 Connolly 方法，而且计算的弹性阻抗和声阻抗数值在一个尺度下，同时 BP 和 Amoco 公司在会上又提出了扩充弹性波阻抗方法，可以用于流体和岩性的预测。此外，Paradigm 公司在其商业软件 Vanguard 的最新版本中也出现了有关弹性波阻抗反演的功能。Jason 公司则推出了 Rock Trace 弹性反演模块，以纵波波阻抗和横波波阻抗的概念来区别其以往软件中的波阻抗概念。这些进展说明弹性波阻抗已经成为波阻抗反演进一步发展的方向之一，地震反演的发展正走向声阻抗和弹性阻抗结合的道路。

波阻抗反演是指利用地震资料反演地层波阻抗（或速度）的地震特殊处理解释技术。阻抗反演具有明确的物理意义，通过波阻抗反演，将界面信息转换成岩层信息，把地震资料变成可与钻井直接对比的形式。波阻抗反演能够较好地将钻、测井资料纵向分辨率高与地震资料横向密集的特点有机结合，从而较正确地描述储层的厚度和几何形态，进而估算储层的物性变化。

4.2.4.1 子波提取和合成记录标定

子波的质量对于波阻抗反演至关重要。为此，利用 YS1 井、YS102 井、YS101 井、YP 井 4 口井的声波时差资料，在目的层段用交互迭代的方法完成子波估算，估算的子波近似零相位、相位谱在有效频段内基本稳定，振幅谱与地震的振幅谱基本吻合，以此 4 口井的子波为基础，合成一个平均子波用于地震波阻抗反演（图 4 - 19）。

在子波估算的基础上，对主要目的层进行了精细标定，从标定结果看，合成记录与地震剖面具有很好的一致性，为储层反演奠定了坚实的基础（图4-20）。

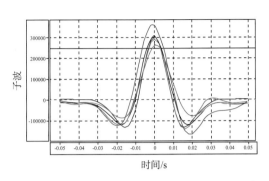

图4-19 提取的4口井井旁道子波和平均子波

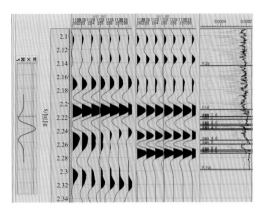

图4-20 YS1井合成记录

4.2.4.2 分期约束低频模型的建立

地质框架模型的建立也是波阻抗反演的关键环节，它关系到最终储层预测的精度。本次反演在营城组顶、底精细解释的基础上，增加了火山岩内部期次的约束，提高了低频模型的精度。根据火山喷发旋回特征，通过剖面火山结构分析，确定松南气田主体火山活动总体划分为三个大的期次（图4-21），当前开发实施的火山岩储层主要位于第二期次，在对第三期次底界刻画的基础上用于约束建模，将测井的阻抗信息在三维空间内进行内插和外推，建立的三维初始波阻抗约束模型更趋合理，有利于预测精度的提高（图4-22）。

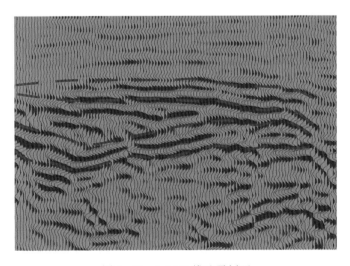

图4-21 In1405线地震剖面

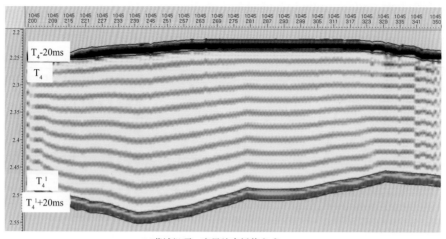

(a)营城组顶、底界约束插值方式

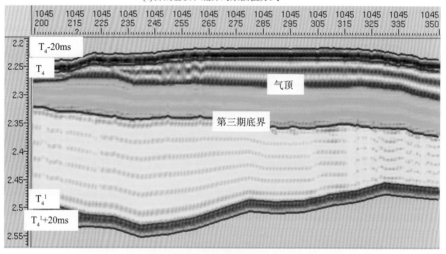

(b)分期约束插值方式

图 4 – 22　In1405 线地震剖面不同模型插值方式比较

4.2.4.3　稀疏约束脉冲反演（CSSI）

稀疏约束脉冲反演的理论依据是地下的强反射系数界面不是连续分布而是稀疏分布的。其具体做法是从地震道中根据稀疏原则抽取反射系数，与子波褶积后生成合成地震记录，利用合成地震记录与原始地震道的残差修改反射系数，得到新的、更密一些的反射系数序列，再做合成记录，如此迭代，得到一个能最佳逼近原始地震道的反射系数序列。当得到反射系数序列体后，就很容易求得波阻抗数据体。在反演过程中，λ 值的确定尤为关键。通过分析地震残差和反射系数随 λ 值的变化，确定本区反演所用的 λ 值为 9。

稀疏约束脉冲反演得到的波阻抗数据缺少低频信息，该低频信息来自于地质框架模型中建立的、由测井曲线内插得到的阻抗数据体，通过低通滤波得到的低频成分，再通过适当的滤波器把低频成分和相对波阻抗合并即得到绝对波阻抗。

4.2.4.4 波阻抗反演效果分析

连井测井约束稀疏脉冲反演剖面分析表明，波阻抗与井点测井资料求得的波阻抗吻合较好，同时与实际地震资料匹配较好，说明反演结果准确、可靠。由于受地震资料分辨率的限制，反演波阻抗体的分辨率只是略高于地震资料的分辨率，识别本区薄储层或薄夹层的难度较大，预测精度将会受到影响，但储层的总体展布趋势符合地质规律，同时也为后期即将开展的高分辨率随机模拟反演、分频解释薄储层识别和多参数约束神经网络孔隙度反演提供约束和参考。

从图4-23可以看出，波阻抗反演剖面上主要储层响应清楚，但由于地震资料主频较低，一些薄层反映不明显。从储层预测的厚度分布图来看，以YS1井为核心的主火山机构厚度较大，分布范围也大，其次是YP7井所在的火山机构，YP4井在火山机构的侧翼，储层厚度较小。从储层预测结果可以得出几点基本认识：①松南地区营城组火山岩储层总体具有层状分布的特征；②由于断层和储层非均质特征，造成侧向上储层断续分布；③储层发育以火山机构为单元，围绕主火山机构储层厚度大，向周围呈环带状递减。总体来看，反演结果与前期地质认识基本相符。

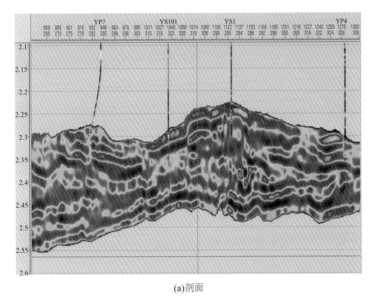

(a)剖面

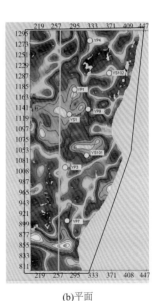

(b)平面

图4-23 连井波阻抗反演剖面与火山岩储层预测厚度

4.2.4.5 储层含气性预测

储层含气性预测技术就是依据含气储层的地震响应特征，即含气砂体在纵、横向上引起的地震信息的强弱或大小的相对变化，来对储层的含气状况进行定性或定量地预测。含气性预测技术自20世纪80年代以来发展较快，如"亮点"识别技术、AVO技术、吸收衰减技术、协克里金技术、多属性聚类分析技术等不断出现，并在生产实践中得到应用。叠后含气性预测所采用的主要技术有储层参数相关分析、吸收衰减技术、多属性聚类分析以及电阻率反演等技术。

理论研究表明，在地震波传播过程中，流体对地震子波能量具有吸收特性，地层吸收分析是在进行储层描述和油气预测时的重要方法。研究目的层吸收强弱的空间分布，对于提高预测精度具有重要作用，并可与其他地震、测井和地质信息相结合，直接用于圈定油气分布范围、估算储量。在由固、液、气构成的多相介质中，对吸收性质影响最显著的是气态物质，在岩石孔隙饱和液中渗入少量气态物质，可以明显提高其对纵波能量的吸收。因此，在气藏预测中，吸收分析可以有效预测流体分布。

基于孔隙流体对地震子波具有吸收作用，储层段表现为低频特性，含气层段具有子波高频吸收特性。研究子波高频吸收特性，可以预测含气层段。从图4-24

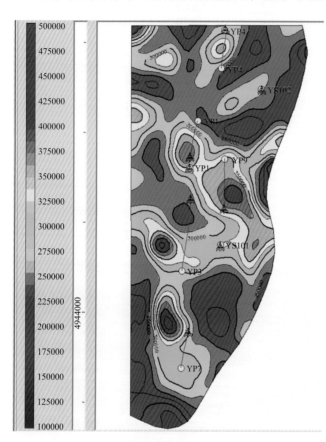

图4-24 高频吸收含气特征

上分析，YS1井、YS101井、YP1井、YP3井、YP9井、YP7井等落在高吸收能量部位，预测为有效含气区；YS102井落在相对低吸收能量部位，预测为差含气区，与实钻井吻合较好；YP4井落在高吸收能量部位，实钻效果却不理想，认为可能与该区裂缝发育有关。

4.3 地震数据体结构特征

地震数据体结构特征是指每一地震道离散数据点按时间顺序排列所显示的波形特征。应用地震数据结构特征预测油气层，就是通过提取每一地震道的振幅数值，研究其数据的组合排列特征与含油气性的关系（如拐点、斜率等），最后达到预测油气藏的目的。

通过对松南气田营城组三维地震资料进行地震数据体结构特征处理和解释，认为本区含气性与地震数据体结构具有响应特征，应用"地震数据体结构特征法"研究火山岩的含气性是适用的。

4.3.1 基本原理

每道地震数据元素都不是孤立存在的，而是在它们之间存在着某种关系，这种数据元素的相互之间的关系称为地震数据结构。根据它们之间关系的不同特性，可分为三类：线性结构、树形结构、网状或图状结构。

记录在地震测线上的总信息量是很大的，至少包含着油气信息和非油气信息这两方面内容。利用差异信息原理显示数值差（即地震相变原理）预测油气只是展示这总信息量中的一部分，而应用数据结构预测油气则是另一部分内容，因为地震数据结构较为稳定，所以，可以较好地用来预测油气。

地震波穿过油气层时，不仅地震参数发生了变化，而且还出现了不同的地震数据结构，含油气砂岩储集层物性与围岩物性不同，以及流体性质不同，不仅可以使地震纵波（P波）穿过该油气层时因地震参数的变化而出现不同的地震相（即传统预测方法、数值差异法），而且还会出现不同的地震数据结构。

4.3.2 地震数据结构特征

通过研究认为，YS1井区营城组深层火山岩井旁地震道ILN1125 + CDP285地震数据体结构特征存在异常（表4-1），其目的层层段为：2202~2402ms；地震数据体结构特征异常数值分布范围为36.85~41.82（无量纲）。

表4-1 YS1井区部分井钻后效果分析统计表　　　　　　　　　　　　无量纲

t	1	2	3	4	5
实测值	13071.96	13612.72	12540.00	12945.24	13913.24
模型值	20549.76	34639.11	47988.60	60832.53	73170.90
还原值	14089.35	13349.49	12843.93	12338.37	10012.20
误差	1017.39	263.23	303.93	606.87	3901.01
相对误差/%	7.22	1.97	2.37	4.92	38.96
t	6	7	8	9	10
实测值	9549.76	8708.04	7018.88	7095.44	
模型值	83183.10	90161.28	96301.59	103597.89	
还原值	6978.18	6140.31	7293.30	7293.30	
误差	2571.58	2567.73	277.42	200.86	
相对误差/%	36.85	41.82	3.80	2.75	

4.3.3 地震数据体结构预测模型

从地震数据结构特征剖面模型图可以看到（图4-25），在含气层段中，地震道的特征变化大，斜率、夹角自上而下一致性差。同时，从图上还可看出，在不含气的层段，自上而下地震道的变化不大，无论斜率或夹角规律均较为一致。这就说明了地层含气影响了地震数据体结构特征的变化，不含气层段的地震数据结构特征变化小。而从波形和振幅值的大小看都变化无常，说明数据结构变化与波形变化是有区别的。

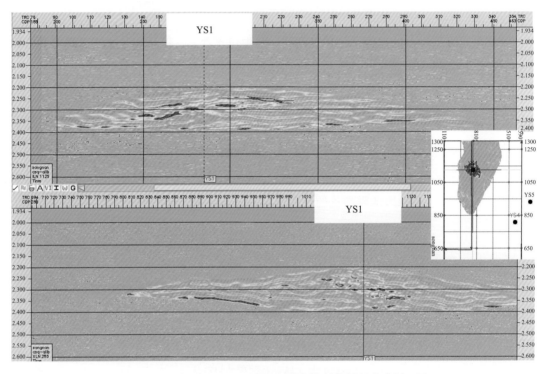

图4-25 YS1井区过YS1井地震数据体结构特征十字剖面图

在本地区，含气层段对应的地震数据结构特征归纳起来有以下几个特点：

（1）地震道显示出明显灰色结构异常；

（2）地震道波形为不归零的多峰；

（3）地震反射波形从上至下斜率变化较大。

这些特征与其他地区油气藏的地震反射特征相符，说明这个地区的地震资料符合地震结构特征分析技术使用的前提条件。因此，可用此技术对本地区的三维资料进行分析，结合圈闭分析结果进行了气层的空间分布预测，圈定含气层的分布区域和层位。

第5章 水平井+不规则井网高效开发

松南气田是中国东北松辽盆地最先开发的几个大型火山岩气藏之一。开发初期，国内火山岩气藏开发正处于起步阶段，国外也少有成熟的经验可以借鉴。火山岩气藏气井产能、稳产时间、如何编制最优开发方案以实现少井高产，是当时摆在科研人员面前亟待解决的难题。解决了这些难题，才有可能经济、高效地开发松南气田火山岩气藏。为了解决这些难题，首先开展了松南气田高含 CO_2 天然气相态、渗流机理基础理论研究；在此基础上，进行了火山岩气藏试采和单井产能评价，初步编制了 26 口井的开发方案；进一步优化井型为水平井，通过 3 口水平井的试采和产能评价，将最初设计的 26 口井开发优化为15 口水平井开发；在水平井开发过程中，不断进行井网优化，最终实现了 12 口水平井的少井、高效开发，形成了火山岩气藏水平井+不规则井网关键开发技术，为松南气田高效开发奠定了基础。

5.1 火山岩气藏开发机理

松南气田火山岩气藏开发机理包括高含 CO_2 天然气藏的相态特征、天然气在火山岩储层中的渗流特征两个方面。

5.1.1 相态特征

松南气田天然气主要为 CH_4 和 CO_2 的混合气，YP3 井和 YP9 井 CO_2 含量分别高达21.75% 和 23.33%，属高含 CO_2 型天然气藏。对其相态的系统研究是进行气藏储量评价、开发动态分析和气藏数值模拟等详细研究的基础。在松南气田开发初期，通过天然气高压物性实验测试，分析了高含 CO_2 天然气体系 *PVT* 相态特征。

5.1.1.1 天然气高压物性

实验采用了两种气体样品，一种为地层流体样品，样品取自 YP3 井、YP7 井和 YP9井分离器气样；第二种为配制气样，按比例将工业纯 CO_2 气体添加入 YP7 井采出的天然气中制成（表 5-1）。在不考虑地层水的影响时，直接将干气样转入 *PVT* 测试单元进行天然气物性分析。当考虑地层水含量的影响时，将过量气和地层水样品转移至配样器，进行搅拌，形成含地层水的天然气混合地层流体样品。实验采用加拿大 DBR 公司研制和生产的 JEFRI 全观测无汞高温高压地层流体分析仪进行 CO_2 地层天然气流体相态实验。采用美国 HP—6890 和日本岛津 GC—14A 色谱仪分析地层流体组分。

表 5-1　不同样品 CO_2 天然气组分组成（摩尔体积分数）

组分	YP7（5.04% CO_2）	15% CO_2	YP9（21.75% CO_2）	YP3（23.33% CO_2）	35% CO_2	45% CO_2
CO_2/%	5.041	15	21.746	23.325	35	45
N_2/%	5.603	4.872	4.710	4.395	3.726	3.153
C_1/%	88.114	78.747	71.604	71.034	60.218	50.954
C_2/%	1.127	1.192	1.127	1.075	0.911	0.771
C_3/%	0.083	0.011	0.492	0.010	0.008	0.007
IC_4/%	0.007	0.010	0.006	0.009	0.008	0.006
NC_4/%	0.016	0.155	0.301	0.140	0.119	0.100
IC_5/%	0.004	0.003	0.003	0.003	0.003	0.002
NC_5/%	0.002	0.002	0.005	0.002	0.002	0.001
C_6/%	0.004	0.008	0.006	0.007	0.006	0.005

注：15% CO_2、35% CO_2 和 45% CO_2 气样为在 YP7 井天然气中按比例添加工业纯 CO_2 气体配制而成。

5.1.1.2　CO_2 含量与 $P—V$ 的关系

分别在 132℃、92℃、62℃ 三种温度条件下，开展不同 CO_2 含量天然气样等的膨胀实验。实验结果表明，三种温度条件下，CO_2 含量变化对各物性参数的影响规律是一致的。随着压力的增加，气体的膨胀能力逐渐减小（图 5-1），气体的偏差系数先逐渐减小后逐渐增加（图 5-2），气体的体积系数逐渐减小（图 5-3），气体的密度逐渐增加（图 5-4），压缩系数逐渐减小（图 5-5）；随着 CO_2 含量的增加，在相同压力下，气体的相对体积（图 5-1）、体积系数（图 5-3）以及压缩系数（图 5-5）变化均不明显，气体的偏差系数逐渐减小（图 5-2），而气体的密度逐渐增加且高压下增加的幅度较低压下明显（图 5-4）。

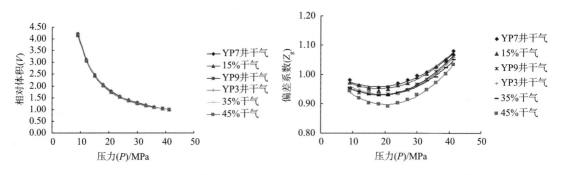

图 5-1　不同 CO_2 含量天然气地层流体 $P—V$ 关系　图 5-2　不同 CO_2 含量天然气地层流体偏差系数变化

松南火山岩气田高效开发技术与实践

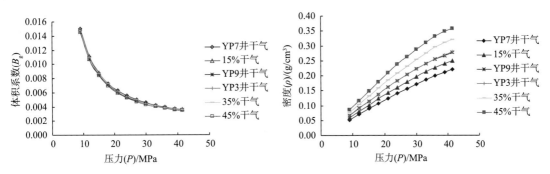

图 5 – 3　不同 CO_2 含量天然气地层流体体积系数变化　　　图 5 – 4　不同 CO_2 含量天然气地层流体密度变化

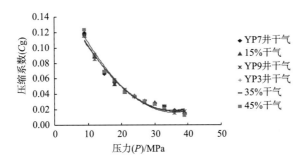

图 5 – 5　不同 CO_2 含量天然气地层流体压缩系数变化

5.1.1.3　温度与 $P—V$ 的关系

根据 127.7℃、98℃以及 68℃三个温度点下不同 CO_2 浓度的 $P—V$ 关系分析发现，在不同 CO_2 浓度下，温度变化对体系 $P—V$ 关系的影响规律性一致。以 YP7 井 5.041%（摩尔体积）CO_2 的天然气体系为例，在测试压力范围内，即压力小于 45MPa，随着温度的升高，含 CO_2 天然气体系的相对体积（图 5 – 6）、偏差系数（图 5 – 7）、体积系数（图 5 – 8）均增大，而密度降低（图 5 – 9），说明温度升高促使气体分子更加活跃，气体膨胀能力增强，体系的体积有增大的趋势，但温度对压缩系数的影响不大（图 5 – 10）。

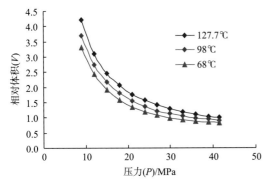

图 5 – 6　温度对 YP7 井含 CO_2 天然气地层
流体 $P—V$ 关系

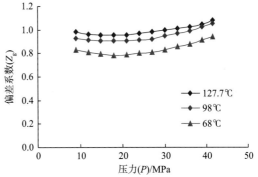

图 5 – 7　温度对 YP7 井含 CO_2 天然气地层
流体偏差系数变化

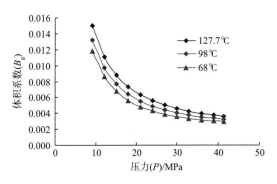

图 5 - 8　温度对 YP7 井含 CO_2 天然气地层
流体体积系数变化

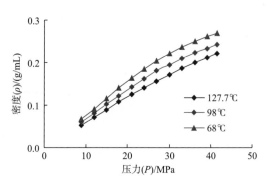

图 5 - 9　温度对 YP7 井含 CO_2 天然气地层
流体密度变化

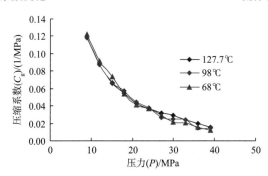

图 5 - 10　温度对 YP7 井含 CO_2 天然气地层流体压缩系数变化

5.1.2　渗流机理

松南气田火山岩由于在纵向上由多期次火山岩构成，横向上受多个火山机构控制。因此，其渗流特征表现为分层流动和分区流动的双重性质。

5.1.2.1　火山岩气藏储层分层流动特征

火山岩气藏开发较为常见的情况是在火山机构中心布井（图 5 - 11），火山机构中心井渗流特征表现为：当同时打开多层时，如果不考虑层间窜流，层间将不产生流动，即不发生流体交换，每层流体各自流入井筒。

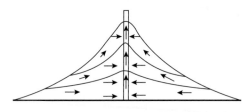

图 5 - 11　火山机构中心部位钻井气体流动示意图

火山岩气藏的各层厚度、渗透率等参数可认为仅在径向上发生变化，如图 5 - 12 和图 5 - 13 所示，随着距火山机构中心距离的逐渐变大，储层渗透率逐渐变差，厚度逐渐变薄。

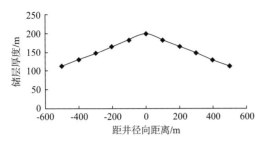

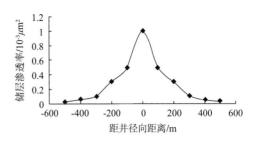

图 5 – 12　火山机构中心部位布井储层厚度　　　　图 5 – 13　火山机构中心部位布井储层渗透率
　　　　　　变化示意图　　　　　　　　　　　　　　　　　　变化示意图

当在远离火山机构中心部位布井时（图 5 – 14），同时打开多层，渗流特征表现为：
在不考虑层间窜流的情况下，层间不发生流体交换，每层流体各自流入井筒。

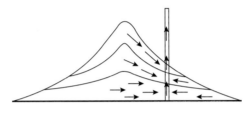

图 5 – 14　远离火山机构中心部位布井气体流动示意图

火山岩气藏的各层渗透率、地层厚度等随地层位置变化而发生变化，在径向坐标系统
下，随径向半径和角度变化而变化，为距火山机构中心距离（r）和角度（θ）的函数，各
层渗透率和厚度函数可分别表示为：$K(r,\theta)$ 和 $H(r,\theta)$，储层物性参数一般可认为沿火山机
构中心圆周方向上具有不对称的性质，如图 5 – 15 和图 5 – 16 所示。

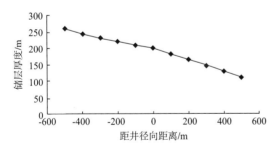

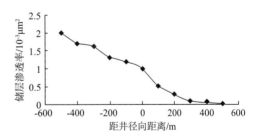

图 5 – 15　井布在远离火山机构中心部位时　　　　图 5 – 16　井布在远离火山机构中心部位时
　　　储层厚度变化（$\theta = 180°$）　　　　　　　　　　　储层渗透率变化（$\theta = 180°$）

5.1.2.2　火山岩气藏渗流模型

1. 火山机构中心井渗流模型

根据火山机构成因模式，建立火山机构中心井渗流模型，如图 5 – 17 所示，假设气井
布于火山机构中心部位，在单层开采的情况下，每区的渗透率以及厚度沿井径方向是变化
的，在一个区内也是不断变化的。根据这样的特点，假设单层内火山机构是由一系列不同

高度的矩形（从截面上来说）组成，不同矩形代表横向上不同的区，其渗透率随距火山机构中心距离呈线性关系（图5-18）。

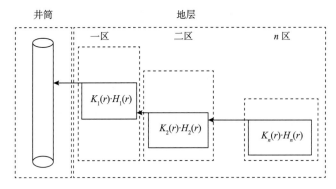

图5-17　火山岩气藏单层多区渗流模型示意图（单层）

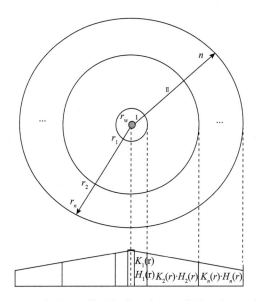

图5-18　火山岩多区不等厚气藏示意图（井位于火山机构中心）

其中：

$$K_j(r) = K_j \quad r_{j-1} \leqslant r < r_j \tag{5-1}$$

$$H_j(r) = H_1 - r_j\tan\theta \quad j = 1,2,\cdots,n \tag{5-2}$$

式中　　$K_j(r)$——第j区的渗透率函数；

　　　　K_j——第j区的渗透率的值；

　　$H_i(r)$——第j区的储层厚度函数；

　　　　H_1——第1区的储层厚度；

　　　　θ——火山的倾角，$0° < \theta \leqslant 90°$；

r_{j-1}——第 $j-1$ 区外缘到火山机构中心的距离；

r_i——第 j 区外缘到火山机构中心的距离。

当气藏在多层合采时，每层的渗透率以及厚度各不相同；每层之间分为多区，每区的渗透率以及厚度沿井径方向是变化的，在一个区内也是不断变化的；各层之间不存在窜流的影响，气体各自流入井筒。

因此，可以建立下面的物理模型：火山岩储层可以视为双孔介质储层。

火山岩储层的厚度和渗透率满足下列关系：

$$K_{ij}(r) = K_{ij} \quad r_{i(j-1)} \leqslant r < r_{ij} \tag{5-3}$$

$$H_{ij}(r) = H_{i1} - r_{ij}\tan\theta \quad i = 1,2,\cdots,m,j = 1,2,\cdots,n \tag{5-4}$$

式中　$K_{ij}(r)$ ——第 i 层 j 区的渗透率函数；

K_{ij}——第 i 层 j 区的渗透率的值；

$H_{ij}(r)$ ——第 i 层 j 区的储层厚度函数；

H_{i1}——第 i 层 1 区的储层厚度；

θ ——火山的倾角，$0 < \theta \leqslant 90°$；

$r_{i(j-1)}$——第 i 层第 $j-1$ 区外缘到火山机构中心的距离；r_{ij} 第 i 层 j 区外缘到火山机构中心的距离（图 5-19）。

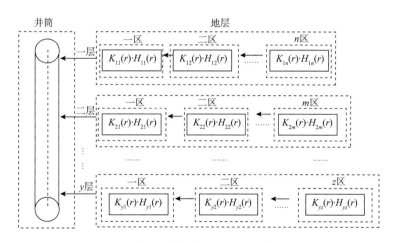

图 5-19　火山岩气藏多层多区渗流模型示意图

1）模型假设条件

（1）不等厚、圆形地层，流体与孔隙介质间无相互作用，气井以定产量生产；

（2）忽略重力和毛管力的影响；

（3）地层各处原始地层压力相同；

（4）流体流动满足线性达西流、等温渗流；

（5）具有多层，无层间流动，每层厚度不同，渗透率不同，每层具有相同的初始压力；

（6）每层分为多区，各区的渗透率和厚度不同，在单区内岩性基本相同，渗透率视为定值，同时，不同区内的地层厚度与径向距离呈线性关系；

（7）单个渗流区内储层可以视为双孔介质模型；

（8）各个渗流区的界面不存在附加压力降。

2）渗流模型的建立

（1）气体状态方程。

由于气体的可压缩性，表现为气体体积和密度明显受到压力和温度等因素的影响，气体这一性质可由气体状态方程来描述。表示气体体积或密度随压力和温度变化的关系式称为气体状态方程。理想气体的状态方程可用波义耳定律来表示。对于单位质量（1kmol）的气体有：

$$PV = RT \tag{5-5}$$

对于实际气体，最简单的状态方程：

$$PV = nZRT \tag{5-6}$$

式中　P——气体的绝对压力，MPa；

　　　T——绝对温度，K；

　　　V——1kmol 气体的体积，$m^3/kmol$；

　　　R——气体常数，$0.008314MPa \cdot m^3/(kmol \cdot K)$；

　　　n——气体的摩尔数；

　　　Z——天然气的偏差系数。

（2）运动方程。

与液体的渗流相似，当气体在渗流过程中处于层流状态时，其流动规律仍可由达西定律来描述：

$$v = -\frac{K}{\mu}\mathrm{grand}p \tag{5-7}$$

当气体在火山岩储层的裂缝和基岩中流动时，运动方程可以写为：

裂缝：
$$v_f = -\frac{K_f}{\mu}\mathrm{grand}P_f \tag{5-8}$$

基岩：
$$v_m = -\frac{K}{\mu}\mathrm{grand}P_m \tag{5-9}$$

式中　v_f——裂缝中的渗流速度；

　　　v_m——基岩中的渗流速度；

P_f ——裂缝中的压力；

P_m ——岩块中的基岩压力；

μ ——气体黏度；

K ——渗透率。

（3）窜流方程。

孔隙和裂缝之间有流体交换，并且由于是在比较平缓的压力变化下发生的，加之气体在基岩孔隙中流速很小，从孔隙空间向裂缝中渗流量也不大，因此，也个过程可以假设为稳定的，也就是说，"窜流"和时间不发生关系；可以认为孔隙之间流量交换符合线性关系。在单位时间内，在单位体积上，从基质排到裂缝中的气体体积只取决于：气体的黏度（μ）；孔隙和裂缝之间的压差（$P_m - P_f$）；岩石的某些特征量，如长度、面积、体积、单位等。

因此，窜流量 q_π 由式（5 – 10）决定：

$$q_\pi = \frac{\alpha\rho}{\mu}(P_m - P_f) \tag{5 – 10}$$

式中 α ——形状因子，与基岩的几何形状、裂缝的密集程度有关；

q_π ——窜流量，表示单位时间内单元体中从基岩排到裂缝中的气体流量。

其他物理量意义同前。

（4）连续性方程。

气体渗流过程中的连续性方程也称为质量守恒定律，即在渗流空间上任取一个微小单元体，单元体内的气体渗流应满足：

$$质量流量的净增量 = 流入的质量流量 - 流出的质量 \tag{5 – 11}$$

在火山岩气藏裂缝—孔隙双重介质中，气体从基岩孔隙中流向裂缝，再经裂缝流入井底，并认为裂缝中气体流动规律服从达西定律：

裂缝系统：
$$-\frac{\partial\ (\rho v_f)}{\partial\ r} + q_\pi = \frac{\partial\ (\rho\varPhi_f)}{\partial\ t} \tag{5 – 12}$$

基岩系统：
$$-\frac{\partial\ (\rho v_m)}{\partial\ r} - q_\pi = \frac{\partial\ (\rho\varPhi_m)}{\partial\ t} \tag{5 – 13}$$

式中 ρ ——气体密度，kg/m^3；

$\varPhi_m$、$\varPhi_f$ ——基岩和裂缝的孔隙度，小数。

其他物理量意义同前。

（5）微分方程。

根据以上方程，可得火山岩气藏单层多区、多层多区的微分方程如下所示：

单层多区：在分层开采的情况下，假设地层中存在 n 个岩石性质不同的环形区域，每区的储层厚度、渗透率等都是变化的，为距井距离 r 的函数，满足式（5-1）和式（5-2）。

则单层多区气体渗流的微分方程为：

$$\frac{1}{r}\frac{\partial}{\partial r}\left(rK_{fj}H_j\frac{\partial\psi_{fj}}{\partial r}\right) = \alpha K_{mj}H_j(\psi_{fj}-\psi_{mj}) + \frac{(\phi C_t)_{fj}\mu H_j}{3.6}\frac{\partial\psi_{fj}}{\partial t} \qquad j=1,2,\cdots,n$$

$$(5-14)$$

$$\frac{(\phi C_t)_{mj}\mu}{3.6}\frac{\partial\psi_{mj}}{\partial t} = \alpha K_{mj}(\psi_{fj}-\psi_{mj}) \qquad j=1,2,\cdots,n \qquad (5-15)$$

初始条件：

$$\psi_{mj}\big|_{t=0} = \psi_{fj}\big|_{t=0} = \psi_{ie} \qquad (5-16)$$

界面连接条件：

界面压力相等： $\qquad \psi_{fj} = \psi_{f(j+1)} \qquad r=r_j, j=1,2,\cdots,n-1 \qquad (5-17)$

界面流速相等： $\dfrac{\partial\psi_{fj}}{\partial r} = \dfrac{(K_fH)_{j+1}}{(K_fH)_j}\dfrac{\partial\psi_{j+1}}{\partial r} \qquad r=r_j, j=1,2,\cdots,n-1 \qquad (5-18)$

内边界条件：

$$Q\big|_{r=r_w} = 常数 \qquad (5-19)$$

$$\left[\frac{T_{SC}}{TP_{SC}}\frac{\pi r}{\mu}\frac{\partial}{\partial r}(K_{f1}H_1\psi_{f1})\right]_{r=r_w} = 1 + \frac{\mu C}{2Q}\frac{T_{SC}}{TP_{SC}}\frac{d\psi_{f1}}{dt} \qquad (5-20)$$

$$\psi_w = \psi_{f1}\big|_{r=r_{we}}, 其中： \qquad r_{we} = r_w e^{-s} \qquad (5-21)$$

封闭外边界：

$$\frac{\partial\psi_{fn}}{\partial r}\Big|_{r=r_n} = 0 \qquad (5-22)$$

多层多区：在多层合采的情况下，假设地层中存在 m 层、n 个岩石性质不同的环形区域，每层每区的储层厚度、渗透率等都是变化的，为距井距离 r 的函数，满足式（5-3）和式（5-4）。

则多层多区气体渗流的微分方程为：

$$\frac{1}{r}\frac{\partial}{\partial r}\left(rK_{fij}H_{ij}\frac{\partial\psi_{fij}}{\partial r}\right) = \alpha_i K_{mij}H_{ij}(\psi_{fij}-\psi_{mij}) + \frac{(\phi C_t)_{fi}\mu_i H_{ij}}{3.6}\frac{\partial\psi_{fij}}{\partial t} \quad i=1,2,\cdots,m, j=1,2,\cdots,n$$

$$(5-23)$$

$$\frac{(\phi C_t)_{mi}\mu_i}{3.6}\frac{\partial\psi_{mij}}{\partial t} = \alpha_i K_{mij}(\psi_{fij}-\psi_{mij}) \quad i=1,2,\cdots,m, j=1,2,\cdots,n \qquad (5-24)$$

初始条件：

$$\psi_{mi}\big|_{t=0} = \psi_{fi}\big|_{t=0} = \psi_{ie} \qquad i=1,2,\cdots,m \qquad (5-25)$$

$$\psi_{\text{fi}}(r_{\text{w}},t) = \psi_{\text{w}}(t) \qquad i = 1,2,\cdots,m \tag{5-26}$$

界面连接条件：

界面压力相等：

$$\psi_{\text{fi}j} = \psi_{\text{fi}(j+1)} \qquad r = r_{ij}, i = 1,2,\cdots,m, j = 1,2,\cdots,n-1 \tag{5-27}$$

界面流速相等：

$$\frac{\partial \psi_{\text{fi}j}}{\partial r} = \frac{(K_{\text{f}}H)_{i(j+1)}}{(K_{\text{f}}H)_{ij}} \frac{\partial \psi_{\text{fi}(j+1)}}{\partial r} \qquad r = r_{ij}, i = 1,2,\cdots,m, j = 1,2,\cdots,n-1 \tag{5-28}$$

内边界条件：

$$Q \mid_{r=r_{\text{w}}} = 常数 \tag{5-29}$$

$$\sum_{i=1}^{m} q_i = q_{\text{sc}} \tag{5-30}$$

$$\left[\frac{T_{\text{SC}}}{TP_{\text{SC}}} \frac{\pi r}{\mu} \frac{\partial}{\partial r}(K_{\text{fi}1}H_{i1}\psi_{\text{fi}1}) \right]_{r=r_{\text{w}}} = 1 + \frac{\mu C}{2Q} \frac{T_{\text{SC}}}{TP_{\text{SC}}} \frac{\text{d}\psi_{\text{fi}1}}{\text{d}t} \tag{5-31}$$

$$\psi_{\text{w}} = \psi_{\text{fi}1} \mid_{r=r_{\text{we}}}, 其中：\qquad r_{\text{we}} = r_{\text{w}} \text{e}^{-5} \tag{5-32}$$

封闭外边界：

$$\frac{\partial \psi_{\text{fi}n}}{\partial_r} \mid_{r=r_n} = 0 \qquad i = 1,2,\cdots,m \tag{5-33}$$

模型的数值法求解：

数值模型的建立：

式（5-23）和式（5-24）是非线性方程组，如果直接采用解析法，将很难得到该方程的有效解析解，而采用数值解法却可以比较精确地描述不同参数的分布，因此利用有限差分方法来获得该方程的数值解。

对式（5-23）和式（5-24）进行差分可得：

$$\frac{1}{r_i} \frac{r_{i+1/2}K_{\text{f}(i+1/2)}H_{i+1/2}\left[\dfrac{\psi_{\text{f}(i+1)}^{n} - \psi_{\text{fi}}^{n}}{r_{i+1} - r_i}\right] - r_{i-1/2}K_{\text{f}(i-1/2)}H_{i-1/2}\left[\dfrac{\psi_{\text{fi}}^{n} - \psi_{\text{f}(i-1)}^{n}}{r_i - r_{i-1}}\right]}{r_{i+1/2} - r_{i-1/2}} =$$

$$\frac{(\phi\mu C_{\text{t}})_{\text{f}}}{3.6}H_i \frac{\psi_{\text{fi}}^{n} - \psi_{\text{fi}}^{n-1}}{\Delta t} + \alpha_i K_{\text{m}i}H_i(\psi_{\text{fi}}^{n} - \psi_{\text{m}i}^{n}) \tag{5-34}$$

$$\frac{(\phi\mu C_{\text{t}})_{\text{m}}}{3.6} \frac{\psi_{\text{m}i}^{n} - \psi_{\text{m}i}^{n-1}}{\Delta t} = \alpha K_{\text{m}i}(\psi_{\text{fi}}^{n} - \psi_{\text{m}i}^{n}) \tag{5-35}$$

将式（5-35）代入式（5-34）得：

$$\frac{1}{r_i} \frac{r_{i+1/2}K_{\text{f}(i+1/2)}H_{i+1/2}\left[\dfrac{\psi_{\text{f}(i+1)}^{n} - \psi_{\text{fi}}^{n}}{r_{i+1} - r_i}\right] - r_{i-1/2}K_{\text{f}(i-1/2)}H_{i-1/2}\left[\dfrac{\psi_{\text{fi}}^{n} - \psi_{\text{f}(i-1)}^{n}}{r_i - r_{i-1}}\right]}{r_{i+1/2} - r_{i-1/2}} =$$

$$\frac{(\phi\mu C_t)_f}{3.6}h_i\frac{\psi_{fi}^n - \psi_{fi}^{n-1}}{\Delta t} + \frac{(\phi\mu C_t)_m}{3.6}h_i\frac{\psi_{mi}^n - \psi_{mi}^{n-1}}{\Delta t} \tag{5-36}$$

对式（5-36）进行整理得：

$$\frac{r_{i+1/2}K_{f(i+1/2)}H_{i+1/2}}{r_{i+1} - r_i}[\psi_{f(i+1)}^n - \psi_{fi}^n] - \frac{r_{i-1/2}K_{f(i-1/2)}H_{i-1/2}}{r_i - r_{i-1}}[\psi_{fi}^n - \psi_{f(i-1)}^n] =$$

$$r_i(r_{i+1/2} - r_{i-1/2})\frac{(\phi\mu C_t)_f}{3.6}H_i\frac{\psi_{fi}^n - \psi_{fi}^{n-1}}{\Delta t} + r_i(r_{i+1/2} - r_{i-1/2})\frac{(\phi\mu C_t)_m}{3.6}H_i\frac{\psi_{mi}^n - \psi_{mi}^{n-1}}{\Delta t}$$

$$\tag{5-37}$$

令

$$A_i = \frac{r_{i+1/2}K_{i+1/2}H_{i+1/2}}{r_{i+1} - r_i}$$

$$B_i = \frac{r_{i-1/2}K_{i-1/2}H_{i-1/2}}{r_i - r_{i-1}}$$

$$C_i = \frac{r_i(r_{i+1/2} - r_{i-1/2})(\phi\mu C_t)_f H_i}{3.6\Delta t}$$

$$D_i = \frac{r_i(r_{i+1/2} - r_{i-1/2})(\phi\mu C_t)_m H_i}{3.6\Delta t}$$

$$r_{i+1/2} = \frac{r_{i+1} - r_i}{\ln\frac{r_{i+1}}{r_i}} \quad r_{i-1/2} = \frac{r_i - r_{i-1}}{\ln\frac{r_i}{r_{i-1}}}$$

其中：

$$K_{i+1/2} = \frac{2K_iK_{i+1}}{K_i + K_{i+1}} \quad K_{i-1/2} = \frac{2K_iK_{i-1}}{K_i + K_{i-1}}$$

$$H_{i+1/2} = \frac{2H_iH_{i+1}}{H_i + H_{i+1}} \quad H_{i-1/2} = \frac{2H_iH_{i-1}}{H_i + H_{i-1}}$$

则式（5-37）可以写成：

$$A_i[\psi_{f(i+1)}^n - \psi_{fi}^n] - B_i[\psi_{fi}^n - \psi_{f(i-1)}^n] = C_i(\psi_{fi}^n - \psi_{fi}^{n-1}) + D_i(\psi_{mi}^n - \psi_{mi}^{n-1}) \tag{5-38}$$

令 $E_i = 3.6\frac{K_{mi}}{(\phi\mu C_t)_m}\alpha\Delta t$，则式（5-35）可以整理成：

$$\psi_{mi}^n = \frac{\psi_{mi}^{n-1} + E_i\psi_{fi}^n}{1 + E_i} \tag{5-39}$$

将式（5-39）代入式（5-38）得：

$$A_i[\psi_{f(i+1)}^n - \psi_{fi}^n] - B_i[\psi_{fi}^n - \psi_{f(i-1)}^n] = C_i(\psi_{fi}^n - \psi_{fi}^{n-1}) + D_i\frac{E_i(\psi_{fi}^n - \psi_{mi}^{n-1})}{1 + E_i} \tag{5-40}$$

令 $F_i = \frac{D_iE_i}{1 + E_i}$，则式（5-40）可以整理成：

$$A_i \psi_{f(i+1)}^n - (A_i + B_i + C_i + F_i)\psi_{fi}^n + B_i \psi_{f(i-1)}^n = -(C_i \psi_{fi}^{n-1} + F_i \psi_{mi}^{n-1}) \qquad (5-41)$$

界面连接点处的处理：

$$\frac{\psi_{fi}^{n+1} - \psi_{f(i-1)}^{n+1}}{r_i - r_{i-1}} + \frac{\psi_{fi}^n - \psi_{f(i-1)}^n}{r_i - r_{i-1}} = \frac{K_{f(i+1/2)} H_{i+1/2}}{H_{f(i-1/2)} H_{i-1/2}} \left| \frac{\psi_{f(i+1)}^{n+1} - \psi_{fi}^{n+1}}{r_{i+1} - r_i} + \frac{\psi_{f(i+1)}^n - \psi_{fi}^n}{r_{i+1} - r_i} \right| \qquad (5-42)$$

内边界条件：

$$\frac{T_{SC}}{TP_{SC}} \frac{\pi r_w}{\mu} \frac{K_{f1/2} H_{f1/2} (\psi_{f1}^n - \psi_{f0}^n)}{r_1 - r_0} = 1 + \frac{\mu C}{2Q} \frac{T_{SC}}{TP_{SC}} \frac{\psi_{f1}^n - \psi_{f0}^0}{\Delta t} \qquad (5-43)$$

$$\psi_w^n = \psi_{f1}^n \qquad (5-44)$$

外边界条件：

$$\psi_{i+1} = \psi_{i-1} \quad i = 1, 2, \cdots, N; \text{第 } N+1 \text{ 个网格为虚拟网格} \qquad (5-45)$$

对每层每区的网格均采用同样处理，由离散的渗流方程（5-39）、方程（5-41）和边界条件就组成了一个完整的三对角方程组，可以采用追赶法对该方程组进行求解。

求解步骤：

具体的求解步骤如图 5-20 所示：首先根据地震、物探等资料确定火山岩气藏储层的岩性、岩相分布图，了解该区的岩性、岩相分布情况；其次，根据测井资料，确定储层的层数、每层的初始厚度、测井渗透率；根据钻井取心资料，核实储层的岩性、岩相分布情况，同时可以获得储层的岩心渗透率，据此可以初步估算储层井眼周围的渗透率分布情况；将已知的储层参数输入数值模拟器中，产生数值解，绘制典型曲线图版；利用数值模拟器分别对复合区半径、渗透率、厚度等参数进行优化拟合；

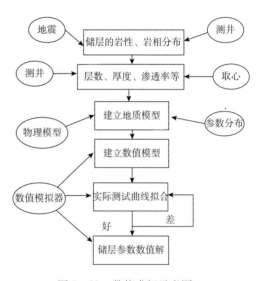

图 5-20 数值求解示意图

反复迭代求解，直到能够与试井导数曲线反映的特征拟合上为止，数值模拟所输出参数即为上述模型的数值解。

松南气田位于火山机构中心部位的火山岩储层属于不等厚多层多区的双重孔隙介质，导数曲线特征既不同于一般的多层曲线特征，也不同于常见的双重介质气藏的曲线特征。通过开展压力曲线特征分析，如图 5-21 所示，由于每区每层的储层厚度和渗透率都是变化的，曲线在裂缝过渡阶段的下凹程度可能会小一些。因为在 YS1 井所在的火山岩储层中，并不是所有岩性的孔缝渗透率比值都趋近于 0，部分岩性的孔缝渗透率比值可能介于 0 和 1 之间，这样的压力曲线与理想的双孔介质的压力曲线的下凹段相比，其下凹段的下凹程度会小一些。

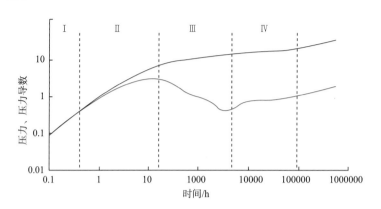

图 5 - 21　火山岩气井多层测试典型试井曲线特征

第 I 段为井筒储集阶段，拟压力及其导数重合为一条直线段，其斜率为 1.0，反映的是井筒中纯井筒存储效应作用的结果；第 II 段为过渡阶段，该段反映的是井筒存储效应和表皮效应共同作用的结果；第 III 段为储层各层之间的流动阶段，相当于双重介质储层的裂缝径向流阶段、过渡段、总系统径向流动阶段，但是由于每层的渗透率和厚度不是一个恒定值，尽管多层测试典型压力曲线表现出近似双重介质的特征，但是曲线的裂缝径向流段表现不十分明显，而在过渡段也没有明显地下凹，在总径向流段曲线呈上升的趋势，反映出储层物性逐渐变差；第 IV 段为拟稳态流阶段，此阶段反映出外边界封闭的特性。其渗流特征表现为压力及压力导数曲线"上翘"，斜率为 1/2 的直线段。

2. 远离火山机构中心井渗流模型

松南气田远离火山机构中心多属单层多区型储层，应建立单层多区渗流模型。松南气田的 YS102 井位于远离火山机构中心的位置，这种情况不同于在火山机构中心布井的情况，关于井筒对称的左右两端的各区不仅厚度不同（靠近火山机构中心的储层厚度大，而远离火山机构中心的储层厚度小），而且其渗透率在关于井筒对称的位置不相等（局部高点的渗透率大于局部低点的渗透率），根据导压系数的定义为：

$$\eta = \frac{K}{\mu C_t} \tag{5-46}$$

导压系数（η）表示压力降传播的快慢，在气体黏度（μ）和综合压缩系数（C_t）不变的情况下，导压系数与渗透率（K）成正比。压降在局部高点区域传播速度快，而在局部低点区域的传播速度会很慢，因此等势线在局部高点区域的分布相对密集，而在局部低点区域的分布会相对稀疏。地层流体的流动不能视为一般的平面径向流，很难用解析表达式来描述它的渗流特征。

松南气田以中心式喷发为主，裂缝喷发为辅，如图 5 - 22 所示，各个不等距的同心圆环表示单层内不同的渗透区，环形区域的半径越大，区域内的储层厚度、渗透率将越小，井位于渗透率较低的Ⅲ区（Ⅰ区为火山机构中心），对应的是松南气田 YS102 井。

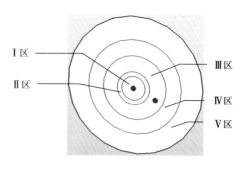

图 5－22　火山岩气藏单层中井的位置

根据前文中火山岩储层孔渗特征可知，单区内的火山岩储层可以视为双孔介质地层，只有裂缝系统与井筒连通，而且有较高的渗透性，基质岩块的渗透率非常低，天然气只能通过裂缝系统才能流入井内。因此，压降在单区内传播时，可以用双孔介质地层中的流动来解释压降的变化特征。

压降在Ⅲ区内的传播过程（图 5－23）可分为裂缝流动、过渡流动、总系统流动三种流动状态。当井打开以后，与井连通的裂缝系统压力开始下降，天然气沿着裂缝通道流向井底并被采出。此时，基质岩块由于渗透性非常差，还没有形成足够大的压差，因此没有流体流出，而处于裂缝流动状态。当裂缝系统的压力由于天然气的采出而下降之后，基质压力尚未下降，基质系统与裂缝系统之间形成了压差，促使基质内的流体向裂缝过渡，补充了一部分流体，也缓和了裂缝系统压力的下降过程，此阶段处于过渡流动状态。当裂缝系统与基质系统压力达到平衡以后，共同参与向井内供应流体，这一阶段称为"总系统流动"。

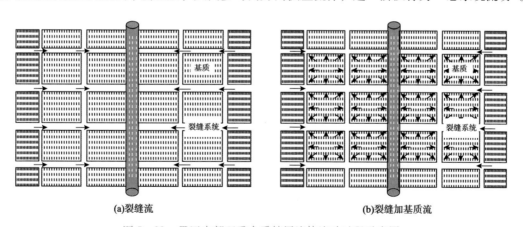

(a)裂缝流　　　　　　　　　　**(b)裂缝加基质流**

图 5－23　Ⅲ区内部双重介质储层流体流动过程示意图

当压降传至Ⅲ区以外的区域时，渗透率（K）、地层厚度（H）和导压系数（η）均满足Ⅱ区＞Ⅲ区＞Ⅳ区，则地层流动能力 KH 满足Ⅱ区＞Ⅲ区＞Ⅳ区，各区内压降波及区域的大小满足Ⅱ区＞Ⅲ区＞Ⅳ区。因此，与压降在Ⅲ区内的传播阶段相比，传播区域内的整体地层流动能力变好。该阶段的渗流特征如图 5－24 所示。

通过对单层多区的压力曲线特征的分析认为，在远离火山机构中心部位井布时，气井单层多区测试典型试井曲线表现出四个阶段的特点（图 5-25）。

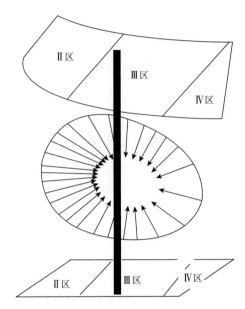

图 5-24　晚期压降传到Ⅲ区外的不规则形状流动

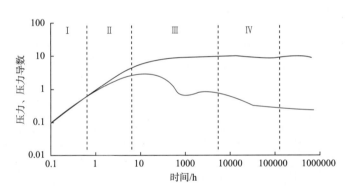

图 5-25　火山岩气井单层多区测试典型试井曲线特征

　　第Ⅰ段为井筒储集阶段，拟压力及其导数重合为一条直线段，其斜率为 1.0，反映的是井筒中纯井筒存储效应作用的结果。第Ⅱ段为过渡阶段，该区反映的是井筒存储效应和表皮效应共同作用的结果。第Ⅲ段为流体在Ⅲ区内（双孔介质地层）的流动，该过程时间比较长，按照双孔介质地层内部流体的流动特征，又可以细分为裂缝径向流阶段、过渡段、总系统径向流动阶段。第Ⅳ段为压降在Ⅲ区以外的传播，随着平均地层流动能力的变大，压力导数曲线由第Ⅲ段末的径向流水平线逐渐降低至Ⅲ区以外的比较平缓的下倾曲线（该过程中地层流体的流动并不是径向流动）。

5.2 初步开发方案编制

松南气田营城组火山岩气层埋深普遍超过 3500m，钻探成本较高，要想实现良好的经济效益，要求气井应具有较高的产能（大于 $4 \times 10^4 m^3/d$）和较长的稳产年限。因此，摸清火山岩气井产能和稳产时间，是决定气藏能否经济、有效开发和编制开发方案的基础和关键。为了解决产能和稳产时间等难题，针对当时气田实施的第一口探井 YS1 井，集中力量进行了气井试采和产能评价。在 YS1 井上安装撬装脱碳装置，组织 CNG 槽车拉气，创造条件进行试采。通过试采，准确评价了单井产能，无阻流量 $30.7 \times 10^4 m^3/d$，并具备一定的稳产能力，为编制初步开发方案奠定了基础。

5.2.1 YS1 井试采动态分析

为了初步评价火山岩气井产能，YS1 井营城组从 2007 年 11 月 20 日投入试采，至 2008 年 3 月 13 日试采 110 天，2008 年 4 月 15 日~5 月 6 日开展压力恢复不稳定试井和修正等时试井。在试采生产过程中，井口油压基本稳定在 30MPa，平均日产气 $10.23 \times 10^4 m^3$，产微凝析水，累计产气 $439 \times 10^4 m^3$，累计产水 $13 m^3$。通过对火山岩气藏长时间的试采，明确了气井具备产量高、压力稳定、产水量不大的特点，能够达到经济、有效开发的要求。

5.2.2 YS1 井试采产能评价

气井稳定产能测试方法主要有常规回压试井、等时试井、修正等时试井和"一点法"试井。松南气田产能测试主要采用回压试井、修正等时试井和"一点法"试井三种方法。在 YS1 井试采证明火山岩气藏具有良好而持续产能的基础上，利用稳定试井资料评价火山岩产能，为研究气井合理配产以及编制开发方案奠定基础。

以产能试井理论为基础，根据开井生产所取得的产气量、井底压力及井口油压、套压等测试资料，开展 YS1 井产能评价，确定气井产能方程式和绝对无阻流量，预测气井产能，分析评价气井的生产能力。为准确评价 YS1 井的实际生产能力，分别在 2006 年 7 月试采前和 2007 年 4 月试采后对 YS1 井营城组 3545~3745m 井段进行了系统测试工作。

在 2006 年 7 月（试采前）采用回压法测试，采用 5 个工作制度，回压曲线如图 5 - 26（a）所示。对系统试井资料分别采用二项式、指数式两种方法进行了处理［图 5 - 27（a）和图 5 - 27（b）］。采用二项式计算的无阻流量为 $27.14 \times 10^4 m^3/d$，指数式计算的无阻流量为 $28.58 \times 10^4 m^3/d$（表 5 - 2）。从理论上分析，由于二项式产能方程考虑了近井区紊流效应的影响，认为二项式分析方法计算结果更为精确，因此以二项式计算结果为准，YS1 井试采前系统测试确定的无阻流量为 $27.14 \times 10^4 m^3/d$。

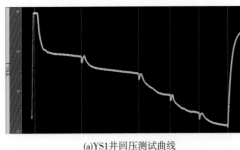
(a)YS1井回压测试曲线

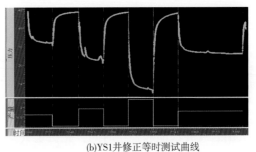
(b)YS1井修正等时测试曲线

图 5 – 26　YS1 井回压曲线

表 5 – 2　YS1 井营城组试井产能计算结果

测试时间点	方　法	稳定产能方程	相关系数	无阻流量/($10^4\mathrm{m}^3$/d)
试采前	二项式	$P_\mathrm{e}^2 - P_\mathrm{wf}^2 = 39.71Q_\mathrm{g} + 0.94Q_\mathrm{g}^2$	0.8592	27.14
	指数式	$Q_\mathrm{g} = 0.061\ (P_\mathrm{e}^2 - P_\mathrm{wf}^2)^{0.82}$	0.9962	28.58
试采后	二项式	$P_\mathrm{e}^2 - P_\mathrm{wf}^2 = 53.18Q_\mathrm{g} + 0.1334Q_\mathrm{g}^2$	1	30.7
	指数式	$Q_\mathrm{g} = 0.021\ (P_\mathrm{e}^2 - P_\mathrm{wf}^2)^{0.98}$	1	31.5

　　为了进一步评价储层特征和分析 YS1 井试采半年后的产能变化情况，在 2007 年 4 月（试采后）采用修正等时试井，采用 4 个工作制度，测试曲线如图 5 – 26（b）所示。采用二项式、指数式两种方法进行处理［表 5 – 2、图 5 – 27（c）和图 5 – 27（d）］，采用二项式方法计算的无阻流量为 $30.7 \times 10^4\mathrm{m}^3$/d，指数式计算的无阻流量为 $31.5 \times 10^4\mathrm{m}^3$/d。

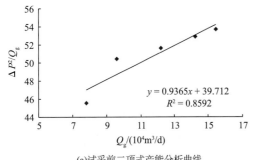
(a)试采前二项式产能分析曲线

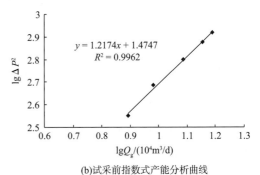
(b)试采前指数式产能分析曲线

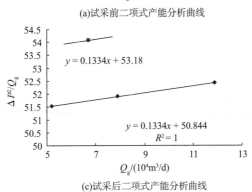
(c)试采后二项式产能分析曲线

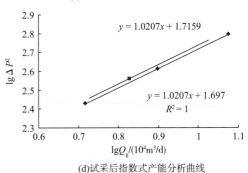
(d)试采后指数式产能分析曲线

图 5 – 27　YS1 井产能分析曲线

试采后，YS1 井无阻流量略有增加，主要原因为：①井底污染有所解除，表皮系数降低（由 1.14 降为 0.78）；②随着生产时间的延长，泄气范围扩大，压力波及到外围渗透性好的储层。将 YS1 井的试采点标在 IPR 曲线上（图 5 - 28），综合分析认为，试采后的无阻流量更具有代表性，确定该井无阻流量为 30.7 × $10^4 m^3/d$。YS1 井试采前后产能增加表明该井储层外围物性好，天然气能量供应充足，通过长时间的试采，进一步落实了营城组火山岩产能以及稳产能力。

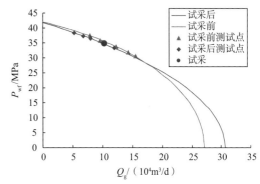

图 5 - 28　YS1 井试采前后 IPR 曲线对比图

5.2.3　初步开发方案编制

通过对 YS1 井开展试采动态评价，进一步落实营城组火山岩产能以及稳产能力，利用松南气田已钻的 3 口直探井，编制了松南气田 26 口开发井的初步开发方案（图 5 - 29）。该方案以直井为主，结合大斜度井，需要新钻井 23 口，包括直井 14 口，大斜度井 9 口。动用含油面积 $16 km^2$，动用地质储量 $400 × 10^8 m^3$，动用可采储量 $240 × 10^8 m^3$，单井控制地质储量 $15.38 × 10^8 m^3$，建设产能 $12.74 × 10^8 m^3$。

5.3　水平井开发技术论证与开发方案优化

根据 YS1 井产能测试结果编制的 26 口钻井的开发方案，经过经济评价，开发效益并不高。为了进一步提高开发效益，在 YS1 井附近和北部远端将初步开发方案的直井调整为水平评价井 YP1 井和 YP4 井。通过对评价井 YP1 井的测试评价，获得（30 ~ 40）× $10^4 m^3/d$ 的稳定产量，无阻流量达 $351 × 10^4 m^3/d$，进一步证实了松南气田可以应用水平井进行开发的可行性。气藏精细描述研究表明，爆发相底部和溢流相顶部储层是松南火山岩气藏的最好储层，水平井可以增加泄气面积，获得更高的产能。

通过深化气藏地质研究，将直井全部优化为水平井（大斜度井），总井数减少为 15 口，并在实施过程中，依据对火山机构、储层展布和气水分布的新认识，先后 4 次优化 5 口水平井的方位、井身轨迹，最终方案总井数减少为 12 口，进尺减少 46%，钻采工程直接投资减少 42%，大幅提高了开发效益。

5.3.1　合理井型论证

松南气田开发过程中可选择的井型包括直井和水平井（大斜度井）。不同井型有不同的开发特点和适用范围（图5-30）。在松南气田高效开发实践过程中，从气藏的地质特点、经济效益和各种井型开发效果出发，通过对比分析，系统总结了不同井型的开发特点。对比发现，水平井（大斜度井）对火山岩储层的适应性较高。

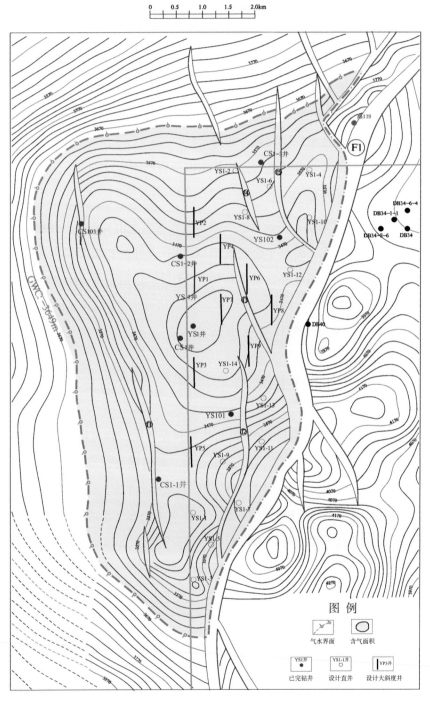

图5-29　松南气田26口钻井初步开发方案编制

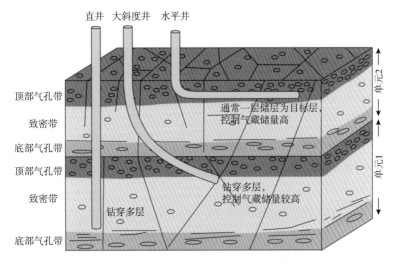

直井　大斜度井　水平井

顶部气孔带
致密带
底部气孔带
顶部气孔带
致密带
底部气孔带
钻穿多层

通常一层储层为目标层，
控制气藏储量高

钻穿多层，
控制气藏储量较高

单元2
单元1

图 5 - 30　水平井井型与火山岩储层模型的关系

5.3.1.1　直井

直井是各类油气藏开发中普遍应用的井型，优点是钻井工艺简单、难度小、井下作业易行、钻井投入少和可穿透多套层系。存在的问题是其沟通能力在较小区域内易受储层物性影响。火山岩储层非均质性较强，直井容易造成气井低产。在松南气田开发过程中，直井主要在开发前期不同区域作为探井进行少量钻探，进行取心和便于各种资料的录取，初步明确气藏的地质特征和试气试采特点，为气藏投入开发做好前期准备。

5.3.1.2　水平井（大斜度井）

通过对火山岩优势相带实施水平井（大斜度井）开发，可有效增加泄气面积、大幅度提高单井控制储量和气井产能、减小生产压差、控制底水上升速度，提高气藏最终采收率。随着水平评价井 YP1 井的成功实施，水平井（大斜度井）技术成为火山岩气藏主体开发技术。水平井（大斜度井）存在以下四个方面优势。

1. 利用水平井（大斜度井）开发可以增加裸露长度和泄气范围，提高单井产量

YS1 井区储层物性较好，直井测试无阻流量在（30~42）×10⁴m³/d，采用水平井（大斜度井）常规投产开发可进一步提高单井产能。

通过类比及理论研究表明，水平井产能替换比与水平井段长度、产层厚度、表皮系数等因素有关，水平井段长度越长，水平井产能替换比越大；气层厚度越大，水平井产能替换比越小。YS1 井区水平井产能替换比在 3~5 倍左右。

2. 有效抑制底水锥进

根据初期地质认识，营城组火山岩气藏为整装构造气藏，YS1 井、YS101 井、YS102 井和 YP1 井处于同一个压力系统中，具有统一的气水界面，气底为 -3649m。从气藏剖面

图（图 5 – 31）可以看出，气藏总体上表现为构造高部位为气，低部位为水。采用直井开发易形成水锥，利用水平井（大斜度井）开发可降低生产压差，延缓气藏底水脊进，延长无水采气期，提高采收率。

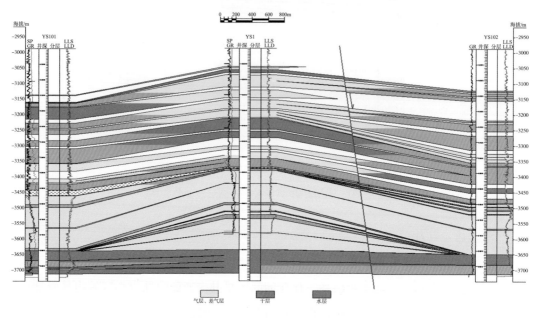

图 5 – 31　YS1 井区块气藏剖面图

3. 扩大气层的连通范围，增加产气量

根据地质研究成果，本区高角度裂缝发育，垂直天然裂缝方向钻大斜度井在平面上能钻穿多条垂直裂缝，纵向上裂缝也可以沟通上下多个产层，扩大气层的连通范围，提高气层的泄气体积，增加产气量。

YS1 井区裂缝以高导缝为主，裂缝发育方向主要是近东西向（图 5 – 32），微裂缝发育方向较为杂乱，高阻缝的发育方向主要是近南北方向，最大水平主应力方向为东西向。该区水平井沿近南北向延伸可钻穿多条裂缝，平面上既可钻穿多条裂缝，纵向上裂缝也可以沟通上下多个产层，扩大气层的连通范围，提高气层的泄气体积，增加产气量。

4. 增加可动用储量

通过对火山岩野外地质剖面观察，营城组火山岩体分布范围一般小于 $10km^2$；从亚相发育规模看，同一岩性、岩相带的厚度范围在 $10 \sim 50m$，侧向分布范围 $30 \sim 200m$；而且单个火山口控制的火山岩体积较小，火山岩相横向规模小，连通性差，横向范围在 $200 \sim 800m$。YS1 井区营城组火山岩储层至少发育 3 期火山岩，多个火山岩体相互叠置，岩性岩相、物性变化大，在火山岩体叠置部位及岩性、岩相变化部位存在阻流带，因而在火山岩体内部存在多个互不连通的流动单元。利用水平井开发可钻穿多个火山岩体，把火山岩气藏中多个封闭的流动单元与井眼连接起来，扩大了连通范围，增加了可动用储量。

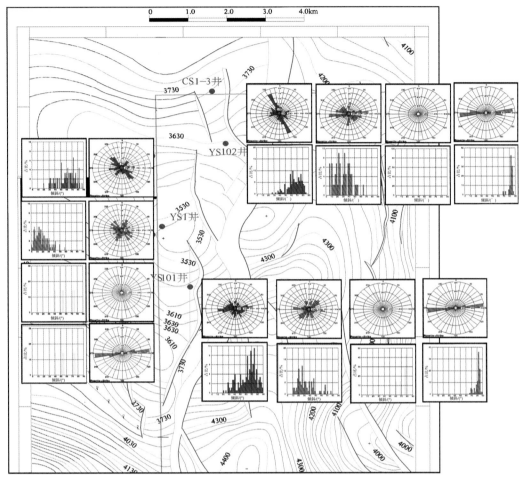

图 5 - 32　YS1 井区块裂缝平面发育特征

5.3.2　水平井产能论证

松南气田要实现少井高产，就要用大斜度井和水平井代替直井，但在开发初期，水平井与直井的产能比不清楚。为解决这个问题，进行了水平井产能的理论计算。对于斜井和水平井的产能预测，通常引用倾斜产生的表皮系数来定量描述，其中 Cinco 等提出的斜井表皮系数计算方法用得比较广泛。

Cinco 倾斜气井的天然气的产量计算公式：

$$q_{gd} = \frac{0.02714 k_h h (P_e^2 - P_{wf}^2)(T_s + 273)}{\mu_g Z(T + 273)(\ln \frac{r_{ed}}{r'_{wd}} + S_d) P_s} \tag{5 - 47}$$

其中：

$$r'_{wd} = r_{wd}\exp(-S)$$

$$S = -(\alpha'/41)^{2.06} - (\alpha'/56)^{1.865}\lg(h_D/100)$$

$$h_D = hr_{ws}(k_h/k_v)^{0.5}$$

$$\alpha' = \arctan[(k_v/k_h)^{0.5}\tan\alpha]$$

适用条件：

$$\alpha' \leqslant 75° \text{ 且 } t_D \geqslant t_{D1}$$

$$t_D = 0.000264k_h t/(\varphi\mu C_1 r_{ws}^2)$$

$$t_{D1} = \max\{70r_D^2, (25/3)[r_D\cos\alpha + (h_D/2)\tan\alpha']^2, (25/3)[r_D\cos\alpha - (h_D/2)\tan\alpha']^2\}$$

式中　α——井斜角，（°）；

　　　t——时间，h；

　　r_{wd}——斜井钻井半径，m；

　r'_{wd}——斜井等效钻井半径，m。

　r_{ed}——斜井泄油半径，m；

　d——下角标，表示斜井。

修正的 joshi 水平气井产量计算公式：

$$q_{gh} = \frac{0.02714k_h h(P_e^2 - P_{wf}^2)(T_s + 273)}{\mu_g Z(T+273)\left[\ln\dfrac{a + \sqrt{a^2 - (L/2)^2}}{L/2} + \dfrac{\beta h}{L}\left(\ln\dfrac{\beta h}{2\pi r_{wh}} + S_h\right)P_s\right]} \quad (5-48)$$

其中：

$$\alpha = \frac{L}{2}\left[0.5 + \sqrt{0.25 + (2r_{eh}/L)^4}\right]^{1/2}$$

$$\beta = \sqrt{k_h/k_v}$$

式中　L——水平井水平段长度，m；

　r_{wh}——水平井钻井半径，m。

　h——下角标，表示水平井。

根据上述公式进行计算，对于长度为1000m的水平井，计算水平井产能替代比为4~8（图5-33）。开发初期的计算结果与后来松南气田开发试验均表明，采用水平井开发有利于提高单井产能和火山岩气藏整体开发效果。目前，松南气田已完钻水平井6口，除YP4井钻遇水层外，其余水

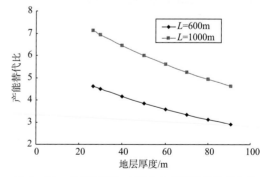

图5-33　地层厚度与水平井产能替代比关系曲线

平井的产能为直井的 2～4 倍（表 5－3），即 1 口水平井可替代 2～4 口直井。理论公式计算水平井产能替代比未考虑钻井液以及压井液对储层的伤害，导致计算的产能替代比偏大。

表 5－3　松南气田气井产能评价表

井　号	测试层段/m	产能评价/($10^4 m^3$/d)	
		二项式	一点法
YS1	3545～3745	30.7	
YS101	3745.5～3764.5	30.9	
YP1	3597.2～4287.7	262	
YP7	3758.51～4333.9	145.55	
YP3	3655.4～5068		398
YP9	3729.2～4590		267
YP11	3300.2～4668		61.8

5.3.3　水平井控制储量

为了确定松南气田合理开发需要部署的水平井数，应用物质平衡法对井控储量进行计算。根据 YP1 井压力资料和累计产气量计算井控储量在 $33 \times 10^8 m^3$ 左右，并按照此规模优化了井位部署。

YP1 井所产气体中 CO_2 浓度较高，根据经过非烃校正后的气体组分，求得 YP1 井所产气体的临界压力和临界温度分别为 5.33MPa 和 220.31K。由 YP1 井 2007 年 10 月地层压力测试，求得地层中部原始压力 41.98MPa、垂深 3641.38m，地层中部原始温度 133.392℃、垂深 3641.38m；经过 236 天生产后，于 2009 年 7 月 26 日进行第二次地层压力测试，地层中部压力 41.073MPa、垂深 3641.38m，地层中部温度 135.9℃、垂深 3641.38m；2009 年 7 月 29 日测试成果为地层中部压力 41.074MPa、垂深 3641.38m，地层中部温度 135.3℃、垂深 3641.38m。地层中部压力有所降低。

经过软件处理可得：原始地层压力 P_i 为 41.98MPa，气体偏差因子 Z_i 为 1.064952481；二次测试结果：地层压力 P_1 为 41.07MPa，气体偏差因子 Z_1 为 1.059725323；地层压力 P_2 为 41.07MPa，气体偏差因子 Z_2 为 1.059375968。期间累计生产 236 天，累计产气量 G_p 为 $5821.6 \times 10^4 m^3$。

应用 2009 年 7 月 26 日静压、静温测试结果求取的 YP1 井控制储量：

$$G_1 = \cfrac{G_p}{1 - \cfrac{Z_i}{P_i}\cfrac{P_1}{Z_1} + \cfrac{Z_i}{P_i}\cfrac{P_1}{Z_1}\cfrac{C_w S_{wi} + C_p}{1 - S_{wi}}\Delta P_1}$$

$$= \cfrac{5821.6 \times 10^4 m^3}{1 - \cfrac{41.073MPa}{1.059725323} \times \cfrac{1.064952481}{41.9822MPa} + \cfrac{41.073MPa}{1.059725323} \times \cfrac{1.064952481}{41.9822MPa} \times \cfrac{5.0433 \times 10^{-4} \times 0.25485 + 6.1446 \times 10^{-4}}{0.74515} \times 0.9092}$$

$$= 32.85 \times 10^8 m^3$$

应用 2009 年 7 月 29 日静压、静温测试结果求取的 YP1 井控制储量：

$$G_2 = \cfrac{G_p}{1 - \cfrac{Z_i}{P_i}\cfrac{P_2}{Z_2} + \cfrac{Z_i}{P_i}\cfrac{P_2}{Z_2}\cfrac{C_w S_{wi} + C_p}{1 - S_{wi}}\Delta P_2}$$

$$= \cfrac{5821.6 \times 10^4 \mathrm{m}^3}{1 - \cfrac{41.074\mathrm{MPa}}{1.059375968} \times \cfrac{1.064952481}{41.9822\mathrm{MPa}} + \cfrac{41.074\mathrm{MPa}}{1.059375968} \times \cfrac{1.064952481}{41.9822\mathrm{MPa}} \times \cfrac{5.0433 \times 10^{-4} \times 0.25485 + 6.1446 \times 10^{-4}}{0.74515} \times 0.9082}$$

$$= 33.51 \times 10^8 \mathrm{m}^3$$

以上计算结果表明，YP1 井控制储量在 $33 \times 10^8 \mathrm{m}^3$ 左右。

5.3.4　开发方案一次优化

根据水平井产能替换比以及水平井单井控制储量，将原 26 口井开发方案中，剩余的 14 口直井和 9 口大斜度井优化为 12 口水平井（大斜度井），包括 1 口 CO_2 回注井，方案设计总井数为 15 口（图 5 - 34）。单井平均控制地质储量 $27.1 \times 10^8 \mathrm{m}^3$，井控储量较原 26 口钻井控制方案单井控制地质储量 $15.38 \times 10^8 \mathrm{m}^3$ 几乎提高一倍。

5.4　开发方案二次优化

松南气田 15 口井的开发方案中，井网属于规则井网，即水平井在工区基本均匀、成排部署。在 3 口直井和 2 口水平井完钻之后，新钻井资料为松南气田火山岩储层、气藏的研究提供了直接依据，科研人员开展了地质—测井—地震火山岩储层预测和气藏研究，对储层、气藏空间分布特征的认识逐渐深化。最终认识到规则井网不适用于火山岩气藏开发。根据火山岩储层、裂缝的分布，再次优化了井位部署，将原 15 口钻井进一步减少为 12 口，形成了适合火山岩气藏的非规则井网开发方案，并提高了开发效益。

5.4.1　开发层系

开发层系指可用同一套井网开发的、性质相近的一组油气层组合。划分开发层系是气田开发方案编制中的主要内容之一。其目的是为了合理开发油气田，减少气层层间干扰，便于生产管理，提高采气速度和采收率。开发层系划分是否合理将直接影响气田的开发效果和经济效益。在松南气田开发过程中，基于对火山机构、储层的地质—地球物理研究，在开发实践的基础上，合理划分了开发层系。

松南气田火山岩气藏在横向上受多火山机构控制，在纵向上受多期储层叠合影响。气藏在主要的 3 个火山机构间不连续，在火山机构内部呈层状分布，纵向上存在多个致密夹层（图 5 - 35）。对于松南气田主体（YS1 井控制的火山机构），目前只有 YS1 井钻遇 2 套

松南火山岩气田高效开发技术与实践

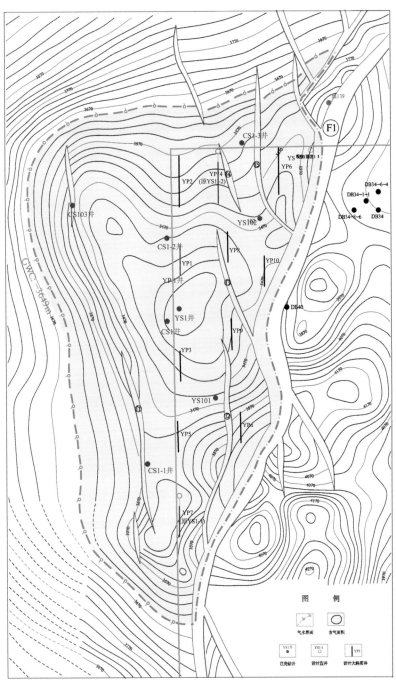

图5-34 松南气田一次优化方案（15口井）

气层，分为上气层和下气层，隔层厚度为26m。两套含气层系的物性、流体性质、压力系数接近（表5-4）。成像测井分析表明，火山岩隔层岩性致密，但裂缝发育，隔挡作用不好，因此按一套层系开发。YP7井和YP4井两个火山机构，其层厚度小、含气面积小、储量规模小，不具备划分开发层系的物质基础，因此分别只划分1套层系。

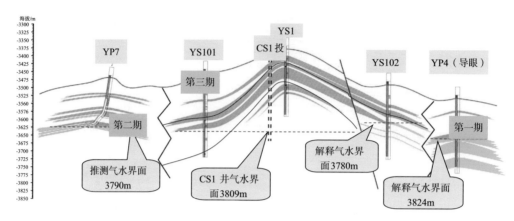

图5-35 松南气田两套火山岩含气层剖面

表5-4 松南气田两套火山岩含气层物性、流体和压力特征

气 层	物性特征			流体性质	压力系数
	孔隙度/%	渗透率/$10^{-3}\mu m^2$	饱和度/%	CO_2含量/%	
上气层（主力层）	6.95	2.06	22.29	20.1~23.5	1.176
下气层	7.6	3.03	19.23	21.83	1.17

5.4.2 水平井开发适应性

根据松南气田和国内外其他火山岩气田不同地质条件下水平井开发的初步经验，初步确定了水平井的适应条件（表5-5）。研究表明，水平井并不适用于松南气田所有区域，YP1井区在目前经济技术条件下，适宜布水平井；YP7井区适应性较差。

表5-5 松南气田火山岩气藏水平井适应性分析

井区	埋藏深度/m	气层有效厚度/m	气层系数	渗透率/$10^{-3}\mu m^2$	βh/m	供气面积/km^2	单井控制可采储量/$10^8 m^3$	气井初期产量/$(10^4/d)$
适应条件	>1000	>6m	<4	>0.2	<100	>2	15	不产水：14.7 产水：17
YP1井区	4000	60~80	1	4	<80	2.82	18	20~40 （不产水）
YP7井区	4000	40~60	1	0.5	<60	1.58	11	10~15 （产水）

5.4.3 不规则井网

5.4.3.1 井网形式

松南气田二次优化开发方案采用不规则开发井网。不规则井网有利于有效控制储层、增加钻遇气层厚度和提高单井产量。其部署原则如下：

（1）按储层优劣进行差异化部署，开发井部署在储层孔、洞、缝最发育，储层预测厚度大的部位。松南气田储层发育在平面上主要受火山机构影响，因此优先部署储层发育较好的 YS1 火山机构，最大限度地提高储量控制程度，滚动实施储层发育较为局限、厚度较小的 YP4、YP7 两个火山机构。

（2）考虑井网与裂缝的配置关系，沿裂缝主要发育方向适当增大井距，垂直于裂缝方向适当减小井距，水平井的延伸方向要与裂缝方向垂直或斜交。

（3）在构造高部位、远离气水界面位置适当加密布井，在构造位置低、气水关系复杂区域减小井网密度。

5.4.3.2 井网井距

火山岩气藏衰竭式开采的合理井网密度的大小主要取决于储层空间展布、裂缝发育方向、井网对火山岩体的控制程度、经济效益、单井产量及产能规模等因素。在松南气田二次优化开发方案中，应用储层连通性及井控程度、经济极限法、采气速度法等方法来综合确定井网密度及井距。

1. 储层连通性与井距的关系

松南气田主体有 3 个火山机构，火山岩储层总体为层状分布，侧向上储层断续分布。从单井动态、静态资料分析，YS1 井与 YP4 井、YP7 井分属不同的火山岩体，是不连通的，YS1 井与 YS102 井位于同一火山机构，相距 2.45km，也不连通。为了提高井控程度，有效动用地质储量，针对松南气田火山岩气藏平面非均质性强、储层连通性差的特点，认为在火山岩气藏开发中，井距不能太大，井距在 1.0～1.5km。

2. 不稳定试井分析方法确定井距

不稳定试井分析是在油气井关井停产后，油气层压力重新分布的过程中，测得井底压力随时间变化的数据资料，根据曲线形状来分析油气层性质，求得油气层各种数据资料。根据不稳定试井解释获得 4 口气井探测半径为 210～694m，平均值为 450m，见表 5 - 6。根据探测半径确定井距为 500～700m。

表 5 - 6 不稳定试井解释探测半径数据

井 号	YS1		YS101	YP1	YP7	
测试次数	第一次	第二次	第一次	第一次	第一次	第二次
探测半径/m	277.34	694.92	210.59	312.78	410.01	632.37

3. 试采动态分析

试采动态资料表明：YP7 井泄流半径为 691～733m；YP1 井泄流半径为 927～970m

（表5-7）。根据已试采气井的动态分析，气井泄流半径在0.7~1km，因此井距应控制在0.7~1km。

表5-7　不稳定流动分析数据

井　号	YP1			YP7		
不稳定流动方法	Blasingame	AG	NPI	Blasingame	AG	NPI
探测面积/km²	2.95	2.81	2.7	1.69	1.5	1.56
探测半径/m	969	945	927	733	691	704

4. 水平井替代比

水平井面积替换比与水平井段长度成正比，而与气层厚度成反比（图5-36）。松南地区气层平均厚度是40~60m，水平井与直井面积替代比为3~7，考虑气藏连通性要求，水平井合理井距是直井合理井距的1.2~1.5倍。

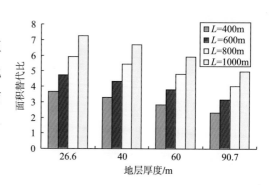

图5-36　不同地层厚度、不同水平井长度的面积替代比

5. 合理经济井距

在松南气田井网部署过程中，计算了合理经济井距。直井开发经济效益较差，井距为0.8~1.4km，内部收益率小于12%（图5-37）；水平井井距为0.8~1.4km，内部收益率大于12%，井距在1.2km内部收益率最大。因此，水平井经济合理井距为1.2km左右（图5-38）。

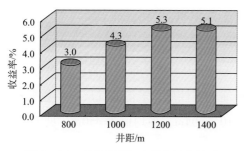

图5-37　直井井距与内部收益率关系

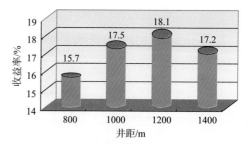

图5-38　水平井井距与内部收益率关系

6. 产能规模、采气速度与井距关系

根据产能规模、采气速度与井距的关系计算，当采气速度为2%~3%时，直井合理产量为7.2×10⁴m³/d时，估算的直井井距为0.9~1.1km；当水平井合理产量为20×10⁴m³/d时，估算的水平井井距为1~1.3km（表5-8）。

表 5 - 8　不同井型产能规模、采气速度与井距的关系

天然气可动用地质储量/10^8m^3	含气面积/km^2	年产气/10^8m^3	采气速度/%	直井合理产量/($7.2\times10^4m^3$/d)			水平井产量/($20\times10^4m^3$/d)		
				井网密度/（井/平方千米）	井数/口	井距/m	井网密度/（井/平方千米）	井数/口	井距/m
201	16.83	3.015	1.5	1.33	13	1300	3.68	5	1619
201	16.83	4.02	2	0.99	17	1126	2.76	6	1362
201	16.83	5.025	2.5	0.8	21	1007	2.21	8	1187
201	16.83	6.03	3	0.66	25	919	1.84	9	1057
201	16.83	7.035	3.5	0.57	30	851	1.58	11	957
201	16.83	8.04	4	0.5	34	796	1.38	12	875
201	16.83	9.045	4.5	0.44	38	750	1.23	14	808
201	16.83	10.05	5	0.4	42	712	1.11	15	751

7. 合理井距综合分析

综合上述几个方面的因素，依据松南气田火山岩气藏动态特征和地质认识，初步分析认为：合理的直井井距为 0.8~1km，合理的水平井井距为 1.2~1.5km（表 5-9、图 5-39）。

表 5 - 9　合理井距综合取值

方　法	井距/m	合理井距取值/m
储层连通性	1000~1500	
不稳定试井	300~700	
试采动态分析	700~1000	直井 800~1000 水平井 1200~1500
水平井替代比	1200~1500	
合理经济井距	水平井 1200	
产能规模、采气速度与井距关系	直井 900~1100 水平井 1000~1300	

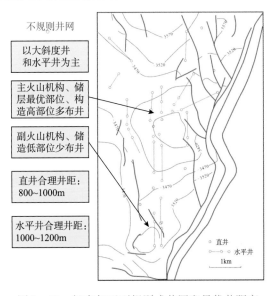

不规则井网

以大斜度井和水平井为主

主火山机构、储层最优部位、构造高部位多布井

副火山机构、储造低部位少布井

直井合理井距：800~1000m

水平井合理井距：1000~1200m

直井
水平井
1km

图 5 - 39　松南气田不规则式井网和最优井距离

第6章 火山岩气藏稳气控水

控水是气藏持续稳产的关键和核心问题，气井一旦出现出水过快的情况，会导致气井水淹，提前报废，造成不可挽回的损失。在松南气田开发过程中，始终把控水放在各种稳产策略的首位。本章通过地层水类型、产水量分析，探讨了松南气田火山岩气藏的出水机理；通过分析采气速度与水锥的关系，制定了控水策略，通过对气井进行合理配产，控制采气速度，有效抑制了边底水的锥进；建立了不同采气速度与稳产时间、采出程度的关系，对提高火山岩气田采收率有创新性的认识；以提高采收率为原则，采用确定合理生产制度、增压采气、压裂或重复压裂、排液采气、井网调整等方法，并通过数值模拟，优选了稳产方案；为延长松南气田稳产时间，开展未动用储量目标区评价，进行综合挖潜，为气田开采后期产量稳定打下了良好基础。

6.1 产水机理

在松南气田开发中，采用天然气单次闪蒸实验、地层水化验两种方法确定产水类型。以此为基础，结合松南气田储层、气藏特征，分析不同气井的产水机理。

6.1.1 产水类型

天然气田产水分为凝析水和地层水两种类型。凝析水在地层条件下以气态或雾状液滴形式存在于天然气中，一般认为它是气藏中原生的束缚水，经井口压力下降、温度下降而凝结成水；地层水则属于气田的边水、底水。在火山岩气田中，凝析水通常不流动，产量低，对天然气生产影响较小；但气井一旦产出地层水，则会对正常的天然气生产造成较大的影响，甚至造成火山岩气井水淹或报废。在松南气田开发过程中，气井产水现象较为普遍，通过天然气单次闪蒸测试和地层水矿化度分析两种方法结合，确定火山岩气井的产水类型。

6.1.1.1 含饱和水蒸气的高含 CO_2 天然气单次闪蒸测试

通过对饱和水蒸气的高含 CO_2 天然气样品进行单次闪蒸测试，可得到不同 CO_2 含量天然气中的气态水含量。结合试采中的水气比和 CO_2 含量，确定气井所产水类型。实验结果如表 6-1 和图 6-1 所示。由实验结果可知，随着压力降低，天然气中溶解的水蒸气含量不断升高；在相同压力条件下，CO_2 含量越高天然气中溶解的水蒸气含量越大，表明 CO_2 具有很强的抽提地层水的能力。

表 6-1　含水天然气样单次闪蒸测试数据

压力/MPa	$10^5 m^3$ 气中气态水含量/（$m^3/10^5 m^3$）					
	YP7 井 5.04% CO_2	YP7 井 15% CO_2	YP7 井 35% CO_2	YP7 井 45% CO_2	YP9 井 21.75% CO_2	YP3 井 23.33% CO_2
41.4	1.01	1.03	1.74	1.90	1.35	1.38
31.4	1.17	1.20	1.85	2.04	1.57	1.60
21.4	1.53	1.57	2.33	2.45	2.06	2.10
11.4	2.52	2.65	3.70	4.01	3.48	3.55

实验结果为分析气井生产过程中是否有地层水产出给出了明确的判断标准。YS1 井区在 41.4MPa、132℃条件下，水气比大于 1.4$m^3/10^5 m^3$ 时，表明产出地层水。YS1 井区实际生产平均水气比为 1.2$m^3/10^5 m^3$，说明无地层水产出。YP1 井产水量相对较高，水气比接近2$m^3/10^5 m^3$，分析该井产水类型为凝析水及少量地层可动水，其余井产水类型为凝析水。YP7 井

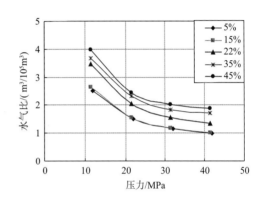

图 6-1　CO_2 含量、压力与天然气中气态水含量关系

区在 41.4MPa、132℃条件下，水气比大于 1$m^3/10^5 m^3$ 时，表明产出地层水。YP7 井区实际生产水气比为 8$m^3/10^5 m^3$，表明产出地层水。

6.1.1.2　地层水分析化验

凝析水以气态形式存在于地层中，矿化度较低，地层水则矿化度较高。在松南气田生产中，通过对气井产水矿化度进行实验分析，可有效区分凝析水和地层水。根据产出水氯根以及矿化度变化特征，建立松南气井产水判别标准。氯根小于 1000mg/L，矿化度小于 4000mg/L 为产凝析水阶段；氯根大于 1000mg/L 且小于 3000mg/L，矿化度大于 4000mg/L 且小于 30000mg/L 为地层出水征兆阶段；氯根大于 3000mg/L，矿化度大于 30000mg/L 为地层出水显示阶段。通过对不同时间点取样测试的地层水矿化度和出水离子变化分析发现（图 6-2 和图 6-3），YP7 井氯根含量 5000mg/L，矿化度为 28732mg/L，矿化度及氯离子含量接近产地层水标准，说明产水类型主要为地层水；YS1 井区除 YP1 井外，氯根含量小

于2000mg/L，矿化度小于5000mg/L，产水以凝析水为主，YP1井后期氯离子（3000mg/L）及矿化度（20000mg/L）较高，产水类型为凝析水及少量地层水。

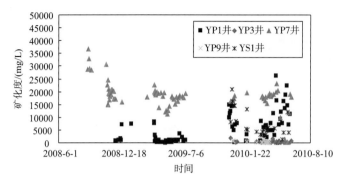

图6-2　松南气田产出水矿化度变化曲线

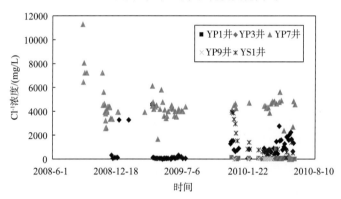

图6-3　松南气田产出水 Cl⁻变化曲线

6.1.2　产水特征

松南气田气井主要有两种产水模式。第一种是投产即见地层水，没有无水采气期。YP7井区 YP7井投产初期产出水矿化度28732mg/L，水气比0.5m³/10⁴m³，超过YP7井区凝析水水气比0.1m³/10⁴m³，表明产出的是地层水。随着生产时间延长，水气比不断升高（图6-4）。第二种是投产初期产凝析水，有2~3年无水采气期，生产后期水气比上升且上升速度较慢。YP1井于2008年11月26日投产。投产初期日产气31×10⁴m³，日产水

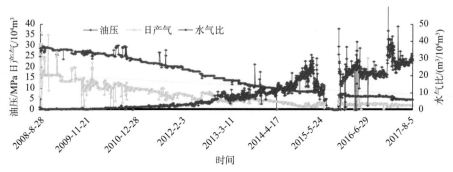

图6-4　YP7井生产曲线

$1.3m^3$，水气比 $0.04m^3/10^4m^3$，油压 28.5MPa，水气比小于 YS1 井区凝析水水气比 $0.14m^3/10^4m^3$，表明产出的是凝析水；YP1 井在 2011 年 1 月 23 日，产水量由 $6m^3$ 上升至 $12m^3$，水气比由 $0.1m^3/10^4m^3$ 上升至 $0.3m^3/10^4m^3$，超过 YS1 井区凝析水水气比 $0.14m^3/10^4m^3$，水样矿化度 21138.03mg/L，表明产出的是地层水（图 6-5）。

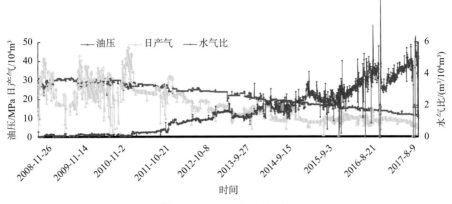

图 6-5　YP1 井生产曲线

6.1.3　水侵模式

根据典型出水气井水侵特征和地质情况，总结了产水井三种主要水侵模式（图 6-6）。Ⅰ类水侵为裂缝型纵向强水窜，这种类型生产水气比与出水累计天数呈指数型，天然高角度裂缝沟通水体，底水与气层直接接触，水体能量较大、水体活跃，生产初期产水量迅速上升至较高水平，同时水气比迅速上升，一般没有无水采气期。Ⅱ类水侵为裂缝型纵向弱水窜，这种类型生产水气比与出水累计天数呈三次方型，天然高角度裂缝沟通水体，但底水未与气层直接接触，水体能量较大、相对活跃，生产初期产水量上升较慢，后期水气比迅速上升，一般无水采气期较短。Ⅲ类水侵为裂缝型—孔隙型纵向水锥，此类水侵方式生产水气比与出水累计天数呈平方型，在气层下部和水层上部致密层段发育网状缝或者微裂缝，水流通道为先裂缝后孔隙，初期不产地层水。水气比上升速度较慢，一般具有一定的无水采气期。

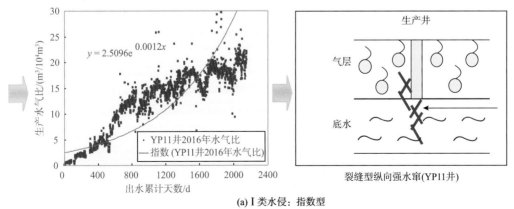

(a) Ⅰ类水侵：指数型

图 6-6　松南气田气井水侵模式图

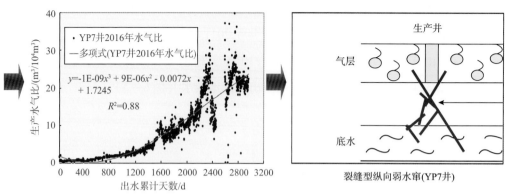

(b) II类水侵：三次方型

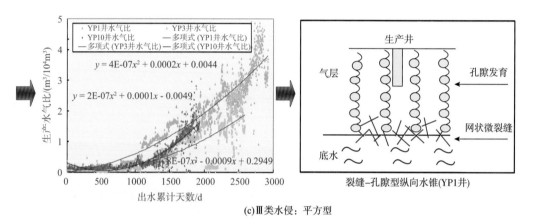

(c) III类水侵：平方型

图6-6 松南气田气井水侵模式图（续）

6.1.4 产水影响因素

气井见水时间与气井轨迹距气水界面距离、垂向裂缝沟通以及采气速度密切相关。距离气水界面的距离与见水前累计产气量呈明显的正相关关系，距离气水界面越近，见水时间越早（图6-7）。气井见水时间与垂向裂缝沟通密切相关，部分气井受垂向裂缝沟通影

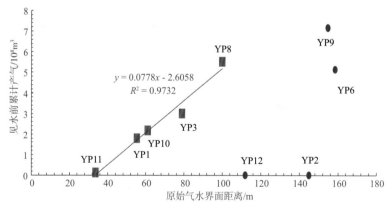

图6-7 松南气田气井见水前累计产气与距气水界面关系图

响，底水上升较快，当前水脊高度41.5～82.8m（图6-8）。松南气田底水锥进主要出现在构造低部位的 YP7 井区。数值模拟分析表明，采气速度越高，最高日产水量越大。采气速度2%，最高日产水量26.7m³，采气速度3.5%，最高日产水量45.6m³（图6-9）；采气速度越高，底水锥进越快（图6-10）。

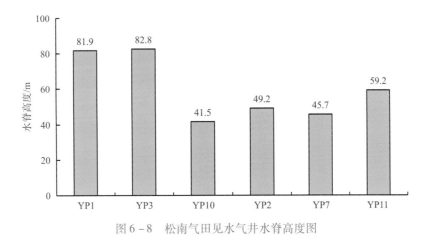

图6-8　松南气田见水气井水脊高度图

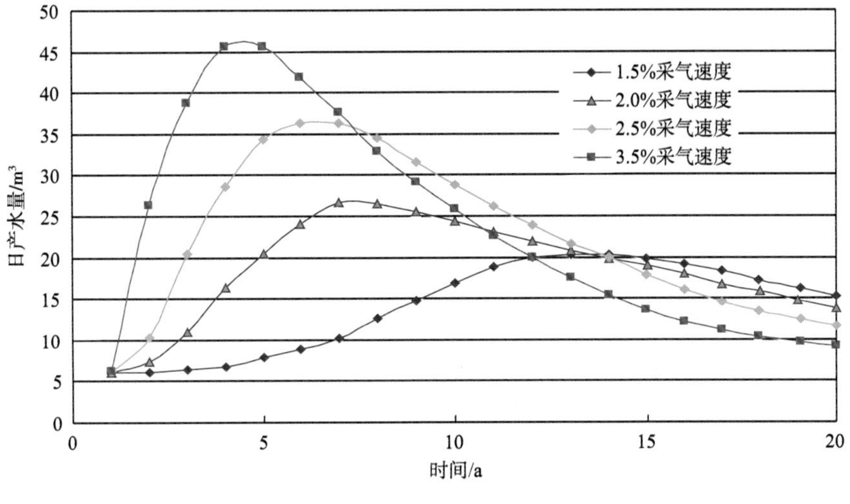

图6-9　不同采气速度下时间与产水量关系

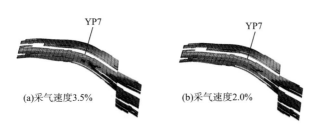

(a)采气速度3.5%　　　(b)采气速度2.0%

图6-10　不同采气速度下水锥进数值模拟

6.1.5 气藏驱动类型

气藏驱动方式可分为三类，即气驱气藏、弹性水驱气藏和刚性水驱气藏，其中弹性水驱气藏按照能量分为弱水驱、中水驱以及强水驱。根据水驱曲线图版计算气藏水侵量和水驱指数，定量确定火山岩气藏底水能量的强弱。

气藏物质平衡方程通式：

$$G_p B_g + W_p B_w = G(B_g - B_{gi}) + W_e + GB_{gi}\left(\frac{C_w S_{wi} + C_f}{1 - S_{wi}}\right)\Delta p \qquad (6-1)$$

$$\psi(1 - E_p - \omega) = 1 - R \qquad (6-2)$$

式中　　　　　　　　$R = \dfrac{G_p}{G}$ ——天然气采出程度，小数；

$$\psi = \frac{p/Z}{p_i/Z_i}$$ ——相对压力，小数；

$$\omega = (W_e - W_p B_w)/GB_{gi}$$ ——水侵体积系数，小数；

$$E_p = C_e(p_i - p) = C_{ef}\left(1 - \frac{p}{p_i}\right)$$ ——变容系数，小数；

$$G_{ef} = C_e p_i$$ ——无因次有效压缩系数，小数；

$$G_e = (C_w S_{wi} + C_f)/(1 - S_{wi})$$ ——有效压缩系数，1/MPa。

当 $C_{ef} < 0.1$ 时，变容作用可以忽略不计，一般气藏 C_{ef} 均小于 0.1。凡是发生了水侵的气藏，ψ—R 关系曲线不呈直线，都会发生不同程度的上翘。通过对不同类型、不同水侵强度的 ω—R 的关系研究，得出 ω 与 R 有以下近似关系：

$$\omega = R^B \qquad (6-3)$$

式中　B——与水侵强度密切相关的常数。

一般水驱气藏 $B > 1$，根据 B 值的大小，可定量地分析气藏水驱的强弱程度，当 $B > 4$ 时，水侵强度变得很弱。将式（6-3）代入式（6-2）中，得

$$\psi = \frac{1 - R}{1 - E_p - R^B} \qquad (6-4)$$

当 E_p 值很小时，则

$$\psi = \frac{1 - R}{1 - R^B} \qquad (6-5)$$

按照不同的 B 值可制成一套 ψ—R 图版。对某一具体气藏而言，储量应为定值，若主要开发方式不发生大的变化，只能有一个 B 值。按 P/Z、G_p 求得一组 ψ、R 值，绘制在理论曲线图版上，通过拟合，找到一条合适的理论曲线与实测点匹配，即可得到 G 值和对应的 B 值。采用水侵曲线图版计算松南气田 YS1 火山机构水侵量为 $40.45 \times 10^4 \mathrm{m}^3$，水侵量

占气藏体积的0.86%，气藏水驱指数为0.055，YS1 火山机构以弱弹性水驱为主（图6-11）。采用水侵曲线图版计算松南气田 YP7 火山机构水侵量为 $74.97 \times 10^4 \mathrm{m}^3$，水侵量占气藏体积的12.1%，气藏水驱指数为0.443，YP7 火山机构以强弹性水驱为主（图6-12）。

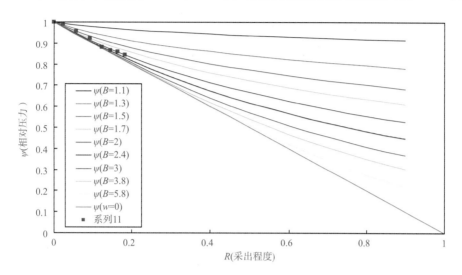

图 6-11　YS1 火山机构相对压力与采出程度关系图

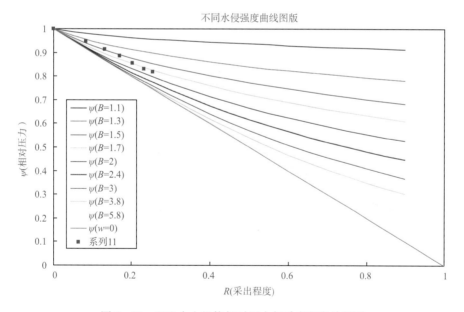

图 6-12　YP7 火山机构相对压力与采出程度关系图

6.1.6　气藏水体规模

采用气藏数值模拟技术计算水体体积以及水体倍数（图6-13和图6-14）。YS1 井区火山机构水体倍数为4.2，水体规模有限，能量较弱；YP7 井区火山机构水体倍数为10，能量较强（表6-2）。

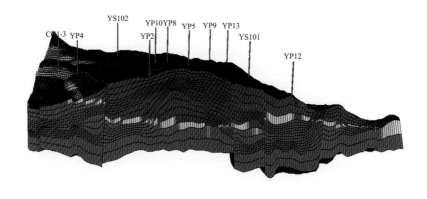

图 6 - 13　YS1 火山机构水体分布图

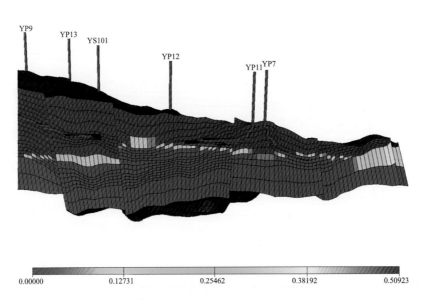

图 6 - 14　YP7 火山机构水体分布图

表 6 - 2　松南气田水体倍数计算表

火山机构	水体体积/ $10^8 m^3$	天然气储量/ $10^8 m^3$	天然气体积/ $10^8 m^3$	水体倍数
YS1	1.98	133.64	0.468	4.2
YP7	0.62	17.69	0.062	10

6.2 稳产策略

影响火山岩气藏稳产的因素主要有采气速度、地层压力下降速度、气井控制储量以及布井方式。通过分析采气速度、稳产年限和稳产期采出程度之间的配置关系，确定气藏稳产需遵循的原则，既有较高的采气速度和稳产年限，又有较高的稳产期采出程度。通过单井配产优化、增压采气、排水采气以及井网调整能够有效延长气藏稳产期，提高气藏最终采收率。

6.2.1 火山岩气田稳产难题

火山岩气田开发面临着产能分布不均衡、出水规律复杂、压裂稳产期短等稳产难题。

6.2.1.1 产能分布不均衡

火山岩纵向多期次喷发，岩性、岩相变化快，气井产能平面上受火山机构控制，纵向上受不同喷发期次和不同岩性、岩相影响，产能差异大。并且微裂缝和高导缝的存在，使气井产能控制因素复杂化，使火山岩高产富集规律认识难度加大。

6.2.1.2 气井出水规律复杂、水体动态描述难度大

总体表现为井身轨迹距气水界面距离近的气井优先见水。低构造部位及气藏边部位置气水关系复杂，开采中易受到地层水的影响。随含水量的增加，地层以及井筒中开始出现气水两相流动，流体流动阻力进一步增加，受水侵影响，气井产量递减加快。水体规模以及水体侵入通道难以被精细刻画，导致气藏产水动态特征预测难度加大。

6.2.1.3 压裂井通常稳产期短

压裂可显著改善火山岩气藏气井周边低渗储层的渗透性，纵向上可沟通多个储层，增大单井有效动用厚度，但在火山岩气藏中，压裂井通常稳产期较短。原因是受到火山岩中高渗体规模的限制，在生产过程中，当压降漏斗扩展到低渗透区域时，出现产量迅速下降的情况，最终只能维持较低产量。

6.2.2 火山岩气藏稳产影响因素

影响气井稳产的因素可分为地质因素和外在因素两大类。地质因素是气藏（气层）固有的属性，是气井稳产的物质基础。影响火山岩气井稳产的地质因素有很多，主要有储层物性（渗透率、有效厚度）、气井控制储量、储层非均质性以及驱动类型等。外在因素是指可以影响气井稳产的人为控制因素，通常指开发方式和开发指标，包括井网井距、布井方式、合理配产以及采气速度等。

6.2.2.1 采气速度对气井稳产的影响

无论气藏的储量大或小，采气速度都对气藏稳产时间的长短、产量递减快慢有重要作用。采气速度与稳产年限呈反比关系，即采气速度大，稳产期短，而稳产期末采出程度与稳产年限呈指数关系，即前期稳产期末采出程度随稳产期的延长而增加较快，后期趋于平缓（图6−15）。从三者的关系图上可以看出：当气藏采气速度过大时，稳产供气年限不但较短，且稳产期采出程度也不高；当气藏采气速度过小时，稳产供气年限虽较长，但期间采出程度增加并不多，经济效益变差。

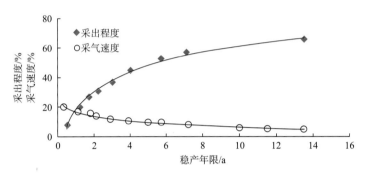

图6−15　采气速度、采出程度与稳产年限关系图

6.2.2.2 地层压力对气井稳产的影响

气井的地层压力下降得越缓慢，越有利于气井的稳产。随着地层压力的下降，气层渗透率、有效厚度等物性参数变化相对很小，天然气偏差系数和黏度的变化比较明显，对产能方程系数的影响较大。因此，随着地层压力的下降，无阻流量也会下降。

地层压力越高，气井稳产时间越长。数值模拟研究表明，地层压力为10MPa，气层厚度为10m，有效渗透率为$0.5 \times 10^{-3} \mu m^2$的气藏，气井不具备稳产$3 \times 10^4 m^3/d$的条件；而对于地层压力为28MPa的产层，以$3 \times 10^4 m^3/d$的产气量生产，气井可稳产3年。从表6−3中可以看出，随着地层压力的升高，单井控制储量增大，气井稳产期延长。

表6−3　地层压力不同对稳产期的影响

地层压力/MPa	10	18	22	24	28
单井控储量/$10^8 m^3$	0.2632	0.4262	0.4616	0.5096	0.5357
稳产期/月	—	19.6	24.5	29.6	33.2

6.2.2.3 气井控制储量对气井稳产的影响

储量是气藏开发的物质基础，也是气藏稳产的保障。利用气藏的物质平衡方程可以得到在某一定产量下（q_0），稳产时间与其控制储量的关系。

$$\frac{P}{Z} = \frac{P_i}{Z_i}\left(1 - \frac{G_p}{G}\right) \Longrightarrow G_P = G \times \left(1 - \frac{PZ_i}{ZP_i}\right) \qquad (6-6)$$

式中 G_p——稳产期末累计产气量；

P——稳产期末地层压力。

又因 $G_p = q_0 \times T_w$，则稳产时间 T_w 为：

$$T_w = \frac{G}{q_0} \times \left(1 - \frac{PZ_i}{ZP_i}\right) \qquad (6-7)$$

由式（6-7）可以看出，在气井产量、地层压力以及其他条件相同的情况下，稳产时间与其控制储量成正比，与气井产量成反比。由此可知，气井控制储量是影响气井稳产的主要因素。另外，气井配产量的大小也是影响气井稳产的重要因素，气井产量越大，稳产时间越短。

6.2.2.4　布井方式对气井稳产的影响

通过对均匀布井、高密低疏（构造高部位井距小，构造低部位井距大）和低密高疏（构造低部位井距小，构造高部位井距大）三种布井方式的比较表明，高密低疏布井方式有利于延长稳产期，而低密高疏布井不利于稳产期的延长。

6.2.3　稳产需遵循的原则

气藏稳产期的采出程度决定了气藏最终的采出程度，即最终采收率。根据气藏实际生产资料统计，采气速度、稳产年限和稳产期采出程度存在如下关系，即采气速度和稳产时间呈反比关系，稳产期采出程度和稳产时间呈指数关系，在稳产期较短时，稳产期末采出程度随着稳产期的延长增加较快，之后逐渐变缓，经济效益变差，因此并不是稳产年限越长越好。在气藏开发实践中，既追求较高的采气速度和稳产期末采出程度，又要有一定的稳产年限，三者之间存在着最佳的配置关系。

6.2.4　稳产对策

6.2.4.1　合理的生产制度

优化气井生产制度，能减缓压力的下降速度，保障气藏开发效果。对于火山岩气藏，一般采用衰竭式开采方式，不同开发阶段合理调整每口井的生产制度（即日产气量）非常重要。在实际生产过程中，应开展合理的动态监测工作，结合产量、压力、出水情况与试井资料，及时优化工作制度，保证气藏实现较长时间的稳产。

6.2.4.2　增压采气

当气井井口压力低于外输压力时，采用压缩机增压外输是解决问题的重要方法。通过降低气藏废弃压力，有利于提高气井的单井产能和生产寿命，使一些因低压关井的采气井恢复生产，从而提高气藏的采收率。因此，增压采气是气藏稳产的主要技术对策之一。

6.2.4.3 排液采气

排液采气工艺技术是保障有水气藏正常生产的必要措施，当气井油压低于一定值，其产气量将会降低，气井依靠自身能量无法正常携带积液，从而影响气井正常生产。需要采用排液采气工艺，松南气田主要通过优选小油管的方式和化学排水采气技术，实现气井带液生产。

6.2.4.4 井网调整

火山岩气藏非均质性强，存在局部未动用区，为有效提高低渗储层的动用程度，部署调整挖潜井，可增加气田的稳产时间。

6.3 气藏稳气控水对策

松南火山岩气藏经历了低水气比（水气比为0.2）、水气比上升（水气比为0.2～0.9）以及水气比总体稳定（水气比保持在1.1）三个阶段。投产初期，气井以产凝析水为主，主要采取优化单井配产及气藏开采速度保证气藏稳产。随着气藏采出程度增加，底水不均衡推进，气井以产地层水为主，水气比不断上升，主要采取差异化配产策略实现有效控水。根据底水脊进临界生产压差和临界产气量指导气井配产，树立"红线"配产意识，延缓底水锥进速度，延长气井无水采气期。近三年，水气比总体可控，并保持在1.1左右，气藏稳气控水取得较好效果。

6.3.1 优化气井配产

6.3.1.1 单井配产方法

1. 试采动态分析法

试采法是确定气井合理产量最直接的方法。松南气田在试采过程中，通过不断优化调整气井工作制度，确定气井合理的配产范围。

2. 采气曲线法

根据气井二项式产能方程，当地层压力一定时，生产压差是气井产量的函数。当产量较小时，气井生产压差与产量呈直线关系（达西渗流）；随产量增加，气井生产压差与产量呈曲线关系且凹向生产压差轴，即惯性造成的附加阻力增加。一般情况下，气井的合理配产应该保证气体不出现湍流，即在二项式产能曲线上沿早期达西渗流直线段向外延伸，直线与二项式产能曲线切点所对应的产量即为气井的合理产量，这种确定气井合理产量的配产方法通常称为采气曲线法。以 YS1 井为例，根据二项式产能曲线达西渗流直线与产能曲线的切点，确定该井不出现湍流的最大合理产量为 $13 \times 10^4 \mathrm{m}^3/\mathrm{d}$（图 6-16）。

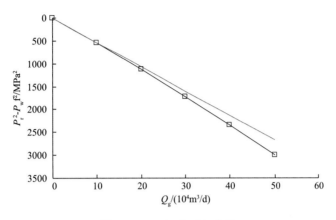

图 6-16　YS1 井 IPR 曲线

3. 技术经济界限产量法

对于松南气田来说，技术经济界限产量主要指单井的初始产量界限和产水气井的临界携液产量。

1）新钻井初始产量界限

新钻井初期产量界限指在一定的开发技术和财税体制下，新钻开发井所获得的收益能弥补全部投资、采气操作费并获得最低收益率时，初期所应达到的最低产量，当新钻井初期产量大于这一值时，则认为经济上是可行的。计算方法为同时满足式（6-8）和式（6-9）的 Q_c 的值。

$$Q_c \left\{ \sum_{t=1}^{t} \left[P_t n (1 - r_c) - Tr_4 - C_{ovt} \right] \eta_t (1 + i_c)^{-t} \right\} - \sum_{t=1}^{t} (I_t + S_{oft})(1 + i_c)^{-t} \geqslant 0 \qquad (6-8)$$

$$Q_c \sum_{t=1}^{p_T} \left[P_t n (1 - r_c) - Tr_4 - C_{ovt} \right] \eta_t - p_T \sum_{t=1}^{p_T} (I_t + S_{oft}) \geqslant 0 \qquad (6-9)$$

式中　Q_c——新井初期产量界限，$10^4 \mathrm{m}^3$；

　　　P_t——天然气价格，元/千立方米；

　　　n——商品率，小数；

　　　r_c——税金及附加比率；

　　　p_T——投资回收期，年；

　　　I_t——单井新增投资，万元；

　　　C_{ovt}——单位变动成本，元/千立方米；

　　　S_{oft}——固定费用，万元/年；

Tr_4 ——资源税，元/吨；

t ——经济评价期，年；

η_t ——无因次产量变化系数；

i_c ——基准收益率，%。

气藏工程参数：在气藏地质研究的基础上，考虑含气层位变化，选择代表井开展单井产量变化模式数值模拟研究，松南气田开发井模拟结果为稳产期 5 ~ 11 年，递减期递减率为 8.0% ~ 10.0%。

经济参数：包括开发投资参数、操作成本费用参数、天然气价格和税率等参数。松南气田单井开发投资包括钻井和地面建设投资，钻井投资直井 11000 元/米，水平井 14000 元/米，地面投资 1750 万元/井。计算用天然气价格 1333 元/千立方米（不含税）。商品率考虑气田含二氧化碳及扣除少量自用气，取 70%。

从产量界限曲线上看（图 6-17 ~ 图 6-19），各井型要求的日产界限随稳产年限增加而降低，要求的控制储量界限随稳产年限增加而升高。从初始产量预测结果看，在气井稳产 5 年的情况下，松南气田直井要求的单井初始产量界限是 $6.34 \times 10^4 \mathrm{m}^3/\mathrm{d}$，水平井（不产水）是 $8.12 \times 10^4 \mathrm{m}^3/\mathrm{d}$，水平井（产水）是 $8.36 \times 10^4 \mathrm{m}^3/\mathrm{d}$。在气井稳产 8 年的情况下，

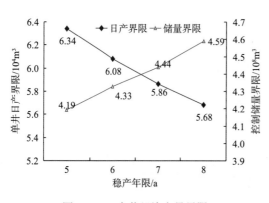

图 6-17　直井经济产量界限

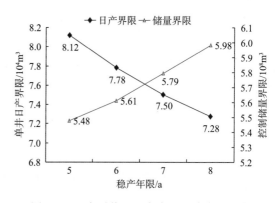

图 6-18　水平井（不产水）经济产量界限

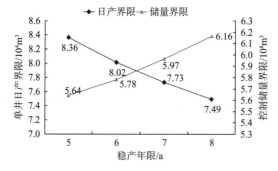

图 6-19　水平井（产水）经济产量界限

直井要求的单井初始产量界限是 $5.68 \times 10^4 m^3/d$，水平井（不产水）是 $7.28 \times 10^4 m^3/d$，水平井（产水）是 $7.49 \times 10^4 m^3/d$。

2）气井携液临界流（产）量

气井携液临界流量指产水气井井筒内气体能够把液体带至地面的最小产量。由于松南气田开发井多为斜井和水平井，大斜度井倾斜段比直井段临界携液产量更高。为了更加真实地计算临界携液量，开发中以 Tuner 液滴模型为基础，分段考虑直井及倾斜段液滴的不同受力作用，根据井斜角度、曳力系数和雷诺数关系，对直井段及斜井段进行耦合计算（图 6 – 20）。

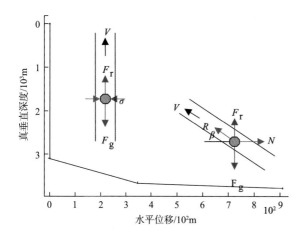

图 6 – 20　直井段与斜井段液滴受力示意图　　图 6 – 21　气井携液临界流量预测曲线

以松南气田 YP7 井为例，计算各井段的临界携液量，判断携液能力。在不同油管尺寸、不同井口压力下，气井携液临界流量的计算结果如图 6 – 21 和表 6 – 4 所示。由计算结果可以看出，在井口压力 20MPa，生产管柱 2⅞in 情况下，YP7 井的携液临界流量为 $6.6 \times 10^4 m^3/d$。

表 6 – 4　不同尺寸油管携液临界流量测算表

井口压力/ MPa	携液临界流量/$10^4 m^3$		
	2⅜in	2⅞in	3½in
10	3.9	5.3	7.3
15	4.2	6.0	8.6
20	4.5	6.6	9.7
25	4.8	7.1	10.5
30	5.0	7.5	11.1

6.3.1.2　单井合理配产确定

松南气田开采实践表明，单井配产应结合试采评价、采气曲线和单井技术经济界限评价结果，并遵循如下原则：

（1）压力尽量保持稳定；

（2）单井产量应大于技术经济界限产量；

（3）气井产量应小于最大合理产量；

（4）气井应确保一定的稳产时间；

（5）防止边水、底水锥进过快。

气井合理配产以及强化采气配产范围见表 6-5。YS1 井无阻流量为 $30.7 \times 10^4 m^3$，试采动态分析确定合理产量范围为 $(10 \sim 15) \times 10^4 m^3$，采气指数法确定最大产量为 $13 \times 10^4 m^3$，经济极限产量为 $5.7 \times 10^4 m^3$，根据配产原则推荐单井配产范围为 $(10 \sim 15) \times 10^4 m^3$，强化采气建议配产为 $15 \times 10^4 m^3$；YP1 井无阻流量为 $262 \times 10^4 m^3$，试采动态分析确定合理产量范围为 $(20 \sim 30) \times 10^4 m^3$，采气指数法确定最大产量为 $50 \times 10^4 m^3$，经济极限产量为 $8.4 \times 10^4 m^3$，根据配产原则推荐单井配产范围为 $(20 \sim 30) \times 10^4 m^3$，强化采气建议配产为 $30 \times 10^4 m^3$；YP7 井无阻流量为 $145 \times 10^4 m^3$，试采动态分析确定合理产量范围为 $(8 \sim 10) \times 10^4 m^3$，采气指数法确定最大产量为 $35 \times 10^4 m^3$，经济极限产量为 $8.4 \times 10^4 m^3$，根据配产原则推荐单井配产范围为 $(8 \sim 10) \times 10^4 m^3$，强化采气建议配产为 $10 \times 10^4 m^3$；YS101 井无阻流量为 $30.9 \times 10^4 m^3$，试采动态分析确定合理产量范围为 $(1 \sim 5) \times 10^4 m^3$，采气指数法确定最大产量为 $7 \times 10^4 m^3$，经济极限产量为 $5.7 \times 10^4 m^3$，根据配产原则推荐单井配产范围为 $(1 \sim 5) \times 10^4 m^3$，强化采气建议配产为 $5 \times 10^4 m^3$；YP3 井无阻流量为 $255 \times 10^4 m^3$，试采动态分析确定合理产量范围为 $(20 \sim 35) \times 10^4 m^3$，采气指数法确定最大产量为 $50 \times 10^4 m^3$，经济极限产量为 $7.3 \times 10^4 m^3$，根据配产原则推荐单井配产范围为 $(20 \sim 30) \times 10^4 m^3$，强化采气建议配产为 $30 \times 10^4 m^3$；YP9 井无阻流量为 $267 \times 10^4 m^3$，试采动态分析确定合理产量范围为 $(20 \sim 35) \times 10^4 m^3$，采气指数法确定最大产量为 $45 \times 10^4 m^3$，经济极限产量为 $7.3 \times 10^4 m^3$，根据配产原则推荐单井配产范围为 $(20 \sim 30) \times 10^4 m^3$，强化采气建议配产为 $30 \times 10^4 m^3$；YP11 井无阻流量为 $63.5 \times 10^4 m^3$，试采动态分析确定合理产量范围为 $(6 \sim 8) \times 10^4 m^3$，采气指数法确定最大产量为 $15 \times 10^4 m^3$，经济极限产量为 $8.4 \times 10^4 m^3$，根据配产原则推荐单井配产范围为 $(6 \sim 8) \times 10^4 m^3$，强化采气建议配产为 $8 \times 10^4 m^3$；YP10 井无阻流量为 $179.5 \times 10^4 m^3$，试采动态分析确定合理产量范围为 $(20 \sim 25) \times 10^4 m^3$，采气指数法确定最大产量为 $25 \times 10^4 m^3$，经济极限产量为 $7.3 \times 10^4 m^3$，根据配产原则推荐单井配产范围为 $(15 \sim 25) \times 10^4 m^3$，强化采气建议配产为 $25 \times 10^4 m^3$。

表 6 – 5　松南气田部分钻井合理配产方案表

井　号	YS1	YP1	YP7	YS101	YP3	YP9	YP11	YP10
无阻流量/($10^4 m^3/d$)	30.7	262	145	30.9	255	267	63.5	179.5
试采动态分析/($10^4 m^3/d$)	10~15	20~30	8~10	1~5	20~35	20~35	6~8	
采气指数法确定最大产量/($10^4 m^3/d$)	13	50	35	7	50	45	15	25
经济极限产量/($10^4 m^3/d$)	5.7	8.4	8.4	5.7	7.3	7.3	8.4	7.3
最小携液产量/($10^4 m^3/d$)			7.5					
推荐单井配产范围/($10^4 m^3/d$)	10~15	20~30	8~10	1~5	20~30	20~30	6~8	15~25
强化采气建议配产/($10^4 m^3/d$)	15	30	10	5	30	30	8	25

6.3.2　优化气藏采气速度

6.3.2.1　采气速度与稳产时间、采出程度的关系

针对 YP8 井和 YP10 井部署之前的井网和这两口井钻井之后的加密井网分别进行了采气速度与稳产时间和采出程度之间关系的数值模拟。在外输压力 8MPa，采气速度分别为 2%、2.5%、3%、3.5%，对应的配产分别为 $90×10^4 m^3/d$、$110×10^4 m^3/d$、$135×10^4 m^3/d$、$155×10^4 m^3/d$ 的情况下，预测了两种井网不同采气速度下的开发状况（图 6 – 22 ~ 图 6 – 24）。结果表明，采气速度越高，稳产期越短，初始递减率也越高，地层压力下降速度越

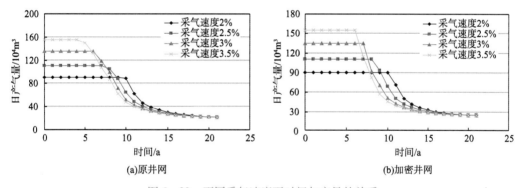

图 6 – 22　不同采气速度下时间与产量的关系

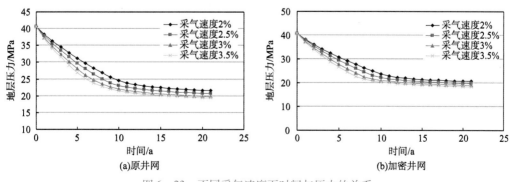

图 6 – 23　不同采气速度下时间与压力的关系

大，与原井网相比，加密之后的井网稳产期延长，动用程度增加。不同采气速度下稳产期末采出程度随着采气速度的增大而降低，但预测期末采出程度随着采气速度的增大而增大。加密井网与原井网相比，在相同采气速度下，稳产期增加，稳产期末采出程度及预测期末采出程度增加。这说明加密井网可提高井控程度。

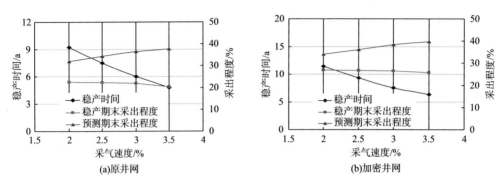

(a)原井网 (b)加密井网

图6-24 不同采气速度下的稳产时间和采出程度

对于在构造低部位钻井，采气速度与稳产时间和采出程度的关系与在构造高部位钻井基本相同，但考虑防止边水、底水锥进，应适度控制采气速度。

6.3.2.2 采气速度优化策略

在松南气田高效开发实践中，通过对采气速度与产量、压力与采出程度的综合分析，在稳产期7~8年的要求下，构造高部位的气井由于不易发生底水锥进，采气速度可略高，控制在2.5%以下，构造低部位气井控制在2%以下。

6.3.2.3 采出程度

通过数值模拟研究了在井口压力8MPa情况下采气速度与稳产时间和采出程度的关系（图6-25和图6-26，表6-6和表6-7），结果表明，随着外输压力降低，稳产时间和预测期末采出程度均提高。

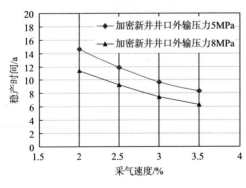

图6-25 采气速度与稳产时间关系

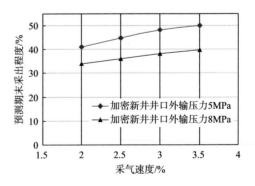

图6-26 采气速度与采出程度关系

表6-6 现井网不同外输压力和采气速度下稳产时间

采气速度/%	2	2.5	3	3.5
外输压力5MPa	14.6	11.83	9.62	8.34
外输压力8MPa	11.4	9.3	7.5	6.32

表6-7 现井网不同外输压力和采气速度下预测期末采出程度

采气速度/%	2	2.5	3	3.5
外输压力5MPa	41.09	44.76	48.09	50.13
外输压力8MPa	33.96	36.15	38.28	39.72

6.3.2.4 气藏采气速度优化

1. 方案一

方案一：YS1井区采用3.5%采气速度开采，YP7井区采用2%采气速度开采。方案一开发指标预测结果表明［图6-27（a）］，气田整体采气速度为3.34%，气田稳产期约为6.3年，稳产期末的采出程度约为24.74%，预测20年累计产气量为71.51×10⁸m³，采出程度为38.45%。

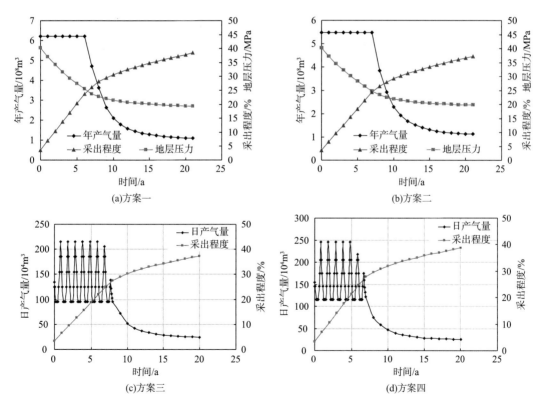

图6-27 开发指标预测曲线

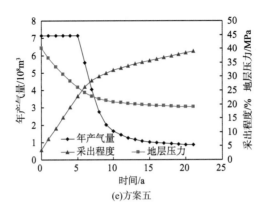

图 6 – 27　开发指标预测曲线（续）

2. 方案二

方案二：YS1 井区采用 3% 采气速度开采，YP7 井区采用 2% 采气速度开采。方案二开发指标预测结果表明 [图 6 – 27（b）]，气田整体采气速度为 2.94%，气田稳产期约为 7.5 年，稳产期末的采出程度约为 25.73%，预测 20 年累计产气量为 69.21 × 10⁸ m³，采出程度为 37.21%。

3. 方案三

松南气田天然气销量在不同月份变化较大，方案三根据天然气实际销量规律，进行调峰配产（图 6 – 28），YS1 井区按照 3% 的采气速度，并按照销量曲线进行调峰配产，YP7 井区按照 2% 的采气速度开采。松南气田具体调峰配产情况如图 6 – 29 所示。方案三开发指标预测结果表明 [图 6 – 27（c）]，气田整体采气速度为 2.94%，气田稳产期约为 6 年，稳产期末的采出程度约为 21.32%，预测 20 年累计产气量为 67.49 × 10⁸ m³，采出程度为 36.28%。

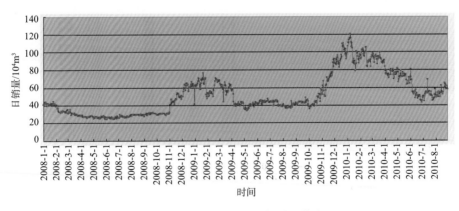

图 6 – 28　松南气田天然气销量曲线

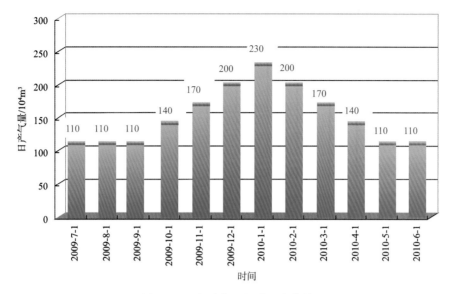

图 6 – 29　松南气田调峰配产曲线

4. 方案四

方案四设计 YS1 井区 3.5% 的采气速度，根据销量需求按月进行调峰配产（图 6 – 30），YP7 井区按 2% 的采气速度开采，不进行调峰，保持日产气 $15 \times 10^4 \mathrm{m}^3$。方案四开发指标预测结果表明 [图 6 – 27（d）]，气田整体采气速度为 3.34%，气田稳产期约为 5 年，稳产期末的采出程度约为 20.34%，预测 20 年累计产气量为 $69.82 \times 10^8 \mathrm{m}^3$，采出程度 37.54%。调峰配产与均匀配产相比，稳产期及预测期末采出程度降低，按照稳产期大于 6 年的要求，YS1 井区现井网调峰配产采气速度不能高于 3%。

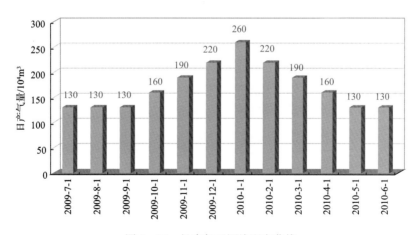

图 6 – 30　松南气田调峰配产曲线

5. 方案五

方案五设计 YS1 区块以 4% 的采气速度开采，YP7 区块以 2.5% 的采气速度开采。开发指标预测结果表明［图 6-27（e）］，气田整体采气速度为 3.83%，气田的稳产期约为 5 年，稳产期末的采出程度约为 22.67%，预测 20 年累计产气量为 $72.63 \times 10^8 \mathrm{m}^3$，采出程度为 39.05%。

对比不同方案的稳产期和采出程度（图 6-31 和图 6-32），可以得出以下结论：在现井网条件下，要保持较长的稳产期，构造高部位采气速度要稳定在 3% 左右，构造低部位采气速度要稳定在 2% 左右，提高构造高部位采气速度，有利于提高稳产期末的采出程度。

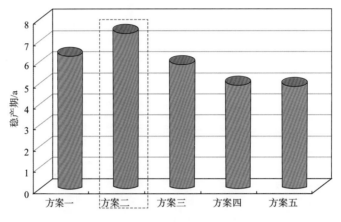

图 6-31　不同方案稳产期对比图

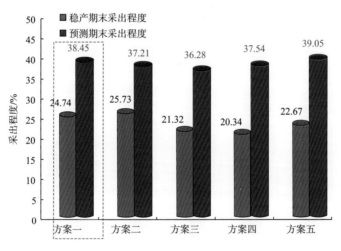

图 6-32　不同方案采出程度对比图

6.3.3　控水配产对策

在充分研究了松南气田气井产水机理和影响因素的基础上，制定有针对性的控水对策。充分发挥水平井生产压差小、底水脊进临界产量大于直井的临界产量的优势，根据底水脊进临界生产压差和临界产气量指导气井配产，延缓底水锥进速度，控制水侵伤害，延长气井无水采气期。

从物质平衡原理和等值渗流阻力法出发，考虑垂向渗透率与水平渗透率之比、水气密度差、气水黏度比以及底水锥进高度等参数对临界生产压差的影响，推导出底水气藏水平井的临界生产压差公式，定量确定其变化规律，对延长气井无水采气期，提高气藏采收率有一定的指导意义。

在水平井开发底水气藏过程中，底水不断上升。由物质平衡原理可得出气藏含气高度和含水高度变化规律的表达式：

$$h_g = H_p(1 - N_pB_g/NE\eta) \qquad (6-10)$$

$$h_w = H_p(N_pB_g/NE\eta) \qquad (6-11)$$

$$\eta = \frac{1 - S_{wc} - S_{rg}}{1 - S_{wc}} = \frac{S_{ig} - S_{rg}}{S_{ig}} \qquad (6-12)$$

$$N = AH_p\phi(1 - S_{wc}) \qquad (6-13)$$

式中　A——井排单元中水平井的泄气面积，m^2；

$\quad B_g$——累计产气量 N_p 时的气体体积系数；

$\quad E$——波及系数，%；

h_g、h_w——气藏目前含气、水脊高度，m；

$\quad H_p$——气藏原始含气高度，m；

$\quad N$——水平井单元泄气面积中的地质储量，m^3；

$\quad N_p$——水平井井排中单口水平井的累计产气量，m^3；

$\quad \eta$——驱气效率，%；

$\quad S_{ig}$——气藏原始含气饱和度，%；

S_{rg}、S_{wc}——残余气饱和度、束缚水饱和度，%；

$\quad \phi$——孔隙度，%。

水平井的泄气面积，可认为是在井的两端各为一个半圆，中间为一个矩形，即：

$$A = aL + \frac{\pi}{4}a^2 \qquad (6-14)$$

式中　a——井排单元中水平井的泄气直径，m；

$\quad L$——水平井水平段长度，m。

在开采底水气藏过程中，在垂直井下面形成一个水脊，而水平井则出现与锥形具有相同横截面，并且在整个水平井长度下面延伸的脊状水锥。为延缓气井的见水时间，垂直井和水平井一般位于气层顶部，在气井见水时，垂直井的水锥体积 V_v 和水平井的水脊体积

V_h 分别为：

$$V_v = \frac{\pi}{3}\left(\frac{a}{2}\right)^2 H_p \qquad (6-15)$$

$$V_h = V_v + LaH_p/2 \qquad (6-16)$$

式中 V_v——垂直井的水锥体积，m^3；

　　　V_h——水平井的水脊体积，m^3。

水平井水脊体积由水平井两端的两个半锥形和一个棱柱体组成，因而波及系数表达式为：

$$E = V_h/AH_p \qquad (6-17)$$

在已知水平井累计产气量时，就可利用式（6-10）~式（6-17）确定气藏含气高度和含水高度：

$$h_g = H_p\left\{1 - \frac{N_p B_g}{\phi(1-S_{wc})\left[\frac{\pi}{3}\left(\frac{a}{2}\right)^2 H_p + \frac{LaH_p}{2}\right]\frac{S_{ig}-S_{rg}}{S_{ig}}}\right\} \qquad (6-18)$$

$$h_w = H_p\left\{\frac{N_p B_g}{\phi(1-S_{wc})\left[\frac{\pi}{3}\left(\frac{a}{2}\right)^2 H_p + \frac{LaH_p}{2}\right]\frac{S_{ig}-S_{rg}}{S_{ig}}}\right\} \qquad (6-19)$$

底水驱动垂向的临界速度为：

$$v_c = \frac{(\rho_w - \rho_g)gK_h}{\mu_w - \mu_g} \qquad (6-20)$$

式中 v_c——底水驱动垂向临界速度，m/s；

　ρ_g、ρ_w——气体密度、地层水密度，g/cm^3；

　　　g——重力加速度，m/s^2；

　　　K_h——水平渗透率，$10^{-3}\mu m^2$；

　μ_g、μ_w——气体黏度、地层水黏度，$mPa \cdot s$。

在底水没有到达水平井井底时，从原始气水界面到水平井井底可划分为两个区：底水脊进区和纯气区。假定底水脊进区中只有水流动，剩余气为残余气。

根据等值渗流阻力法，底水脊进区中流动阻力为：

$$R_1 = \mu_w h_w/AK_v K_{rw} \qquad (6-21)$$

式中 R_1——水脊进区水体渗流阻力，MPa；

　　　K_v——垂向渗透率，$10^{-3}\mu m^2$；

　　　K_{rw}——水相相对渗透率，f。

松南火山岩气田高效开发技术与实践

纯气区中流体渗流阻力为:

$$R_2 = \mu_g h_g / A K_v K_{rg} \qquad (6-22)$$

式中　R_2——纯气区气体渗流阻力,MPa;

　　　K_{rg}——气相相对渗透率,f。

从原始气水界面到水平井井底的压差为:

$$\Delta p = p_{wgc} - p_{wf} \qquad (6-23)$$

式中　Δp——原始气水界面到水平井井底的生产压差,MPa;

　　　p_{wgc}——原始气水界面孔隙压力,MPa;

　　　p_{wf}——水平井井底压力,MPa。

则纵向上流体流量为:

$$Q = \Delta p / (R_1 + R_2) \qquad (6-24)$$

$$v = \frac{Q}{A} = \frac{\Delta p K_v}{\mu_w h_w / K_{rw} + \mu_g h_h / K_{rg}} \qquad (6-25)$$

式中　Q——纵向上的流体流量,m^3/d;

　　　v——流体视渗流速度,m/s。

真实渗流速度和视渗流速度的关系为:

$$v_z = v / \phi \qquad (6-26)$$

式中　v_z——流体真实渗流速度,m/s。

水平井临界生产压差为:

$$\Delta p = \frac{\Delta \rho g K_h \phi (\mu_w h_w / K_{rw} + \mu_g h_g / K_{rg})}{K_v (\mu_w - \mu_g)} \qquad (6-27)$$

以松南气田 YP8 井为例,计算了生产过程中不同采出程度下的含气高度和含水高度,地层压力取 24.3MPa,地层温度取 133℃,其他参数见表 6-8。

表 6-8　含气高度与临界生产压差计算基础数据表

参数	值	参数	值	参数	值	参数	值
H_p/m	100	$\rho_w/(g/cm^3)$	1	$\mu_w/10^{-3}Pa \cdot s$	1	$S_{wc}/\%$	50
$\phi/\%$	8	$\rho_g/(g/cm^3)$	0.325	$\mu_g/10^{-3}Pa \cdot s$	0.0246	$S_{ig}/\%$	50
a/m	400	$K_h/10^{-3}\mu m^2$	2	K_{rw}	0.35	$S_{rg}/\%$	10
L/m	1217	$K_v/10^{-3}\mu m^2$	0.5	K_{rg}	0.8		

从该井含气高度与含水高度的变化可以看出(图 6-33),随着采出程度的增加,含气高度逐渐降低,底水界面上升,含水高度不断升高,临界生产压差呈现递减趋势的变化

规律（图 6-34）。在气藏开发过程中，需要时时关注气井临界生产压差，不断调整工作制度，将产量保持在底水锥进的临界产量之下，防止底水过早锥进，延长无水采气期，提高气藏最终采收率。

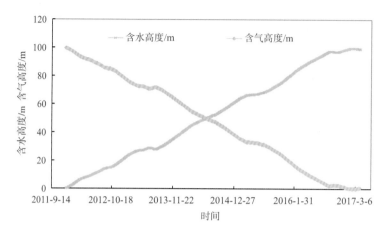

图 6-33　YP8 井含水高度和含气高度变化图

图 6-34　YP8 井临界生产压差变化图

根据产量、压力、产水变化特征将营城组生产井分为两种类型：A 类井产量压力稳定，油压 10~14MPa，产能较高，产凝析水，为弹性驱动且距气水界面较远（YP9 井、YP8 井、YP6 井、YP5 井、YS1 井）；B 类井产量压力相对稳定，油压 10~13MPa，产地层水且水气比上升，水气比总体可控（YP1 井、YP3 井、YP10 井、YP2 井、YP12 井、YP13 井），为弱弹性水驱且距气水界面较近。根据与气水界面的距离、裂缝发育、物性差异，计算临界生产压差与临界产气量，确保气藏气水界面近均匀抬升。气井生产压差控制在临界生产压差以下，A 类井产凝析水，距气水界面较远，可以适当提高配产。B 类井产地层水，距气水界面较近，采取降低配产策略，定生产压差控水（表 6-9）。

表 6 – 9 气井差异化配产表

类型	产水状况	距气水界面距离	井号	临界生产压差/MPa	临界产气量/$10^4 m^3$	实际生产压差/MPa	实际产气量/$10^4 m^3$	差异化配产
A 类井	产凝析水、弹性驱	较远	YP9	1.88	35.9	1.52	30	高配
			YP8	1.66	28	1.43	24	
			YP6	1.83	32	1.6	28	
			YS1	2.5	12	1.86	9	
			YP5	1.91	33	1.67	28	
B 类井	产地层水、弱弹性水驱	较近	YP1	1.08	11	0.91	8	低配
			YP3	1.1	14	0.85	10	
			YP10	1.03	12.2	0.78	9	
			YP2	0.86	9	0.66	6	
			YP12	2.45	6	2.3	5	
			YP13	1.8	22	1.48	17	

6.3.4 增压采气

当井口油压低于外输压力时，采用压缩机增压可以降低气井废弃压力，从而提高气藏的采收率。松南气田 YP7 井在 2015 年 7 月由于井筒积液停喷，2015 年 11 月采用连续油管 + 制氮气举诱喷成功后，采取降压开采、增压外输、带液生产，油压由 8MPa 降至 4.9MPa，平均日产气 $2.6 \times 10^4 m^3$，累计增气 $1631 \times 10^4 m^3$（图 6 – 35）。

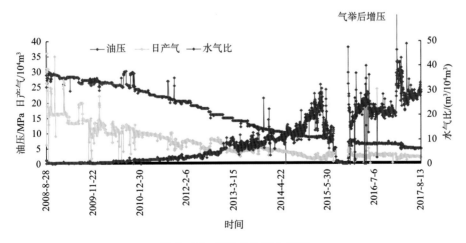

图 6 – 35　YP7 井生产曲线图

第7章　综合调整挖潜

在松南气田开发实践中，以精细地质模型为基础，应用气藏工程与数值模拟相结合的方法，不断深化地质认识，针对不同类型未动用储量和储量动用不均衡的状况，分析剩余储量分布规律，落实潜力分布区，制定立体调整方案，通过调整挖潜井的部署与实施，气田稳产基础增强，开发状况得到改善。

7.1　气田稳产阶段存在的主要问题

松南火山岩气田于 2008 年开始建产，采用滚动开发思路，纵向上以期次 2 的高渗储层开发为主，同时开展其他储层产能评价，截止 2011 年年末，共完钻水平井 9 口，直井 3 口，新建原料气产能 $6.7 \times 10^8 m^3$，新建工业气产能 $5 \times 10^8 m^3$。2012~2015 年期间，产能保持稳定，单位压降采气量高，稳产能力强，开发效果较好。但随着开发程度的逐步深入，保持气田持续稳产面临着以下问题。

（1）火山岩储层非均质性强，气藏内幕结构复杂，储量认识差异大。松南气田火山岩气藏平面上发育多个火山机构，纵向上多期叠置，受断层、裂缝和岩性、岩相控制，气水关系复杂。随着开发的不断深入，地质资料不断增加，对火山岩气藏的地质认识也在逐渐转变。火山机构由早期认识的单一火山机构转变为当前认识的 YS1、YP4、YP7 三个火山机构，纵向上由整体块状转变为多期次、多岩相似层状，气水界面由统一气水界面转变为各火山机构具有不同的气水界面，气藏类型由块状藏转变为层状藏。

（2）局部开发井网不完善，储量控制程度和动用程度较低，储量动用不均衡。2014 年，对老井 YS102 井、YP4 井期次 3 凝灰岩进行测试，证实了致密凝灰岩储层的开发潜力。一方面，早期方案中，水平井以动用高渗流纹岩为主，上部致密凝灰岩储层动用程度较低；气藏层间、平面压力波及范围差异大，储量动用不均衡；另一方面，气水界面不均衡推进导致井间滞留区剩余气无法采出，影响气藏最终采收率。

（3）气井水气比逐渐升高，水侵对气藏开发影响逐步显现。气井产水后，出现气水两相流动，生产压差加大，渗流阻力的增加导致产量降低，同时地层水封堵部分天然气，损失气井动态储量。2012～2014年，火山岩气藏产水气井随着水侵强度的增加，水气比不断上升，产气量和动态储量不断下降。

7.2　气藏地质再认识与储量动用评价

针对气田稳产阶段存在的问题，重点开展火山岩内幕结构精细解剖、火山岩储层物性定量预测与储量动用状况定量化评价三个方面的工作。

7.2.1　火山岩内幕结构精细解剖

7.2.1.1　火山机构识别

火山机构是来自同喷发源的火山物质围绕源区堆积构成的火山作用产物的总和。松南气田火山岩为酸性岩浆中心式喷发形成，在地表形成丘状正向隆起，中部火山口位置由于塌陷而下凹，多杂乱反射，同向轴不连续。因此，通过地震属性与最大曲率、方差融合，可以精细刻画火山口与火山通道的空间展布（图7-1和图7-2）。

在近火山口位置，火山岩厚度大，向外围逐渐减薄。不同火山机构之间流体性质差异大等特征对火山机构的识别也可起到辅助作用。在松南气田挖潜过程中，通过地震与最大曲率、方差融合技术，结合储层厚度、CO_2含量等，综合分析后将松南气田划分为YS1、YS102、YP4、CS1-4、YP7共五个火山机构（图7-3）。较建产阶段增加了YS102和CS1-4两个火山机构。

火山机构规模控制储层展布范围，喷发搬运距离控制储层物性分布，从火山口—近火山口区、近源区到远源区储层厚度逐渐变薄、物性逐渐变差。

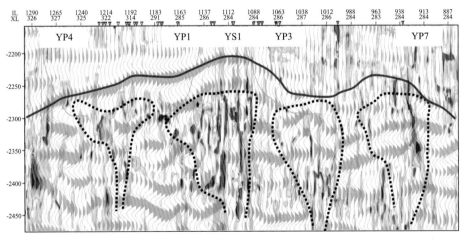

图7-1　过YP4井—YS1井—YP7井地震与最大曲率融合剖面

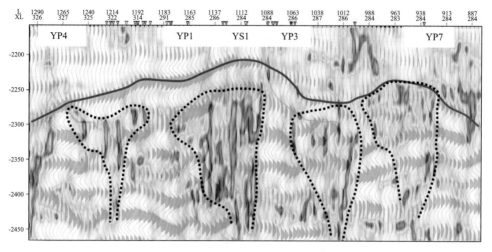

图 7-2 过 YP4 井—YS1 井—YP7 井地震与方差融合剖面

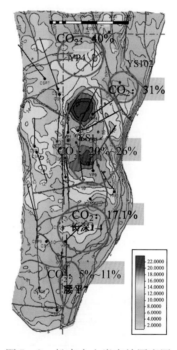

图 7-3 松南火山岩有效厚度图

7.2.1.2 期次界面识别

期次是由一个喷发中心一次相对集中（准连续）的火山活动形成的，在喷发方式及强度上有规律性变化、相序上有互相联系的火山岩组合。期次界面常发育不同规模的风化壳、沉积岩夹层、火山灰层等，为在火山活动间歇期受风化剥蚀和沉积作用的影响形成。松南气田期次界面主要通过岩心镜下薄片、成像测井、常规测井曲线等资料综合识别（图 7-4）。

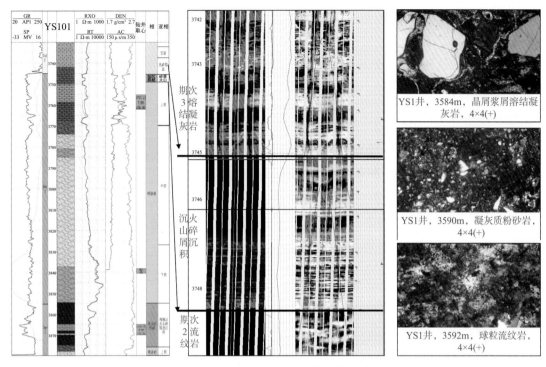

图 7-4　期次界面测井、成像及镜下特征

结合电性与微观特征，营城组火山岩可划分为 3 个喷发期次（图 7-5）。期次 1、期

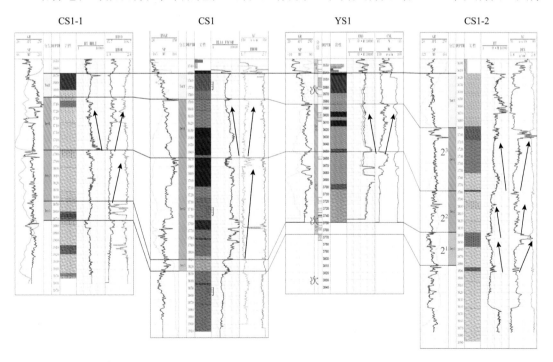

图 7-5　过 CS1-1 井—CS1 井—YS1 井—CS1-2 井期次划分剖面

次 2 发育流纹岩；期次 3 为凝灰岩。根据期次 2 物性变化，将内部又细分为 3 个流动单元，单元上部气孔发育，中部原生孔隙发育，下部致密。表现为电阻率曲线自下而上逐渐降低，声波时差逐渐升高的特征。

7.2.1.3　火山岩内幕精细刻画

火山期次界面与地震反射轴对应关系较好，火山岩顶面对应强波峰反射。不同火山期次顶面地震反射轴较连续，可以全区追踪对比。结合火山岩地震反射特征和测井综合解释，期次 2 的上部储层孔隙发育，储层物性较好。

由于不同火山期次构造形态不同，期次内部地层产状也存在变化（图 7-6）。单一的顶、底层面不能完全表征营城组火山岩特征，为满足精细三维地质建模和水平井部署的需要，对喷发期次及其内幕细节进行精细刻画，完成了 7 个期次界面的精细识别与刻画，解释密度 1m×1m。高精度的期次界面解释，可以体现火山期次内部地层产状细微的变化特征，为下步储层精细刻画奠定了基础。重新刻画后与早期成果进行对比，大的构造形态和断裂格局基本一致，细化构造细节增加了近东西向断裂 9 条（图 7-7）。

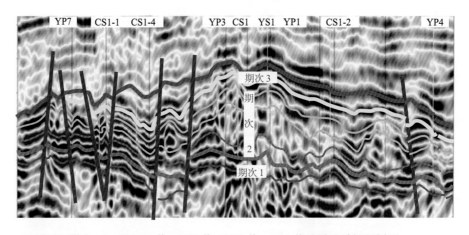

图 7-6　过 YP7 井—YP3 井—YP1 井—YP4 井地震地质解释剖面

井震结合确定各喷发期次空间分布。期次 3 中部构造高部位地层厚度薄，南北两翼地层厚度厚，YS1 井区厚度在 60m 左右，YP4、YS101 井区厚度在 60~100m，最厚达 140m 左右，向南到 YP7 火山机构凝灰岩储层不发育（图 7-8）。期次 2 分部范围广，发育YS1、YP7 两个厚度中心，其中 YS1 井区厚度在 200~300m，YP7 井区厚度在 150~200m，其他区域厚度相对较薄（图 7-9）。目前，主产层位于期次 2 上部期次 2^3，该期次主要集中在 YS1 井南部及东北部，厚度在 100~180m，其他区域厚度在 60m 左右（图 7-10）。

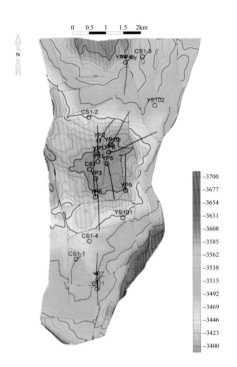

图 7 - 7 营城组火山岩顶面构造图

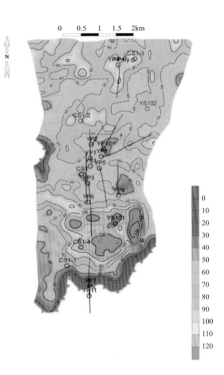

图 7 - 8 火山期次 3 地层厚度图

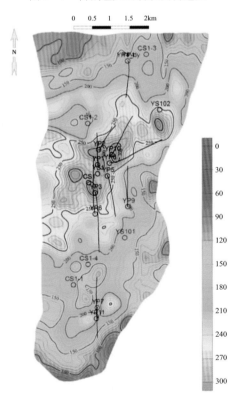

图 7 - 9 火山期次 2 地层厚度图

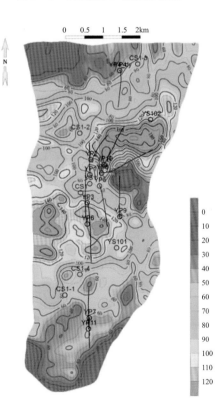

图 7 - 10 火山期次 2^3 地层厚度图

7.2.2 火山岩储层物性定量预测

7.2.2.1 火山岩相模型

在酸性火山岩喷发模式的指导下，以9口直井（YS1井、YS101井、YS102井、YP4井、CS1井、CS1-1井、CS1-2井、CS1-3井、CS1-4井）单井岩相为基础，以岩性厚度、井控面积权衡，利用地质统计学的方法，在三维空间内对松南营城组火山岩进行序贯高斯指示模拟，建立火山岩岩相三维模型（图7-11）。

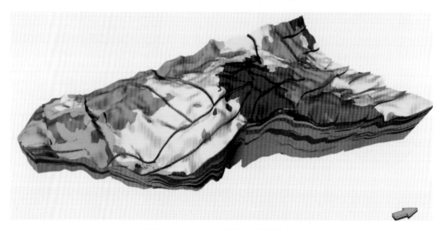

图7-11　火山岩相三维模型

期次3为爆发相，以热碎屑流亚相为主，热基浪亚相零星分布（图7-12）。期次2为喷

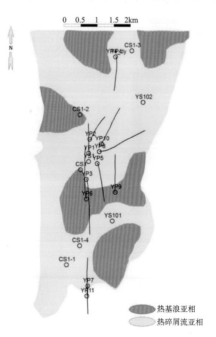

图7-12　期次3岩相平面图

溢相，以喷溢相上部、喷溢相中部为主，喷溢相中部发育于 YS1 井区，呈南北向条带状展布，喷溢相下部仅在 CS1 井、YS102 井附近发育（图 7 - 13）。期次 2^3（目前主产层）多为喷溢相上部，喷溢相中部在 YS1 井区发育，喷溢相下部在 YS1、YS102 井区发育（图 7 - 14）。

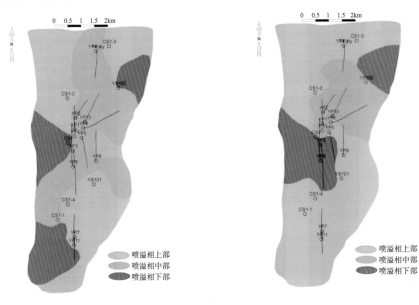

图 7 - 13　期次 2 岩相平面图　　　　　图 7 - 14　期次 2^3 岩相平面图

应用地质建模技术，针对火山岩储层进行精细岩相建模，得到各期次岩相平面分布。相比之前仅通过地震属性勾画岩相范围，在结论更加可靠的基础上，实现了定性到定量的转变。

7.2.2.2　测井储层评价

1. 孔隙度计算

孔隙度计算采用了核磁、声波、中子、密度等多种测井方法。研究区火山岩储层岩心物性分析资料丰富，通过对岩心分析孔隙度与三孔隙度曲线进行相关性分析表明，密度、声波时差曲线与孔隙度的拟合关系较好，中子曲线与岩心孔隙度曲线相关性差。因此，密度和声波时差曲线采用岩心拟合公式计算孔隙度，中子曲线采用理论公式计算孔隙度，其中子骨架值采用电阻率趋势法确定。

声波计算孔隙度：

$$\phi = 0.2232AC - 37.173 \qquad (7-1)$$

密度计算孔隙度：

$$\phi = -39.844DEN + 105.76 \qquad (7-2)$$

中子计算孔隙度：

$$\phi = CNL - NM \qquad (7-3)$$

式中　NM——中子骨架值。

核磁计算孔隙度：

$$TCMR = V_{mf}HI_{mf} + V_{hc}HI_{hc}P_{hc} \qquad (7-4)$$

式中　V_{mf}——泥浆体积；

　　　V_{hc}——气体体积；

　　　HI_{mf}——泥浆含氢指数；

　　　HI_{hc}——气体含氢指数；

　　　P_{hc}——气体极化率。

应用以上公式进行计算后，测井计算孔隙度与岩心分析孔隙度相对误差为5%，绝对误差为0.3%。测井计算渗透率与岩心分析渗透率值在一个数量级内，符合储量计算规范要求。

2. 含气饱和度计算

应用阿尔奇公式计算含气饱和度。

$$S_g = 1 - n\sqrt{\frac{abR_w}{R_t\phi^m}} \qquad (7-5)$$

式中　a、b——比例系数；

　　　m——孔隙度胶结指数；

　　　n——饱和度指数；

　　　R_w——地层水电阻率，$\Omega \cdot m$；

　　　R_t——地层电阻率，$\Omega \cdot m$；

　　　ϕ——孔隙度，%。

地层水电阻率的计算采用地层水分析法，根据 YS102 井水样分析结果，氯离子含量在1797.8 ~ 2696.7mg/L 之间，地层水总矿化度在32693 ~ 39367mg/L 之间，水型为碳酸氢钠型。查图版可知，地层水电阻率为0.06$\Omega \cdot m$。

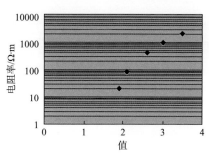

图 7 - 15　松南气田 m 值与
电阻率变化关系图

在火山岩测井中，由于不同岩性电性差异大，岩石骨架的测井信息响应占比远大于流体，如果岩石骨架参数选择不合理，会给测井解释计算饱和度带来非常大的误差，使气层与水层、干层难以区分。阿尔奇公式参数中 m 值受岩性影响变化大，而电阻率对不同岩性不同孔隙类型的响应较为直接，建立电阻率与 m 值的对应关系，采用动态 m 值参与计算，可改善固定 m 值计算含水饱和度不准的难题（图 7 - 15）。

松南气田引入可变 m 值定量计算含水饱和度，可清楚区分干层和气层。以 YS102 井为例，采用固定 m 值计算，1 号干层和 2 号气层含水饱和度相当，区分困难。采用可变 m

值计算后，1 号层不含气，为干层特征，2 号层含水饱和度 61%，为气层特征，与测试结果相符（图 7 – 16）。

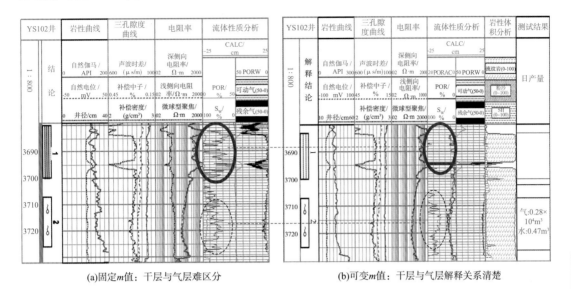

(a)固定 *m* 值：干层与气层难区分   (b)可变 *m* 值：干层与气层解释关系清楚

图 7 – 16　重构曲线应用效果对比

7.2.2.3　相控三维地质建模

松南气田 YS1 井区营城组波阻抗与孔隙度相关性分析表明（图 7 – 17），波阻抗与孔隙度为幂的负相关关系，且关系较好，波阻抗低、孔隙度高，波阻抗能够有效反映厚储层孔隙度，同时研究区共有 9 口直井、11 口水平井，测井资料丰富，能够较好地满足反演约束的条件，反演数据体质量较高。

以反演数据体为基础数据，井模型和反演体完全融合，既保证了井控

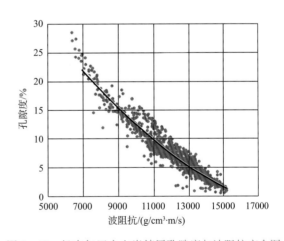

图 7 – 17　松南气田火山岩储层孔隙度与波阻抗交会图

的精确性，又有地震横向预测性，分辨率得到明显提高（图 7 – 18），能更好地体现火山岩储层空间展布特征，经过多口新钻井验证，有效储层预测符合率达 89%。

以孔隙度模型体的变化趋势为基础，建立渗透率模型。以孔隙度及气水界面为控制条件，建立含气饱和度模型。

从物性模型分析结果来看，期次 3 储层主要集中在 YP8 和 YS101 井区，YP8 井区气层厚度在 40m 左右，YS101 井区呈环状分布，气层厚度在 40～80m。期次 2 储层发育范围

广，主要集中在 YS1 和 YP7 井区，气层厚度在 80～160m（图 7－19 和图 7－20）。物性模型能较好地定量刻画各期次火山岩储层厚度与孔隙度展布。

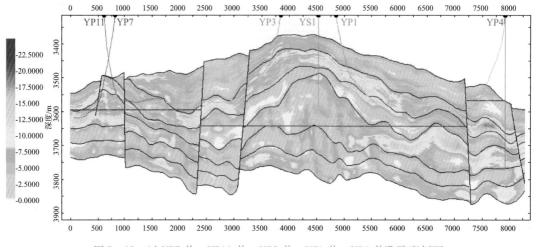

图 7－18　过 YP7 井—YP11 井—YP3 井—YS1 井—YP4 井孔隙度剖面

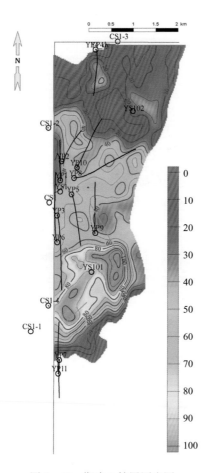

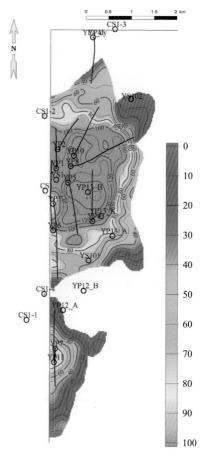

图 7－19　期次 3 储层厚度图　　　　　图 7－20　期次 2 储层厚度图

7.2.2.4 储量复算

纵向上分 3 个层段，平面上分 6 个单元进行储量计算，总储量 $159.92 \times 10^8 m^3$（表 7 - 1），较探明储量减少了 $273.68 \times 10^8 m^3$。

表 7 - 1 分期次、分单元储量计算表

层位	期次	区块	面积/ km^2	厚度/ m	孔隙度/ %	含气饱和度/ %	体积系数	地质储量/ $10^5 m^3$	合计/ $10^5 m^3$
$K_1 yc$	期次 3	YS1	6.53	47.85	6.48	54.04	0.0035	31.28	54.86
		YS101	0.90	81.42	5.57	42.48	0.0035	4.96	
		YS102	3.12	18.80	6.18	63.37	0.0035	6.56	
		YP4	0.94	13.62	5.61	57.41	0.0035	1.18	
		YP7	0.22	8.33	8.29	58.36	0.0035	0.25	
		YP11	1.73	62.25	6.81	50.69	0.0035	10.63	
	期次 2^3	YS1	6.30	70.55	8.16	69.17	0.0035	71.71	87.23
		YS101	0.90	75.84	9.06	53.14	0.0035	9.39	
		YS102	0.66	13.68	7.01	47.14	0.0035	0.85	
		YP7	1.17	27.28	6.96	68.33	0.0035	4.36	
		YP11	0.38	24.77	6.43	53.18	0.0035	0.92	
	期次 2^{1+2}	YS1	3.38	42.50	6.80	58.43	0.0035	16.30	17.83
		YP7	0.96	17.42	6.87	46.62	0.0035	1.53	

储量计算的各项参数较探明储量均有下降（表 7 - 2），本次储量计算中钻井、测试、生产等资料较前期大大增加，且对火山岩气藏的认识逐步深入，油气藏描述的技术手段更加先进，可信度更高，与目前开发状态、动态数据更为吻合。

表 7 - 2 复算储量与探明储量参数对比表

年份	面积/ km^2	厚度/ m	孔隙度/ %	饱和度/ %	体积系数	储量/ $10^8 m^3$
2015	14.88	86.78	7.2	60.2	0.00350	159.92
2007	16.83	155.30	8.70	69.60	0.00365	433.60

1. 含气面积对比

本次储量计算叠合面积 $14.88 km^2$，较上报探明储量减少了 $1.95 km^2$。含气面积的减小主要受气水界面变化的影响，除主体 YS1 区块外的其他区块的气水界面均有改变，气水界面抬升造成含气面积收缩减小（图 7 - 21 和图 7 - 22）。

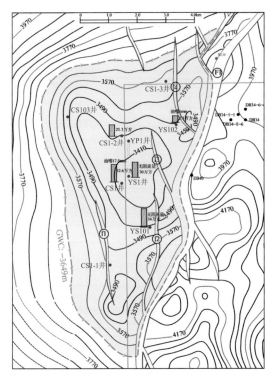

图 7 - 21　松南火山岩含气面积图（2007）

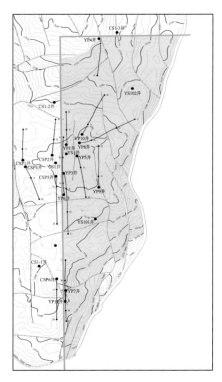

图 7 - 22　松南火山岩含气面积图（2015）

2. 储层物性对比

应用孔隙度测井解释成果，在构造模型与储层反演的基础上进行储层孔隙度建模，其中期次 3 平均有效孔隙度为 6.2%，期次 2^3 平均有效孔隙度为 8.1%，期次 2^{1+2} 平均有效孔隙度为 6.8%，气藏整体平均有效孔隙度为 7.2%，较探明储量提交孔隙度 8.7%下降了1.5 个百分点（图 7 - 23 ~ 图 7 - 26）。同样，期次 3 平均含气饱和度为 53.1%，期次 2^3 平均含气饱和度为 66.5%，期次 2^{1+2} 平均含气饱和度为 57.1%，气藏整体平均含气饱和度为 60.2%，较探明储量含气饱和度下降了 9.4 个百分点（图 7 - 27 ~ 图 7 - 30）。

综上所述，孔隙度下降 17.2%，饱和度下降 13.5%，导致储量减小 $88.8 \times 10^8 m^3$。

3. 有效厚度对比

探明储量提交时，依靠早期少量钻井按照均质模型进行有效厚度计算，随着开发钻井资料的增加和地质认识的不断深入，在期次之间以及期次内部能够识别出明显的区域性展布的致密层，期次 2^3 底部与期次 2^2 的中部的致密层广泛分布，厚度达到 50m 以上，同时受气水界面重新认识的影响，储层平均有效厚度由探明储量的 155.3m 下降至 86.78m（图 7 - 31 ~ 图 7 - 34），有效厚度减小 44%，导致储量减小 $151.0 \times 10^8 m^3$。

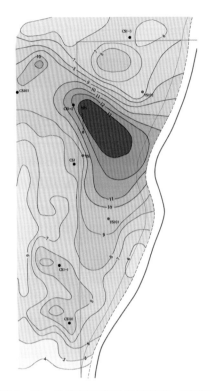

图 7 - 23　松南气田有效孔隙度图（2007）

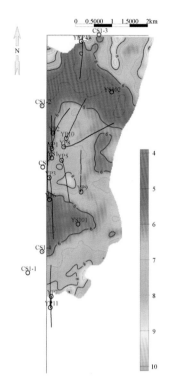

图 7 - 24　期次 3 有效孔隙度图（2015）

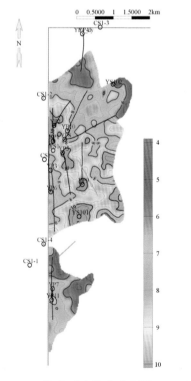

图 7 - 25　期次 2^3 有效孔隙度图（2015）

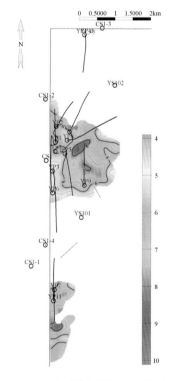

图 7 - 26　期次 2^{1+2} 有效孔隙度图（2015）

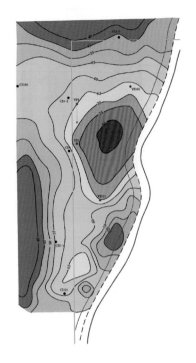

图 7-27　松南气田含气饱和度图（2007）

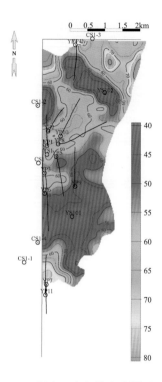

图 7-28　期次 3 含气饱和度图（2015）

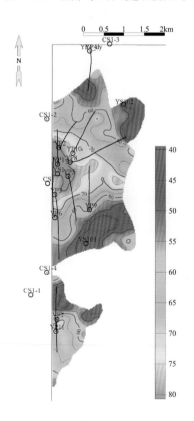

图 7-29　期次 2^3 含气饱和度图（2015）

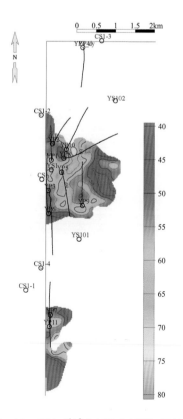

图 7-30　期次 2^{1+2} 含气饱和度图（2015）

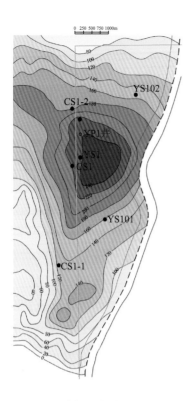

图 7-31　松南气田有效厚度图（2007）

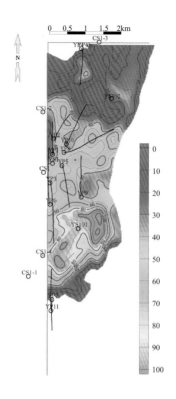

图 7-32　期次 3 有效厚度图（2015）

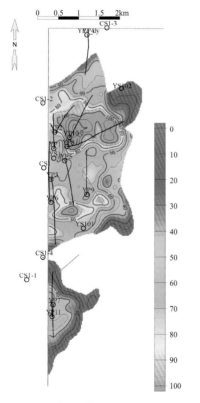

图 7-33　期次 2^3 有效厚度图（2015）

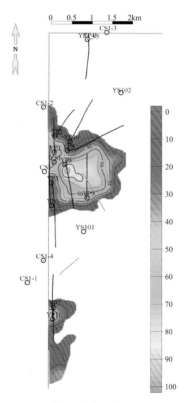

图 7-34　期次 2^{1+2} 有效厚度图（2015）

7.2.3 储量动用状况评价及潜力目标

应用气藏工程和数值模拟等方法研究气藏储量动用状况。一是采用动态法计算气藏动用储量，反推气井动用面积；二是采用数值模拟技术，通过生产历史拟合计算压力波及范围，分析气藏在平面和纵向上储量动用状况。

7.2.3.1 气藏工程方法

松南火山岩气藏动态监测资料丰富，当气藏采出程度达到10%以上时，采用物质平衡法计算气藏动态储量比较准确。

采用压降法分块计算 YS1 和 YP7 火山机构的动态储量分别为 $101.2 \times 10^8 m^3$ 和 $8 \times 10^8 m^3$，合计 $109.2 \times 10^8 m^3$。分井计算气田动态储量为 $152.92 \times 10^8 m^3$，由于单井压力波及范围存在重叠，单井动态储量之和大于区块动态储量。

选取 YS1 井建立单井模型（平面网格 20m×20m，纵向 36 层，总网格数 230400）进行数值模拟。井底流压与日产气量拟合效果较好，说明地质模型可靠程度较高，能够进行 YS1 井动态生产情况预测。

计算出不同 KH 比值与产量 Q 比值（表 7 - 3），进行线性回归（图 7 - 35），按各井分层的 KH 值劈分动态储量。

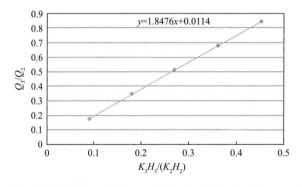

图 7 - 35　YS1 井 KH 比值与产量 Q 比值关系

根据单井分层储量动用情况，反推单井分层动用储量面积及控制半径。从计算结果看，期次 3 动用半径平均 400m 左右（图 7 - 36）；期次 2^3 和期次 2^{1+2} 动用半径 500m 左右（图 7 - 37 和图 7 - 38）。

通过单井动用面积叠合得到各旋回平面储量动用范围，并计算已动用储量。期次 3 动用面积 $3.14 km^2$，已动用储量 $18.25 \times 10^8 m^3$，未动用储量 $36.61 \times 10^8 m^3$（图 7 - 36）；期次 2^3 动用面积 $8.07 km^2$，已动用储量 $73.04 \times 10^8 m^3$，未动用储量 $14.19 \times 10^8 m^3$（图 7 - 37）。期次 2^{1+2} 动用面积 $1.98 km^2$，已动用储量 $5.48 \times 10^8 m^3$，未动用储量 $12.35 \times 10^8 m^3$（图 7 - 38）。

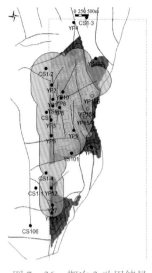

图 7 - 36　期次 3 动用储量
　　　　　　面积图

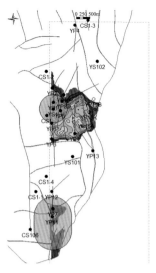

图 7 - 37　期次 2^3 动用储量
　　　　　　面积图

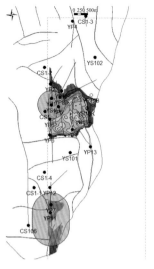

图 7 - 38　期次 2^{1+2} 动用储量
　　　　　　面积图

表 7 - 3　**YS1 井 KH 比值与产量 Q 比值数据表**

K_3/K_2	$K_3H_3/(K_2H_2)$	Q_3/Q_2
0.2	0.0902	0.1768173
0.4	0.1804	0.346
0.6	0.2706	0.5120482
0.8	0.3608	0.6776316
1	0.451	0.8442857

7.2.3.2　气藏数值模拟

火山岩储量动用由断层、裂缝及储层非均质性共同控制。在数值模拟过程中采用多模型结合的方法，断层模型考虑不同位置、不同规模断层的封挡性；裂缝模型以区内高角度开启缝的刻画为主。

1. 数值模型的建立

在地质模型的基础上，通过粗化处理，建立静态模型。平面网格 96m × 192m（网格步长 50m），纵向 18 层，总网格数 331776。松南气田平面上的 3 个火山机构不具有统一的气水界面，流体组分含量差异明显。数值模型包括储量分区、PVT 平衡区、相渗分区、压力分区。三维地质模型粗化后，信息丢失量少，能反映松南气田的地质特征。

2. 生产历史拟合

井数包括模拟区域内 24 口（包括矿权外 8 口）生产井，拟合时间为 2007 年 11 月 ～ 2016 年 5 月，8 年多生产历史。原则如下：

（1）以历史地层测试资料为主要依据；

（2）重点拟合见地层水的井，凝析水量不拟合；

（3）因开采最后一个阶段对剩余气储量影响较大，应重点进行拟合。

松南气田地质储量 $159.92 \times 10^8 m^3$，数值模型计算储量 $157.97 \times 10^8 m^3$，拟合误差 1.2%，储量拟合精度较高。

由于实测流压值较少，通过计算补充数据点，先根据井身结构、井轨迹、PVT 数据、IPR 曲线、管流模型建立单井井筒模型，然后用实测流压数据校正管流模型，最后利用气井油压、产气量、产水量、井口温度计算井底流压。在实际拟合流压时，参考试井解释有效渗透率调整参数，提高拟合精度（图 7 - 39）。

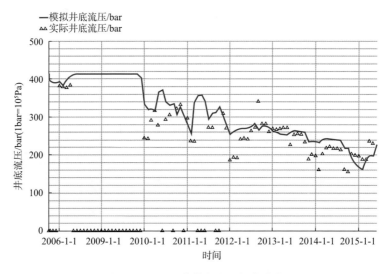

图 7 - 39　YS1 井井底流压拟合曲线

数值模型的压力值与实测静压值吻合度较好。气井采取定产降压工作制度，产气量拟合精度高。数值模型符合油气藏地质特征，可以进行生产动态预测。

3. 压力波及范围

随着气藏采出程度增加，地层压力波及范围也逐年增加，纵向上不同期次压力变化不大，平面上受断层分割影响，压力具有分块特征（图 7 - 40 ~ 图 7 - 42）。

期次 2^3 地层是松南气田主力生产层位，从历年压力波及情况来看，YS1 井区和 YP7 井区压力下降幅度明显，分别为 14.5MPa 和 10.9MPa。由于 YS102 井生产时间较短，压力下降幅度较小，为 8.5MPa。

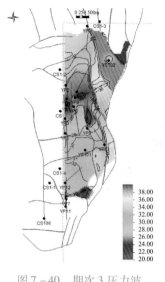
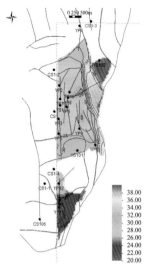
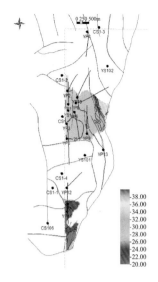

图 7 - 40　期次 3 压力波
及范围图

图 7 - 41　期次 2^3 压力波
及范围图

图 7 - 42　期次 2^{1+2} 压力波
及范围图

7.2.3.3　剩余储量类型

综合考虑剩余储量丰度、井网控制程度、构造、火山期次等多方面因素，将剩余储量
划分为三种类型。

（1）未动用或动用低的致密气层。未动用的致密气层主要分布在期次 3 南北构造两
翼，如 YS1 火山机构腰部、CS1-4 火山机构，且 YP9 井区井控程度低，剩余储量和储量丰
度较高（图 7 - 43）。

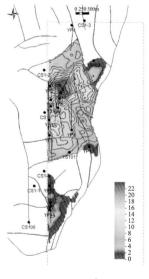
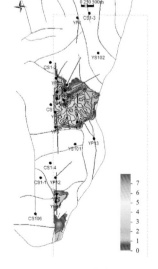

图 7 - 43　期次 3 剩余储量
分布图

图 7 - 44　期次 2^3 剩余储量
分布图

图 7 - 45　期次 2^{1+2} 剩余储量
分布图

（2）未控制喷溢相高渗储层。期次 2^{1+2} YP9 井区目前无井钻遇，剩余储量 $11.76 \times 10^8 \mathrm{m}^3$，但构造位置低，离气水界面较近（图 7 – 45）。

（3）主力气层井间滞留气及气井水淹引起的上部剩余气。气水界面的不均匀抬升，导致相邻水平井下部水锥或水脊之间存在剩余气区，同时气井水淹后其上部储量无法得到有效动用，同样会形成一系列剩余气富集区（图 7 – 44、图 7 – 46 和图 7 – 47）。

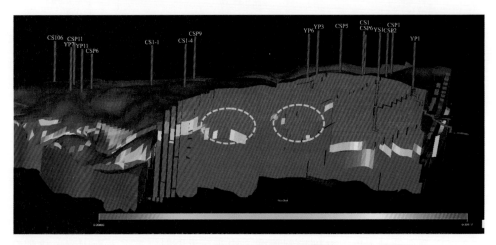

图 7 – 46　现今含气饱和度数值模型

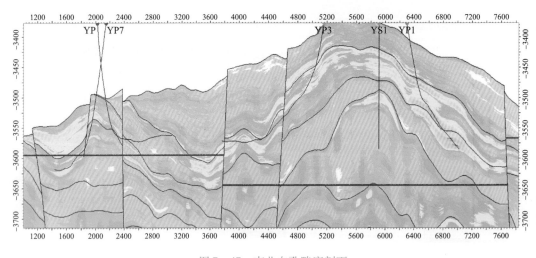

图 7 – 47　南北向孔隙度剖面

7.3　气藏挖潜方案

结合各期次剩余储量分布情况以及单井动用范围，分析气藏潜力，优选潜力目标，分批次开展井位部署与挖潜方案编制工作。

7.3.1 井位部署原则及实施顺序

在井位部署过程中，按照整体部署、效益优先、分批实施的原则，采用多功能、多层系兼顾开发井，逐级验证，实现松南气田立体、高效开发。

井位部署原则：

（1）挖潜目标储量达到经济界限以上；

（2）与生产井距离 500m 或有断层、非储层封隔；

（3）距离气水界面 50m 以上；

（4）已生产井控制区，不部署井位。

方案设计总井数 6 口，全部为水平井，分三批实施，动用储量 $40.15 \times 10^8 \text{m}^3$，单井配产 $(7 \sim 10) \times 10^4 \text{m}^3/\text{d}$，方案设计原料气产能 $1.65 \times 10^8 \text{m}^3$，工业气产能 $1.23 \times 10^8 \text{m}^3$（图 7-48）。

第一批井的部署针对主力气层井间滞留气及气井水淹引起的上部剩余气，兼顾评价致密凝灰岩气层开发潜力，2014 年实施了 YP2 井、YP5 井。

第二批井的部署针对未动用致密气层及期次 2^{1+2} 未控制高渗储层，2015 年实施了 YP12 井、YP13 井。

第三批井的部署针对构造腰部、动用程度低的剩余储量富集区，2016 年实施了 YP14 井、YP15 井。

7.3.2 新井合理产量预测

应用水平井无阻流量计算公式预测新井无阻流量，结合经验配产法确定新井合理配产，最终确定 YP5 井、YP2 井、YP12 井、YP13 井、YP14 井、YP15 井的合理配产分别为 $9 \times 10^4 \text{m}^3/\text{d}$、$7 \times 10^4 \text{m}^3/\text{d}$、$7 \times 10^4 \text{m}^3/\text{d}$、$7 \times 10^4 \text{m}^3/\text{d}$、$10 \times 10^4 \text{m}^3/\text{d}$、$10 \times 10^4 \text{m}^3/\text{d}$（表 7-4）。

表 7-4　松南气田新井合理产量预测表

井号	P_e/MPa	h/m	μ_g	Z	T/℃	L/m	n	γ_g	R_{ev}/m	K_h	S_h	Q_{AOF}/10^4m^3	预测合理产量/10^4m^3
YP5	27.23	44.00	0.032269	0.983826	130.19	400	1	0.7587	700	0.14	0.44	65	9.3
YP2	27.36	44.00	0.032269	0.9864	130.19	500	1	0.7587	700	0.081	0.44	49.5	7.1
YP12	27.56	44.00	0.032269	0.988293	130.19	616	1	0.7587	700	0.062	0.44	50.1	7.2
YP13	27.53	44.00	0.032269	0.988293	130.19	1100	1	0.7587	700	0.023	0.44	52.5	7.5
YP14	25.00	62.00	0.32269	0.930816	130.19	796	1	0.8677	700	0.051	0.44	59.12	9.9
YP15	25.00	50.00	0.032269	0.963719	130.19	830	1	0.8038	700	0.057	0.44	62.51	10.4

7.3.3 调整挖潜实施效果

通过实施 6 口调整井，新建工业气产能 $1.99 \times 10^8 \text{m}^3$，实现了气藏开发高速可控，采气速度由 3.7% 上升到 4.5%，动态储量增加 $15.3 \times 10^8 \text{m}^3$，采收率由 45.4% 提高至 62%。

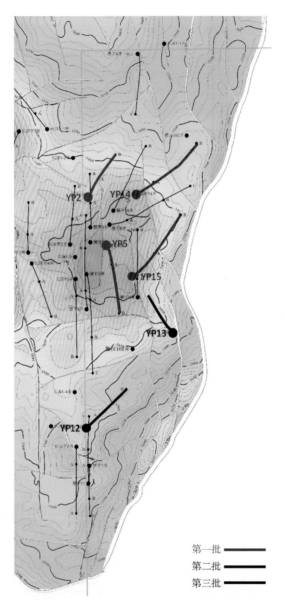

第一批 ━━━━
第二批 ━━━━
第三批 ━━━━

图 7 – 48　新井井位部署图

气水界面相对均匀推进，水气比基本稳定，气藏开发状态改善。

　　通过水平井综合挖潜及差异化的完井方式，随着气水界面上移，生产井、层同步上移，实现气藏全周期的控制动用，形成"三层楼"的立体式开发井网，可延长稳产期 3 ~ 5 年，气藏采收率提高到 65% 。

第8章 松南气田高效开发工程工艺

针对松南气田营城组火山岩抗压强度高、储层孔隙—喉道结构特殊等特点，进行了钻井提速提效技术和储层保护技术的研究，达到了高效破岩的目的，并在钻井过程中实现了对火山岩储层的有效保护。针对松南火山岩气藏储层岩性硬而脆、气层厚、裂缝发育、高含 CO_2 等突出特点，积极探索适合高含 CO_2 火山岩气藏的完井技术。在火山岩储层人工改造方面，进行了火山岩储层降滤控制技术、控缝高技术、降低破裂压力工艺技术、水力加砂压裂改造方式和施工参数优化等压裂技术的研究，在气田开发中取得了良好的效果。

8.1 火山岩钻完井配套工艺

火山岩高效破岩技术是在钻井过程中，高效破碎坚硬的火山岩并及时清理破碎岩石的技术，目的是达到优质、高效钻井。在钻井过程中，如果钻井参数和钻井液等因素处理不当，会对储层造成损害。火山岩储层保护技术研究内容包括损害机理研究、钻井液体系研究、完井过程储层保护等。

8.1.1 火山岩钻完井技术难点

（1）地层可钻性差，钻井机械钻速低，钻头选型难。松南火山岩埋藏较深，地层硬度高、研磨性强、可钻性差。火山岩硬度高达 5000MPa，抗压强度达到 300MPa 以上，可钻性极值高达 10 级以上，导致地层钻井机械钻速低，钻头单只进尺少，钻头选型难度大。

（2）钻井液漏失。火山岩储层在钻井和固井过程中，经常面临钻井液漏失的困扰。松南气田火山岩储层物性研究表明，营城组火山岩孔隙度 4.7% ~ 8.6%，平均为 7.47%，孔隙度峰值分布在 7% ~ 7.5% 之间；渗透率为 $(0.02 ~ 0.13) \times 10^{-3} \mu m^2$，平均渗透率为 $0.10 \times 10^{-3} \mu m^2$，渗透率峰值分布在 $(0.11 ~ 0.12) \times 10^{-3} \mu m^2$ 之间，属于低孔、特低渗型储层，钻井液漏失主要为火山岩中发育的大量宏观裂缝和微裂缝导致的。因此，如何在钻井和固井过程中，有效地暂时封堵火山岩中不同尺度的裂缝，预防钻井液漏失，又不致永久性堵塞这些裂缝，是松南气田火山岩钻井中面临的难点之一。

（3）储层污染。火山岩气藏属特低渗裂缝气藏，其基质渗透率低，天然裂缝是主要的渗流通道。火山岩蚀变后储层中存在含量较高的黏土矿物，主要为绿泥石、伊利石，也含有高岭石和伊蒙混层，存在潜在伤害因素。以往开发经验表明，火山岩气井中途测试显示储层受损害并不严重，但完井投产后产能可能很低，甚至完全丧失产能。如长岭断陷 CSX 井中途测试获得日产气 $46 \times 10^4 m^3$ 的高产气量，测试表皮系数为 76.3，但完井试气日产量仅为 $6.9 \times 10^4 m^3$，表皮系数增至 896。岩心敏感性评价实验结果表明，在火山岩钻井和完井投产过程中，压井液固相侵入微裂缝及漏失引起固相堵塞损害，压井液滤液侵入地层引起的水敏、水锁和碱敏损害，高价阳离子的滤液侵入储层引起的无机垢损害，以及工程因素引起的损害等是造成气井产能下降的主要原因。因此，储层保护技术是松南气田能否高效开发的关键因素之一。

（4）天然气组分中含 CO_2，易发生 CO_2 气侵。松南地区主要目的层为营城组火山岩气藏，已完钻井试气天然气组分中皆含有 CO_2，其中 YS1 井、YS2 井 CO_2 含量较高，达到 20% 以上，见表 8-1。YS102 井取心钻进至井深 3276~3278m 时发生 CO_2 气侵，污染钻井液，CO_2 浓度最高达到 20%，对钻井液性能造成严重影响，密度由 $1.29g/cm^3$ 降至 $1.21g/cm^3$，黏度下降，失水升高。3278~3403m 井段共起钻 5 次，每次下钻到底测后效均存在 CO_2 污染现象。YP1 井进入营城组后钻遇气层，发生 CO_2 气侵，气侵后，井底返出钻井液气侵最严重井段密度 $0.97g/cm^3$，漏斗黏度 129s，API 失水 7.2mL，泥饼十分虚厚。

表 8-1　YS1 井和 YS2 井天然气组分

井号	甲烷/%	乙烷/%	丙烷/%	正丁烷/%	异丁烷/%	氮气/%	二氧化碳/%
YS1	72.06	1.19	0.06	0.01	0.02	4.86	21.79
YS2	68.17	1.09	0.17	0.03	0.03	2.39	28.12

利用水平井进行火山岩气田开发在国内尚处于起步探索阶段，没有成熟的配套工艺。水平井开发火山岩气田主要的难点包括：①井眼轨迹控制。由于松南地区火山岩裂缝发育无规律，钻头受力不均，导致轨迹控制难度大。②完井方式优选。由于松南气田主力储层为孔隙—裂缝性气藏，为防止固井过程中对储层造成污染，需要对水平井段进行保护，完井方式优选裸眼完井或者筛管完井，由于气藏存在边水和底水，这两种完井方式对后期开发效果有很大影响。

8.1.2　火山岩钻完井配套工艺技术

8.1.2.1　完井方式的优选

1. 三种完井方式特点分析

目前，常用的完井方式主要有 6 种（表 8-2）。松南气田营城组火山岩为裂缝性气藏，岩性致密且硬而脆。针对火山岩的这些特点，松南气田所采用的完井方式有筛管完井、射孔完井和裸眼完井。

表 8 – 2　常用完井方式及适用条件

完井方式	适用油藏地质条件	适用工艺条件
裸眼完井	(1) 岩性坚硬、致密，井壁稳定、不坍塌的碳酸盐岩或砂岩等储层。 (2) 单一厚储层或不要求层段分隔的储层。 (3) 在有气顶、底水的条件下，无垂直裂缝或断层	(1) 长、中、短或极短半径的水平井。 (2) 非选择性生产。 (3) 不进行选择性增产、增注措施
割缝（或钻孔）衬管完井	(1) 井壁不稳定，有可能发生井眼坍塌的储层。 (2) 单一厚储层或不要求层段分隔的储层。 (3) 天然裂缝性碳酸盐岩或硬质砂岩储层。 (4) 岩性较为疏松的中、粗砂粒储层	(1) 长、中、短半径的水平井。 (2) 非选择性生产。 (3) 不进行选择性增产、增注措施
管外封隔器（ECP）及割缝（或钻孔）衬管完井	(1) 要求不用注水泥实施层段分隔的注水开发层。 (2) 井壁不稳定，有可能发生井眼坍塌的储层。 (3) 天然裂缝性或平面非均质的碳酸盐岩或硬质砂岩储层。 (4) 岩性较为疏松的中、粗砂粒储层	(1) 长、中、短半径的水平井。 (2) 选择性生产。 (3) 可进行选择性增产、增注措施，但不进行水力压裂作业
射孔完井	(1) 要求实施高度层段分隔的注水开发储层。 (2) 要求实施水力压裂作业的低渗透储层。 (3) 裂缝性砂岩储层	(1) 中、长半径的水平井。 (2) 选择性生产。 (3) 进行生产控制、生产检测和包括水力压裂在内的任何选择性增产、增注作业。 (4) 进行套管内预充填砾石绕丝筛管防砂完井或金属纤维筛管、烧结成形微孔筛管等防砂完井
裸眼预充填砾石筛管完井	(1) 岩性胶结疏松，出砂严重的中、粗、细粒砂岩储层。 (2) 不要求分隔层段的储层。 (3) 热采稠油油藏	(1) 中、长半径的水平井。 (2) 非选择性生产。 (3) 不进行选择性增产、增注措施
套管内预充填砾石完井	(1) 岩性胶结疏松、出砂严重的中、粗、细粒砂岩储层。 (2) 裂缝性砂岩储层。 (3) 热采稠油油藏	(1) 中、长半径的水平井。 (2) 选择性生产。 (3) 进行选择性增产、增注措施

（1）筛管完井。筛管完井指在目的层部位下筛管，其余部分下套管，在筛管以上的井段，管外注水泥封闭的完井方法（图 8 – 1）。对于松南气田深层火山岩，由于其岩性致密，裂缝发育，岩石脆性较高，为防止井壁坍塌，同时不影响气体渗流面积，宜采用筛管完井。

（2）射孔完井。射孔完井是目前国内外采用最广泛的一种完井方法，它又分为套管射孔完井和尾管射孔完井两种。射孔完井的优点为：①能有效封隔和支撑疏松、易塌地层；②可以进行包括大规模水力压裂在内的选择性增产措施作业，可以实施有效的生产控制，可以完全避免井段之间的相互干扰；③适合于多类气藏完井；④便于对油藏进行管理。射孔完井的缺点为：①注水泥和射孔的费用昂贵，工艺复杂；②出气面积小，完善程度低；③要求较高的射孔操作技术；④固井封固质量要求高，水泥浆可能损害气层。

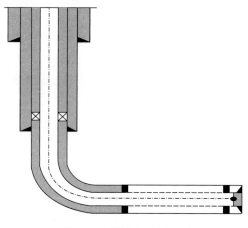

图 8-1　筛管完井示意图

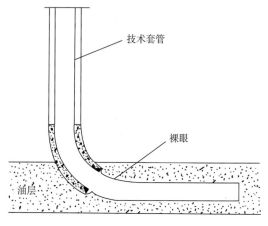

图 8-2　裸眼完井示意图

（3）裸眼完井。裸眼完井是最基本也是最简单、最便宜的完井方法，它是指在气层产气段不下任何管柱，使产层充分裸露的完井方法（图 8-2）。其优点为：①从设备费用角度考虑，花费最少；②产层完全裸露，天然气渗流面积大；③生产约束最少，天然气进入井筒的阻力小，不存在产量损失；④储层不受水泥浆的伤害；⑤允许在后期采取任何可能的完井方法；⑥气井完善系数高，完井周期短。缺点为：①由于没有井底设备，可能造成井眼垮塌，使得井段部分或全部报废；②增产措施效率低，大段酸化、压裂施工效率低，很难预测裸眼段的起裂位置；③生产控制差，不能完全避免层段之间的相互干扰，井段间窜流的可能性大；④修井和生产测井困难。

2. 完井方式的优选

主要从井壁稳定性、储层出水、地层出砂三个方面对完井方式进行优选。

（1）井壁稳定性分析。松南气田火山岩裂缝发育，易发生掉块、坍塌，造成井壁失稳，且已有多口井发生掉块卡钻事故，见表 8-3。YS301 井钻进至井深 3842.6m 时，振动筛面上突然返出大量掉块，经分析掉块层位为营城组，岩性为紫灰色角砾凝灰岩。

表 8-3　松南气田井壁稳定情况统计

井　号	井深/m	层　位	事故类型	损失时间/h
YS301	3842.6	营城组	掉快	3.83
YS301	4172.03	营城组	掉快卡钻	5
YS202	4200	营城组	掉快卡钻	83.5
YP10	4678	营城组	掉快卡钻	195

（2）储层出水分析。松南气田火山岩为发育边水、底水的块状气藏，发育多个气水界面，在气藏开采过程中，随着气藏压力下降，底水将会侵入气藏，使气井见水。

（3）地层出砂分析。辨别地层出砂有三种方法：声波时差法、组合模量法和现场观察法，声波时差法 Δt 在 $180 \sim 210 \mu s/m$ 之间，组合模量法 EC 在 $(3 \sim 8) \times 10^4 MPa$ 之间（图 8-3），表明地层不出砂；通过对松南地区前期完钻井进行测试，在生产过程中，井口及管柱未见砂。

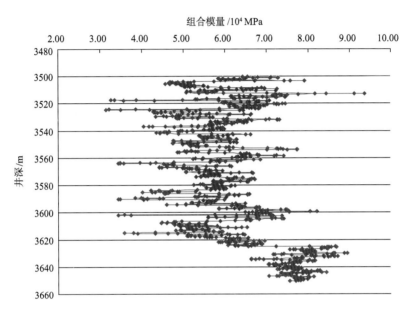

图 8-3　松南气田水平井组合模量和井深关系图

综合以上各因素，松南气田直井优选尾管射孔完井方式，水平井则根据不同井的情况进行具体分析，如气藏靠近边水、底水层，需要分层采气，优选尾管射孔完井，反之，优选筛管完井方式。

8.1.2.2　井身结构的优选

1. 井身结构设计原则

井身结构设计直接关系到钻井和油田开发的效益。根据本区块地层特点、地层压力情况及目前钻井工艺技术状况，参考已钻井实钻井身结构，依据有利于安全、优质、高效钻井和保护油气层的原则进行设计。

（1）能有效地保护油气层，使不同压力系统的油气层不受钻井液损害。

（2）能尽量避免井喷、井塌、卡钻，特别是井漏等复杂情况的发生，为全井快速、安全、优质、经济地钻井创造条件。

（3）能尽量减少施工技术难度，保障安全钻井。

（4）有利于提高钻井速度，缩短建井周期，达到较高的技术经济效益。

（5）满足采油工程的要求。

2. 井身结构设计依据

松南气田火山岩气藏压力系数为 1.16，为常压系统，无压力异常，地温梯度为 3.31℃/100m，属常温系统；已完钻直井除了 YS2 井四级井身结构外，其余直井都为三级井身结构；已完钻水平井全部采用三级井身结构，根据压裂施工的要求，对尾管进行回接。

1）破裂压力试验

YS1 井在井深 421m 时做地层破裂压力试验，二开破裂压力当量密度为 1.89g/cm³；在井深 3569m 时做地层破裂压力试验，三开破裂压力当量密度为 1.54g/cm³。

YS101 井在井深 415m 时做地层破裂压力试验，二开破裂压力当量密度为 1.72g/cm³；在井深 3303m 时做地层破裂压力试验，三开破裂压力当量密度为 1.79g/cm³。

2）井身结构设计参数

抽汲压力系数：0.04。

激动压力系数：0.04。

地层破裂安全增值：0.03g/cm³。

井涌条件允许值：0.05g/cm³。

正常压力压差卡钻临界值：12~15MPa。

异常压力压差卡钻临界值：15~20MPa。

3）井身结构设计

按照自上而下的设计方法，依据松南气田火山岩气藏无异常压力，借鉴本区已完钻井实际井身结构，考虑投资效益，确定本区井身结构设计思路：新部署直井及水平井采用三级常规井身结构，一开采用 Φ444.5mm 钻头×Φ339.7mm 套管，表层套管下至明水组中下部，封固上部松散地层；二开采用 Φ311.2mm 钻头×Φ244.5mm 套管，技术套管下至营城组顶部，确保将登娄库组及以上易坍塌地层全部封固，为下部火山岩实施近平衡或欠平衡钻井创造条件；三开采用 Φ215.9mm 钻头×Φ139.7mm 套管，并根据压裂施工要求，对尾管进行回接。

8.1.2.3 高效钻头优选

通过对松南地区深层钻头应用情况和钻头选型技术研究，结合高效破岩机理，优选出适合松南地区的钻井钻头。

1. 钻头应用情况

在松南火山岩气田开发初期阶段，为了探索深部地层钻进提速的途径，使用了多种型号的钻头，这些钻头既有江汉钻头股份有限公司的 HJT537GK、HJT617GL（H）、HJT637GH、HJT737GH 等 HJT 系列钻头，也有美国贝克休斯公司的 MXL-DS55DX、MXL-DS44DX 等 MXL 系列钻头，还有其他国内外的 PDC 钻头。各种类型钻头在该地区使用效果各有不同，但总体上提速效果不是很明显。

2. 钻头选型技术

钻头选型直接关系到提速效果，合理的钻头选型能不断提高机械钻速，还能充分利用钻头使用时间。在进行钻头选型时，必须结合某一地区的实际钻井情况，综合考虑待钻地层的抗压强度、内聚力等岩石力学参数及岩石可钻性级值，考虑的结构、构造、岩性等特性参数，此外还得考虑钻头的类型、齿形、布齿结构、尺寸因素等。对于牙轮钻头，还必须考虑轴承密封、牙齿镶嵌技术等；如果是 PDC 钻头，应根据地层情况选择钻头结构。

在松南地区，青山口以下地层由于埋藏深，沉积压实作用强，再加上火山作用的影响，使青山口以下地层可钻性级值增大，岩石抗压强度高。从泉二段开始，地层可钻性级值达到 4 级以上，到泉头组底部及登娄库组，砂泥岩地层可钻性级值达到 6～8 级，营城组地层可钻性级值甚至达到 8～12 级；在抗压强度方面，泉头组地层抗压强度达到近 90MPa，登娄库组地层抗压强度在 10～15MPa 围压下，一般达到 180～341MPa，营城组地层抗压强度达到 115～295MPa。这些地层岩石硬度大，可钻性级值高，研磨性强。

3. 高效破岩机理

为了改善松南气田火山岩破岩效率，进行了高效破岩机理研究。岩石的破碎方式有很多，按照岩石破碎机理可分为热力破岩、化学破岩及机械破岩等多种形式。松南气田钻井方式为机械破岩，机械破岩是通过机械方式，利用机械能量，通过冲击、剪切、磨蚀等方式破碎岩石。其破岩机理如图 8－4 所示。

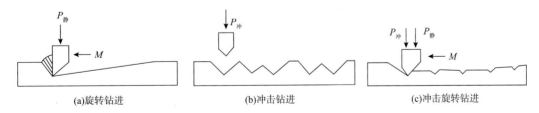

(a)旋转钻进　　　　　(b)冲击钻进　　　　　(c)冲击旋转钻进

图 8－4　旋转钻进、冲击钻进与冲击旋转钻进的碎岩比较示意图

$P_静$—轴向力；M—回转力；$P_冲$—冲击力

普通旋转钻进是通过旋转的方式剪切、磨蚀岩石，在钻具的旋转下，钻头处产生一横向的回转力，当这一回转力超过岩石的强度时，岩石产生破碎，转速越高，回转力越大。用 PDC 钻头完成的旋转钻进、复合钻进、涡轮钻进均属于这类钻进。当岩石强度非常高

时，从理论上说，必须产生足够大的回转力，让回转力大大超过岩石的强度，才能获得比较好的破碎效率。但是，如果岩石强度相当高，单凭高转速产生的高回转力来提高岩石的破碎效率是不够的，当回转力超过钻头固有的抗扭转力而低于岩石抗压强度时，钻头非但破碎不了岩石，自己反而遭到破坏。这类破岩方式由于主要是通过横向的剪切、磨蚀作用破碎岩石，在纵向上虽然也受到上部钻具压力作用，使钻头吃入地层，但纵向岩石破碎作用相对来说比较小，其对坚硬火山岩破碎效率低。

在松南气田，营城组火山岩地层可钻性级值达 8 ~ 12 级；在抗压强度方面，营城组地层抗压强度达到 115 ~ 295MPa。这些地层岩石硬度大，可钻性级值高，地层研磨性强。从机械破岩方式来看，要提高松南气田火山岩的破碎效率，必须在岩石破碎过程中产生横向的回转力的同时，产生纵向的冲击力，在横向及纵向上同时破碎岩石，从而达到立体破岩效果。因此，在营城组、火石岭组火山岩地层使用扭力冲击器可能会获得更好的破岩效率。该扭力冲击器利用水力学原理，在产生高频稳定冲击的同时产生较大的扭矩，驱动钻头既产生纵向的冲击使岩石产生裂纹，又产生横向的回转力提高岩石的剪切破岩效果，真正实现了立体破岩，从而大大提高岩石的破碎效率。

4. 碎屑岩地层高效 PDC 钻头优选

松南地区深部地层的特点为：一是可钻性级值高，碎屑岩地层可钻性级值为 5 ~ 8 级；二是地层研磨性强且含有砾岩，对钻头磨损破坏极大，钻头平均单只进尺少。因此，在进行钻头优选时，既要保证钻头牙齿对地层的有效切削，提高机械钻速，又要保证牙齿及保径的强度，延长钻头使用寿命。在不改变钻井方式的情况下，用 PDC 钻头替代牙轮钻头是提高机械钻速的最有效手段。而在硬地层中使用 PDC 钻头，关键问题在于 PDC 钻头的使用寿命长短，PDC 钻头使用寿命主要取决于金刚石复合片的质量，因此，选用 PDC 钻头的关键在于 PDC 钻头是否拥有高质量的金刚石复合片。经过大量的研究、试验和筛选，优选出了适合于松南地区碎屑岩地层的国产高效 PDC 钻头，并采用复合钻井技术，将机械钻速提高了 265%，单只钻头进尺达到牙轮钻头的 5 ~ 8 倍，见表 8 - 4。

表 8 - 4 松南地区深部碎屑岩部分高效 PDC 钻头应用情况表

井号	型号	地层	井段/m	进尺/m	纯钻/d	机械钻速/(m/h)	单只进尺/m	备注
YP12	S1952FC	青山口	396.5 ~ 2266.36	1869.86	85	22.0	1869.86	1 只
YP13	M1951DB	青山口	403 ~ 2380	1977	91	21.73	1977	1 只
平均					88	21.86	1923.43	
YP5	S1665FGA	泉头组	2177 ~ 2815	638	152.67	4.18	638	1 只

井号	型号	地层	井段/m	进尺/m	纯钻/d	机械钻速/ (m/h)	单只进尺/ m	备注
YP5	M1675RJ	泉头组	2590~3200	610	207.5	2.94	610	1只
YP12	SKH616D	泉头组	2645~3061.75	416.75	64.5	6.46	416.75	1只
平均					141.56	3.91	554.92	
YP13	E1288-A2	登娄库	3311~3604	293	86	3.40	293	1只
平均					86	3.40	293	

5. 火山岩地层高效钻头优选

火山岩地层可钻性较差,可钻性级值达到10级以上,且含有大量火山角砾岩,因此,火山岩钻头优选主要从牙轮钻头优选入手,要求钻头牙齿及保径材料具有较高的耐磨性和抗冲击能力,从而延长钻头使用寿命,提高机械钻速。通过与国内外众多厂家合作,经过大量的试验和筛选,优选出了适合于松南地区火山岩地层的高效钻头,其中贝克休斯、史密斯牙轮钻头均取得较好技术指标,并配合螺杆钻具,机械钻速比常规牙轮钻头钻速提高88%,单只进尺达到常规牙轮钻头的2~3倍,见表8-5。

表8-5 松南地区火山岩部分高效钻头应用情况表

井号	型号	地层	井段/m	进尺/m	纯钻/d	机械钻速/ (m/h)	单只进尺/ m	备注
YP2	GF150YOD1RD	营城组	4184~4317	133	57.75	2.30	133	1只
YP5	HM5163	营城组	4186~4571.5	384.27	168.4	2.28	128.09	3只
YP6	MXL-DS55DX2	营城组	3945~4335	313	120.66	2.59	104.33	3只
YP6	GFi50YOD1VRD	营城组	4412~4925	513	178.33	2.88	128.25	4只
YP12	GFi50Y、GFi48	营城组	4027.46~4309	281.54	110.5	2.55	140.77	2只
平均				324.96	48.90	2.56	124.98	

8.1.2.4 储层保护技术

通过对钻井液体系的流变性、失水造壁性、抗高温稳定性、抑制性、抗污染性、润滑性、对储层的损害程度等各方面进行实验研究,确定出聚合醇防水锁钻井液完井液体系,其对储层伤害低,适合松南深层火山岩储层,在生产中对储层起到了保护作用。

松南深层火山岩主要有流纹岩、凝灰熔岩和火山碎屑岩等,储集空间由孔隙与裂缝构成。储层计算的裂缝孔隙度数值小,仅为0.02%~0.17%,对储集空间贡献较小,主要影响储层的渗透性。营城组火山岩孔隙度中等,为0.5%~28.3%,平均值为7.44%,基质渗透率较低，主要分布在 $(0.01 \sim 0.02) \times 10^{-3} \mu m^2$ 之间，孔喉平均半径小，基本分布在 $0.06 \sim 0.11 \mu m$ 之间。

在释放地应力后，营城组火山岩裂缝以直立缝和网状缝交错为主，缝长 $1 \sim 3m$ 不等，缝宽主要在 $0.1 \sim 5mm$ 之间。根据 FMI 成像测井解释的原始地应力下的裂缝主频宽度在 $28 \sim 38 \mu m$ 之间，可作为储保剂粒子大小选择的主要依据。

火山岩黏土矿物 X 衍射定量分析表明，伊利石（平均 31.38%）、绿泥石（平均 42%）含量较高，可能存在不同程度的酸敏。火山岩岩心流体敏感性分析结果表现为弱速敏、弱水敏、无盐敏和碱敏、极强酸敏（裂缝岩心酸化后渗透率明显增大），应力敏感性中等偏弱，多数岩样渗透率应力滞后效应强，见表 8-6。

表 8-6　致密火山岩储层流体敏感性综合评价表

层位	黏土微结构	黏土矿物	流体敏感性程度				
	主要类型	组合	速敏	水敏	盐敏	碱敏	应力敏
营城组	复片支架状假蜂窝状	K-Ch-I	★	★	/	/	★★

注：/—无；★—弱；★★—中等。

1. 固相对储层的损害评价

欠平衡钻井过程中的瞬时正压差及过平衡钻井均会发生严重的固相侵入损害。固相侵入损害主要发生在钻井、固井、射孔和压裂过程中。入井流体含有有用颗粒，如钻井完井液中的黏土、加重剂和桥堵剂等，以及有害固相，如钻井完井液中的钻屑和注入流体中的固相杂质。当井眼中液柱压力大于气层孔隙压力时，固相颗粒就会随流体一起进入气层，在井眼周围沉积下来，从而缩小油气层流道尺寸，甚至完全堵死油气层。图 8-5 为侵入天然缝泥浆固相的显微结构。

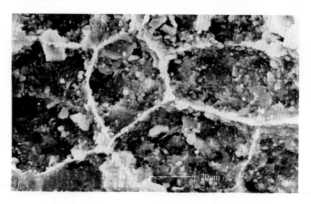

图 8-5　侵入天然缝泥浆固相显微结构

为评价这些固相对储层的损害，参照《储层敏感性流动实验方法》（SY/T 5358—2002）和《钻井液完井液损害油层室内评价方法》（SY/T 6540—2002），进行了储层损害实验评价，实验压差 3.5MPa，围压 5MPa，工作液循环时间 1h，返排压差为 4MPa，结果见表 8-7。

表 8-7 固相侵入对储层损害评价实验数据表

岩心号	层位	$K_0/$ $10^{-3}\mu m^2$	$K_{w1}/$ $10^{-3}\mu m^2$	损害率/ %	$K_{w2}/$ $10^{-3}\mu m^2$	恢复率/ %	备注	固相类型
YS2-4$\frac{26}{39}$-5	K_1yc	0.0648	0.0297	54.14	0.0362	55.91	基块	4%水化膨润土
YS201-6$\frac{4}{18}$-1	K_1yc	0.4452	0.2048	55.00	0.2731	60.00	裂缝	
YS201-6$\frac{12}{16}$-2	K_1yc	0.0196	0.0141	28.00	0.0152	77.59	基块	4%重晶石
YS201-6$\frac{4}{16}$-2	K_1yc	0.1345	0.1076	20.00	0.1133	84.21	裂缝	
YS201-6$\frac{4}{16}$-1	K_1yc	0.0252	0.0211	16.52	0.0215	85.33	基块	4%超细碳酸钙
YS2-4$\frac{26}{39}$-3	K_1yc	0.1966	0.1608	18.18	0.1734	88.28	裂缝	
YS201-6$\frac{4}{16}$-3	K_1yc	0.0314	0.0181	42.31	0.0214	68.18	基块	4%岩屑（140目）
YS2-4$\frac{26}{39}$-5	K_1yc	0.2097	0.1361	35.13	0.1506	71.82	裂缝	

注：岩心裂缝为人造裂缝；K_0 为岩心原始渗透率，K_{w1} 为固相损害后渗透率，K_{w2} 为返排后渗透率。

由表 8-7 中实验数据可以看出，在钻井液完井液中的固相中，膨润土对储层的损害最大，储层渗透率恢复率只能达到 50%，其次是岩屑粉末，重晶石和超细碳酸钙损害相对较小，储层渗透率恢复率可以达到 80% 以上（图 8-6）。这是由于松南火山岩储层的平均喉道半径一般在 0.11μm 之下，在水化的膨润土和岩屑中，就有很多的颗粒与地下裂缝宽度分布相匹配，对储层造成伤害，而泥浆中重晶石和碳酸钙粒径一般大于 20μm，损害相对较小，且碳酸钙可以进一步酸洗，有利于储层原始渗透率的恢复。

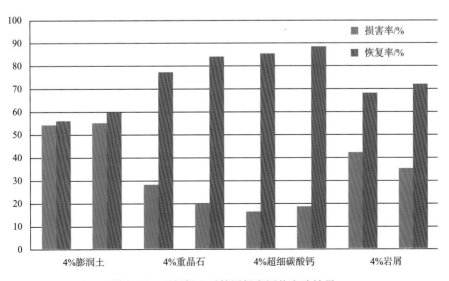

图 8-6 固相侵入对储层损害评价实验结果

裂缝发育时，情况变得复杂，当钻井完井液中的固相粒子分布与地下裂缝宽度分布不相匹配时，固相及滤液则长驱直入，不仅将裂缝堵塞，而且裂缝壁两侧还可形成类似井壁处的内、外泥饼，固相颗粒堵塞裂缝，裂缝在应力作用下的闭合规律也将发生变化。滤液侵入裂缝被基块吸收，使裂缝两侧的含水饱和度急剧增加，并导致一切与滤液侵入有关的损害发生，如水敏、碱敏、水相圈闭等。

钻井液中的固相以及钻井液本身均对储层造成不同程度的损害，作用的时间越长、正压差越大，钻井液对储层的损害就越强。

2. 现用钻井液（两性离子聚磺防塌钻井液）滤液对储层损害评价

气藏开发过程中，由于温度、压力的下降，气体中凝析水在近井地带内的析出，导致近井地带储层含水饱和度增加，形成水相圈闭，气相渗透率降低。致密储层的喉道主要呈管束状、弯片状，这类喉道具有喉道半径小、喉道面大，毛细管和管面均易于吸附外来流体。在钻井等作业过程中，使用水基工作液时，存在强烈的水相圈闭损害趋势。

为了评价钻井液滤液水相圈闭的损害性，实验采用的流体为钻井液滤液。钻井液在150℃老化后，通过中压失水仪收集钻井液滤液。实验结果见表8－8。

表8－8　钻井液滤液水相圈闭损害评价表

岩心号	层位	项目	K_0	K_{w1}	K_{w2}	K_∞
YS2 – 4$\frac{6}{12}$ – 2	K$_1$yc	$K/10^{-3}\mu m^2$	0.1597	0.0186	0.0991	0.1769
		损害程度/%	/	88.37%	37.94%	10.73%
YS2 – 4$\frac{6}{16}$ – 5	K$_1$yc	$K/10^{-3}\mu m^2$	0.5507	0.0234	0.3021	0.5863
		损害程度/%	/	95.74%	45.14%	6.46%
YS201 – 8$\frac{12}{28}$ – 4	K$_1$yc	$K/10^{-3}\mu m^2$	0.0141	0.0012	0.0046	0.0115
		损害程度/%	/	91.58%	67.52%	18.17%
YS201 – 8$\frac{12}{28}$ – 1	K$_1$yc	$K/10^{-3}\mu m^2$	0.0100	0.0011	0.0039	0.0084
		损害程度/%	/	89.10%	71.14%	15.99%

注：K_0为用氮气测定原始岩心（基块）气测渗透率；K_{w1}为用氮气测定损害后岩心气测渗透率；K_{w2}为用4MPa压差、气体返排2h后，用氮气测定返排后岩心气测渗透率；K_∞为将岩心在120℃下烘烤24h，然后在干燥器中冷却至室温，用氮气测定岩心气测渗透率。

由表8－8中实验数据可以看出，液体对气藏具有极强的水相圈闭损害，最高达到了95.74%。经过气体返排后，渗透率有一定的恢复，但总体损害还是很大，最小为37.94%，最大达到71.14%。将岩心烘干后，渗透率都基本恢复，但对特别致密，渗透率很低的气藏，水锁较严重，还是具有一定的损害。由此可以看出，松南气田火山岩储层水相圈闭损害不容忽视，因此使用的钻井液完井液要尽量降低失水，减少对储层的损害。

3. 现有钻井液体系对储层的动态损害评价

在钻井完井作业中，钻井完井液通常将不可避免地要与产层接触，并产生各种物理化学作用，使产层受到不同程度的损害。由于钻井完井液的组成比较复杂，对储层的伤害是多种多样的，也是比较复杂的。钻井完井液对储层的损害主要取决于储层的类型、储层的特征、钻井完井液的体系及组成。不同的钻井完井液对同一储层的损害机理不同，同一钻井完井液对不同储层的损害机理也不相同。尽管钻井完井液的组分较多。但通常将其分解为水、碱、处理剂及固相颗粒四个部分来考虑。选取储层的天然岩心，分别对基块和人造裂缝进行钻井完井液体系的动态损害评价实验，分别评价压差、时间对钻井液损害程度的影响。

1）压差对钻井液损害程度的影响

选用储层岩心，采用 1.5MPa、2.5MPa、3.5MPa、4.0MPa 四个不同的压差在剪切速率（$150s^{-1}$）和损害时间（1h）相同的条件下，在高温高压岩心动态污染装置上进行压差对损害程度的影响实验评价，实验结果见表 8-9。

表 8-9　压差对钻井液损害程度的影响表

岩心号	层位	$K_0/$ $10^{-3}\mu m^2$	$K_{w1}/$ $10^{-3}\mu m^2$	损害率/ %	$K_{w2}/$ $10^{-3}\mu m^2$	恢复率/ %	备注	损害压差/MPa
YS201－5$\frac{4}{11}$－1	K_1yc	0.0041	0.0029	29.15	0.0030	73.33	基块	1.5
YS102－5$\frac{58}{65}$－1	K_1yc	0.1771	0.1343	24.17	0.1465	82.73	裂缝	
YS102－5$\frac{57}{65}$－1	K_1yc	0.0074	0.0042	43.85	0.0045	60.87	基块	2.5
YS102－5$\frac{58}{65}$－2	K_1yc	0.1678	0.1051	37.29	0.1124	66.98	裂缝	
YS2－4$\frac{26}{39}$－2	K_1yc	0.0383	0.0184	51.83	0.0229	59.92	基块	3.5
YS201－6$\frac{3}{16}$－4	K_1yc	0.2708	0.1511	44.21	0.1741	64.29	裂缝	
YS201－5$\frac{4}{11}$－2	K_1yc	0.0268	0.0120	55.14	0.0126	47.10	基块	4.0
YS102－5$\frac{58}{65}$－3	K_1yc	0.1208	0.0636	47.37	0.0711	58.82	裂缝	

注：返排时使用压差是在对应的损害压差基础上增加 0.5MPa。

由实验数据可知，压差越大，钻井液对储层的损害越严重，压差为 2.5MPa 时，损害程度为中等，压差为 4.0MPa 时，损害程度为强。这是因为压差是钻井液中液相和固相进入储层的动力，压差越大，在其他因素相同的条件下，钻井液中的液相和固相进入储层的量越多，侵入深度越远，因此造成的损害也就越严重。比较压差对基块和裂缝损害情况，同时也可以看出压差对裂缝的影响均要大于对应的基块。

2）时间对钻井液损害程度的影响

选取储层岩心，采用 0.5h、1h、2h、4h 四个不同的时间在压差（3.5MPa）和剪切速率（$150s^{-1}$）相同的条件下，在高温高压岩心动态污染装置上进行时间对两性离子聚磺钻井液损害程度的影响实验研究，实验结果见表 8 – 10。

表 8 – 10　时间对钻井液损害程度的影响表

岩心号	层位	$K_0/$ $10^{-3}\mu m^2$	$K_{w1}/$ $10^{-3}\mu m^2$	损害率/ %	$K_{w2}/$ $10^{-3}\mu m^2$	恢复率/ %	备注	损害 时间/h
YS102 – 7$\frac{26}{39}$ – 2	K_1yc	0.0075	0.0045	39.67	0.0048	63.45	基块	0.5
YS102 – 5$\frac{57}{65}$ – 1	K_1yc	0.4978	0.3165	36.42	0.3414	68.57	裂缝	
YS2 – 4$\frac{26}{39}$ – 2	K_1yc	0.0383	0.0184	51.83	0.0229	59.92	基块	1
YS201 – 6$\frac{3}{16}$ – 4	K_1yc	0.2708	0.1511	44.21	0.1741	64.29	裂缝	
YS2 – 4$\frac{26}{39}$ – 1	K_1yc	0.0065	0.0021	67.21	0.0022	34.58	基块	2
YS102 – 5$\frac{57}{65}$ – 2	K_1yc	0.3407	0.1325	61.11	0.1445	42.42	裂缝	
YS102 – 7$\frac{26}{39}$ – 1	K_1yc	0.0077	0.0016	79.02	0.0018	23.35	基块	4
YS102 – 5$\frac{57}{65}$ – 3	K_1yc	0.7823	0.1648	78.94	0.1795	22.95	裂缝	

注：岩心裂缝为人造裂缝；恢复时采用压差为 4MPa。

由实验数据可知，随着时间的延长，钻井液对储层的损害越来越严重，且岩心的恢复率逐渐减小，这是因为在其他状态相同的条件下，时间越长，钻井液中的固相和液相进入储层的量越多，侵入深度越远，因此造成的损害也就越严重。时间是造成储层损害加大的重要影响因素。

4. 聚合醇防水锁钻井液完井液体系

通过火山岩储层损害机理研究，确定储层潜在损害因素。钻井完井液引起水锁伤害，液相在气藏中聚集或滞留是造成气层损害的主要因素。火山岩储层应力敏感性中等，但多数岩样渗透率应力滞后效应强，且低渗气层的高压力敏感滞后效应更强。裂隙的不均质性是固相损害对储层的潜在伤害因素。

采用人造天然裂缝岩心，根据应力敏感性实验研究确定有效压力下裂缝宽度范围，再模拟储层温度，进行不同裂缝宽度气层损害机理实验，实验数据见表 8 – 11。

表 8 – 11　外来流体对裂缝性气层损害实验表

样　号	C10-9-1	A9-1	C11-9-2	E32-1	55-1	C11-1-2
气体渗透率/$10^{-3}\mu m^2$	0.792	1.150	52.74	79.08	334.1	523.8
缝长/cm	2.5	1.89	2.1	2.5	2.35	2.4
缝宽/μm	1.89	2.55	16.72	18.94	50.79	70.12
原始渗透率/$10^{-3}\mu m^2$	0.205	0.247	4.15	6.253	96.53	224.8

样　号	C10-9-1	A9-1	C11-9-2	E32-1	55-1	C11-1-2
水锁损害/%	20.54	17.94	11.61	8.66	7.61	4.67
水敏损害/%	8.76	5.97	6.32	4.87	5.13	3.55
滤液损害/%	9.71	6.90	6.04	4.48	4.50	3.68
综合损害/%	38.02	31.07	58.89	53.97	80.47	89.17
固侵/cm	0	0	0.8	3.3	5.2	10.6

实验表明，由于储层发育裂缝，渗透率低，储层水锁损害严重，通过加入防水锁材料来改善钻井液滤液的性质，减轻气藏中的水锁伤害。

同时，气藏水体发育，要充分考虑边水、底水影响。加入聚合醇可以降低液相表面张力，防止液相在气藏通道聚集或滞留。

针对松南地区火山岩储层受水锁、固相损害强等特点，采用聚合醇防水锁钻井液体系，该体系在防塌、润滑、稳定井壁方面表现出较好的优越性，能够解决低压欠平衡条件下的井壁稳定问题，在抑制水敏性地层中的黏土分散，防止水敏、水锁造成的油气层污染等方面具有独特效果。聚合醇吸附在泥饼和地层孔隙中形成一层疏水的油膜，阻碍了钻井液滤液对地层的损害；聚合醇在浊点之上具有憎水亲油特性，因而在油井求产时能够实现油溶解堵，由于聚合醇具有生物降解能力，封堵储层孔隙的聚合醇即使遇不到原油也会在一定时间内自动降解而解堵，从而达到保护油气层的作用（表8-12）。

表8-12　聚合醇防水锁钻井液体系评价表

岩样编号	$K_w/$ $10^{-3} \mu m^2$	钻井液配方	$K_o/$ $10^{-3} \mu m^2$	$K_o'/$ $10^{-3} \mu m^2$	$K_{恢}/$ %	返排压差/ MPa
YS-1	407	基浆	350	58	25	1.25
YS-2	476	基浆+4%样品	373	349	91.3	0.69

聚合醇防水锁钻井液性能相对于油基钻井液体系易于控制，有利于气液分离，缩短钻井液配制时间，减少气井的施工风险，降低使用成本。同时，在油气层保护方面具有较好的普适性，储层保护效果明显，能够适应复杂地质体探井的油气层保护要求，在抑制水敏性地层中的黏土分散，防止水敏、水锁造成的油气层污染等方面具有独特效果。在进行欠平衡钻进时，体系中除了加足抗高温材料SMP-Ⅱ、JS-9和SF-1外，用磺化沥青粉、磺化褐煤、固体润滑剂辅配聚合醇提高体系的防塌润滑能力。聚合醇防水锁钻井液体系钻出的岩屑成形，棱角分明，内部是干的，易于清除，既有利于地质录井，又能充分发挥固控设备的效率，取到了安全、快速和准确的效果，保证了顺利钻进生产，确保了电测施工和完井作业的顺利完成（表8-13）。

表 8 – 13　聚合醇防水锁钻井液体系应用效果统计表

井号	YS101	YS102	YS2	YN1	YS201	YS202
测试表皮系数（层位）	– 2.29（K_1yc132） – 0.14（K_1yc134）	3.29（3773.5 ~ 3792.0m） 0.10（3487.6 ~ 3508.6m）	– 0.143（K_1yc6 – 11） 0.53（3894 ~ 4200m） – 2.79（K_1yc77）	– 5.02（K_1yc） – 2.79 K_1yc72 – 73	0.53（3894 ~ 4200m）	– 2.02（3820.4 ~ 3835.2m） – 0.92（3719.6 ~ 3733.8m）
井号	YS4	LS1	SS1	YS3	YS301	YS6
测试表皮系数（层位）	– 1（4155.5 ~ 4160m）	– 0.376（K_1yc11 – 12） – 1（K_1yc6）	13.9（K_1yc28 – 29）	4.71（3585 ~ 3610m）	5（3771.5 ~ 3835.2m）	– 2（3864 ~ 3887m）

8.1.2.5　防漏失

1. 漏层特征及漏失原因

工区钻井完井作业发生井漏的主要类型可分为以下几种：

（1）天然裂缝及孔隙漏失。当钻井液液柱压力大于渗透层流体压力时，就可发生井漏。其漏失程度决定于钻井液液柱压力与渗透层压力之间的差值大小和井壁上是否有泥饼形成，只有当压差足够大而又不能形成泥饼时才发生钻井液的漏失。这种情况在纵向上漏失范围不大，仅局限于渗透层的厚度，但在径向上却可能延伸很远，在低压的裂缝地层及砂岩地层中很容易发生这种漏失。

（2）诱导裂缝漏失。在井下地层中常常遇到三种诱导裂缝。①钻具振动缝：钻井过程中由于钻具振动而在脆性地层中产生的裂缝，其张开度和径向延伸都很微小，一般不会引起钻井流体的漏失。②应力释放缝：在裂缝发育段，古构造应力多被释放，保存的应力很小，而且现代构造应力在充满流体的裂缝段处也将剧烈衰减，因此在裂缝段的构造应力是很小的，其应力的非平衡性也必然微弱；而在致密岩层段的古构造应力却未得到释放，加之现代构造应力在致密岩石中不易衰减，因而其间存在着巨大的地应力。当这种地层被钻开时，其间的地应力得以释放，从而导致了裂缝的产生，这称为应力释放裂缝。这种裂缝在成像测井图上表现为一组接近平行的高角度裂缝，裂缝面较平直，裂缝宽窄较均匀，无任何溶蚀扩大现象，径向延伸也较小。因此，该类裂缝一般不会引起严重的钻井液的漏失。③诱导压裂缝（应力敏感缝）：高密度钻井液与地应力不平衡造成的诱导压裂缝，即当诱导的张性应力超过岩石抗张强度时发生的压裂缝。它们的径向延伸虽然不像天然裂缝那么远，但在纵向上却常有很大的穿层长度，且其张开度较大，因而可能造成钻井液的严重漏失。在钻井漏失过程中，这类裂缝漏失比较常见。井壁压裂缝具有三个基本特征：一是井壁压裂缝主要为一条垂直张性缝，并在两旁伴有两组高角度的共轭剪切缝；二是张性压裂缝的走向总是与最大主应力方向平行；三是裂缝的径向延伸不大，但纵向延伸穿层却可能很大。

2. 堵漏材料粒径配比的确定

关于桥接堵漏材料的粒径配比，国内外学者提出了许多理论，20 世纪 70 年代后期，Abrams 针对保护油气层的钻井液首次提出了著名的"1/3 架桥规则"。他认为，桥堵颗粒的平均粒径应等于或略大于地层平均孔喉尺寸的 1/3，并且桥堵颗粒的体积分数至少在 5% 以上。例如，对于平均孔喉尺寸为 150μm 的地层，按照该规则，桥堵颗粒的粒径应为 50μm 或略大一些。虽然，该规则一直是选择桥堵颗粒粒径和浓度的基本指导方法，但它只说明了能够起到架桥作用的平均粒径值，而没有对粒径分布进行优化，以达到最佳封堵效果。

20 世纪 90 代初，罗平亚、罗向东等在"1/3 架桥规则"基础上提出了"2/3 架桥规则"。他们认为，桥堵颗粒的平均粒径应为地层平均孔喉尺寸的 1/2 ~ 2/3，从而比"1/3 架桥规则"更为精确一些。随后，在此基础上，他们又提出了屏蔽暂堵技术。他们认为，暂堵颗粒应由起桥堵作用的刚性颗粒和起充填作用的可变形粒子及软化粒子组成。刚性颗粒通常使用不同粒度分布的碳酸钙；可变形粒子常用油溶性树脂；软化粒子常用石蜡和磺化沥青等。进一步研究表明，当架桥颗粒平均粒径等于储层孔隙平均直径的 2/3，软化粒子和充填粒子的粒径等于储层孔隙平均直径的 1/4 ~ 1/3 时，暂堵效果最佳且最稳定，并指出应按"3% 刚性粒子 + 1.5% 充填粒子 + 1% ~ 2% 软化粒子"的规则，来确定各暂堵剂比例。

在借鉴国外最新研究成果的基础上，根据理想充填理论和 d_{90} 规则，中国石油大学（北京）鄢捷年教授建立了暂堵剂颗粒尺寸优选新方法，基本操作程序如下：

（1）选用具有代表性岩样进行铸体薄片分析或压汞实验，测出储层最大孔喉直径（即 d_{90}）。d_{90} 也可从孔喉尺寸累计分布曲线上算出。

（2）在暂堵剂颗粒"累计体积—$\sqrt{d}$"坐标图上，将 d_{90} 与原点之间的连线作为该储层的"油保基线"。例如，某储层最大孔喉直径为 133μm，则 $\sqrt{d_{90}}$ 据此可绘制出这条基线，优化设计的暂堵剂颗粒粒径的累计分布曲线越接近于基线，则颗粒的堆积效率越高，所形成泥饼的暂堵效果越好。

（3）若无法得到最大孔喉直径（如探井），则可用储层渗透率上限值进行估算，即 $k_{max}^{1/2} \approx d_{90}$。若已知储层平均渗透率，可先确定 d_{50}，即 $k_{平均}^{1/2} \approx d_{50}$。然后，将 $d_{50}^{1/2}$ 与坐标原点的连线延长，可外推出 d_{90}。

根据公式确定不同裂缝和孔隙漏失的粒径配比，按此要求将各种不同粒径的材料加入堵漏浆中，封堵裂缝。利用分布规律计算出的只是不同粒径材料的体积比，实际应用时要按体积比来确定不同粒径材料的用量，根据堵漏材料的总加量，计算出了封堵1mm、2mm、3mm、4mm、5mm裂缝所需要的不同粒径材料的体积配比（表8-14）。

$$V_1 = \frac{\lg(S/K/W)}{\lg(S_{min}/K/W)}V_t \quad\quad (8-1)$$

式中　V_1——留于S尺寸筛上的颗粒体积，%；

　　　V_t——留于S_{min}尺寸筛上的颗粒总体积，%；

　　　S_{min}——所用最大目数筛尺寸，mm；

　　　K——常数，一般取$1.1 \sim 1.2$；

　　　W——需要封堵的裂缝宽度，mm。

表8-14　最小粒径为100目的粒径组成与配比

序号	裂缝宽度/mm	不同粒径材料所占体积比/%								
		4目	5目	6目	10目	20目	40目	60目	80目	100目
1	1					4.6	41.5	25.7	15.9	12.2
2	2				3.5	25.2	31.1	19.3	11.9	9.1
3	3			2.2	15.9	26.4	21.3	16.3	10.1	7.7
4	4		2.8	5.1	15.0	24.8	20.1	15.4	9.5	7.3
5	5	4.0	4.7	4.8	14.1	23.3	18.9	14.5	8.9	6.8

在进行室内实验时，当采用分布规律确定堵漏材料的级配时，由于实验仪器与地层实际情况存在差别，必须有5%的大颗粒材料大于或等于所封堵的人造裂缝的尺寸，其他小颗粒的材料按分布规律计算的结果进行复配，就可以达到较好的封堵效果。

8.1.2.6　水平井轨迹控制技术

1. 井眼轨迹优化

松南地区上部碎屑岩和下部火山岩地层的造斜率有一定差异，同时储层非均质性强，深度预测有时存在一定误差，在钻井过程中需要根据储层的变化及时调整着陆点。如采用"直—增—稳—增"四段制剖面到着陆点时井斜角达到90°左右，此时如果储层变化需要调整着陆点，调整段只有$2 \sim 3$m，很难实现地质中靶。若采用"直—增—稳—增—平"五段制剖面到着陆点时井斜角达到85°左右，此时如果储层变化需要调整着陆点，基本能有30m左右的调整段，可以对着陆点进行调整以实现地质中靶。

第一稳斜段可解决上直井段和第一次造斜后实际井眼轨迹与设计轨道及井斜偏差的问题，提高井眼轨迹控制精度。第二稳斜井段即探气顶段可克服地质不确定因素，保证能准确探知气顶位置，保证着陆，并提高中靶成功率。

松南火山岩气田高效开发技术与实践

2. 靶前距优化

靶前距直接影响到设计剖面的摩阻及扭矩，一般来说靶前距越大，定向钻达着陆点需要的段越长，系统的摩阻及扭矩也越大，还会造成进尺增加，从而导致钻井周期增长、钻井成本增加。但是，如果靶前距太小，着陆控制会相当困难，也会造成钻进中摩阻增大，易脱压，从而可能延长钻井周期和增加钻井投资。

综合考虑起钻、下钻、钻进不同工况时大钩负荷及扭矩变化情况，松南气田火山岩水平井靶前距最好保持在 300 ~ 360m，这时起钻负荷不大，下钻及钻进时托压现象也不明显，钻进扭矩也比较低。

3. 轨迹控制技术

在松南地区水平井钻井时，选用 1.5°螺杆无论配合使用牙轮钻头还是 PDC 钻头，造斜率都能达到设计要求；而用 1.25°螺杆复合钻井时，很难达到稳斜钻进的目的，尤其在全角变化率为 6°的井眼，更难达到稳斜钻进的目的。所以，一般来说，随着复合井段的延长，井斜度数在不断增加，这时候可以使用外壳读数偏小的螺杆。为此，增斜段及稳斜段使用 1.5°螺杆，水平段稳斜钻进时使用 1.0°螺杆。

此外，为了避免出现轨迹偏差事故，保证精确中靶，在第一造斜段 45°左右、A 靶点及水平段中部要进行单—多点复测，可以避免因探管等仪器故障导致轨迹偏差。

8.2 采气工艺

天然气储存于地下岩石孔隙及裂缝中，天然气开采即建立天然气从地层岩石孔隙到地面的流动通道，利用压力降将天然气采出。天然气从地层流向地面共经历了两个阶段：一是天然气在地层孔隙中的渗流；二是天然气在井筒中的流动。由于天然气储层地质特征和流体性质的复杂性，采气工艺的技术水平直接影响着气井的开采效率与开采收益，只有根据气藏特点采取正确和与之相适应的采气工艺技术措施，才能保证气井的科学、安全、稳定生产。

松南火山岩气田天然气中含有 CO_2，并且为产水气藏，这就需要考虑在天然气开采过程中的井筒防腐和排液采气等问题。

8.2.1 生产系统分析

天然气在井筒中的流动是气井生产系统分析中的首要研究问题，目的在于建立井底压力、井口压力和井口产气量之间的关系。

8.2.1.1 气井流入动态预测

在一定地层压力下，短时期产能试井所获得的气井产能方程或流入动态方程，可在一定时期内反映气井的流入规律，可利用其指导完井生产。

流入动态规律采用了目前气井普遍采用的二项式方程，其表达式为：

$$P_s^2 - P_{wf}^2 = AQ_g + BQ_g^2 \qquad (8-2)$$

对于不同的气藏，系数 A、B 的值是不同的，理论上 A 和 B 与气藏的、黏度、压力、渗透率、气层厚度、井眼尺寸、形状因子、表皮因子等有关。在实际使用中，同一区块气藏的气井上述参数受测试精度、钻井质量、取心数量的影响，使求得的 A、B 值误差较大，因此要确定系数 A、B 值，通常是对试油、试采井资料，利用 Pipesim 软件进行回归拟合而获得。

取 SN-1 井试气资料（表 8-15），由 SN-1 井测压资料获得如图 8-7 所示曲线，其静压为 41.98MPa。

表 8-15 产量与流压数据表

序号	油嘴直径/mm	油压/MPa	套压/MPa	井口流温/℃	日产量/$10^4 m^3$	计算流压/MPa
1	5.55	29.9	30.5	40	11.86	39.47
2	6.35	29.8	30.4	47	13.86	39.31
3	7.94	29.4	30.5	60	22.93	38.9
4	9.52	28.5	30.5	66	30.17	38.1
5	11.11	27	30.5	72	36.82	36.72
6	11.91	26.2	30.5	73	38.54	35.91
7	12.7	23.9	30.5	77	44.21	33.7
8	12.7	23.5	30.5	77	46.2	33.44

松南气田气井的流入动态曲线如图 8-8 所示。

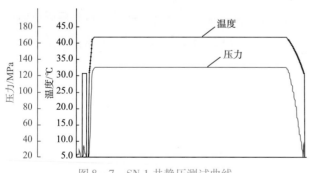

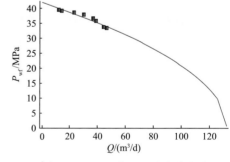

图 8-7 SN-1 井静压测试曲线　　图 8-8 SN-1 井流入动态曲线

8.2.1.2 油管直径的选择

通过对四种管径（内径为 50mm、62mm、76mm、89mm）在油压为 9MPa（根据地面集输要求）条件下进行敏感性分析可以看出（图8-9）：在目前配产条件下，各种管径均能满足生产要求，只是内径为50mm的油管阻力稍大，当压力降到一定程度后有可能不能满足配产要求，从经济条件考虑，可采用内径为62mm、76mm的油管，均能满足生产要求。

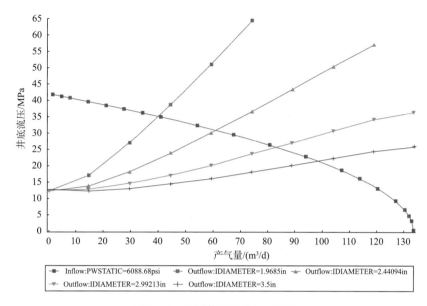

图8-9　不同管径对产量的影响

当井口油压为9MPa时，内径50mm、62mm、76mm、88.9mm的油管最佳产量分别为：$40 \times 10^4 \mathrm{m}^3/\mathrm{d}$、$60.8 \times 10^4 \mathrm{m}^3/\mathrm{d}$、$83 \times 10^4 \mathrm{m}^3/\mathrm{d}$和$98 \times 10^4 \mathrm{m}^3/\mathrm{d}$。

从图8-9中可以看出，油管内径为50mm、62mm的最佳产量与油管内径为76mm、88.9mm的最佳产量差距较大，这主要是当日产气量达到一定程度后，随着管径的减小，压降因油管摩阻增大而增大。

同时，考虑到生产后期产量和压力逐渐降低，气井产水量增大等因素，结合油管敏感性分析，松南气田气井采用内径为62mm（即外径73mm）油管生产。

8.2.1.3　井底压力的影响

计算井底压力分别为41.98MPa、40MPa、35MPa、30MPa、25MPa、20MPa、15MPa、10MPa、5MPa，油藏压力到2028年为4.01MPa，取井口油压为9MPa、6MPa、3MPa、1MPa时，计算生产井的最佳产量如图8-10~图8-13和表8-16~表8-19所示。

从图8-10和表8-16中可以看出，当井口油压为9MPa时，地层压力在15MPa时，其产气量为$5.15 \times 10^4 \mathrm{m}^3/\mathrm{d}$，而地层压力到10MPa时不能生产。

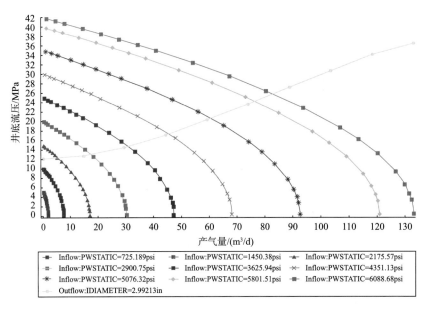

图 8 – 10　不同地层压力（井口油压 9MPa）敏感性分析图

表 8 – 16　井口油压为 9MPa 时，不同地层压力条件下的气井产能表

序号	油藏压力/MPa	油管内径/mm	产量/（m³/d）	井口压力/MPa	备注
1	41.98	76	829949	25.768	
2	40	76	765032	24.229	
3	35	76	605660	20.56	
4	30	76	452944	17.324	
5	25	76	307957	14.733	
6	20	76	172865	13.082	
7	15	76	51478	12.529	

从表 8 – 17 和图 8 – 11 中可以看出，当井口油压为 6MPa 时，地层压力在 10MPa 时，其产气量为 $2.33 \times 10^4 \mathrm{m}^3/\mathrm{d}$，而地层压力到 5MPa 时不能生产。

表 8 – 17　井口油压为 6MPa 时，不同地层压力条件下的气井产能表

序号	油藏压力/MPa	油管内径/mm	产量/（m³/d）	井口压力/MPa	备注
1	41.98	76	861718	24.917	
2	40	76	797808	23.307	
3	35	76	641709	19.401	
4	30	76	491851	15.774	
5	25	76	351254	12.628	
6	20	76	222722	10.241	
7	15	76	111154	8.818	
8	10	76	23266	8.3225	

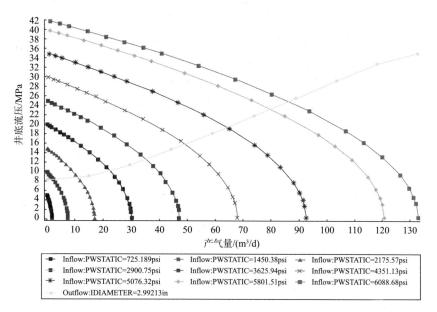

图 8 – 11　不同地层压力（井口油压 6MPa）敏感性分析图

从图 8 – 12 和表 8 – 18 中可以看出，当井口油压为 3MPa 时，地层压力在 5MPa 时，其产气量为 $0.65 \times 10^4 \mathrm{m}^3/\mathrm{d}$。

从图 8 – 13 和表 8 – 19 中可以看出，当井口油压为 1MPa 时，地层压力在 5MPa 时，其产气量为 $1.69 \times 10^4 \mathrm{m}^3/\mathrm{d}$。

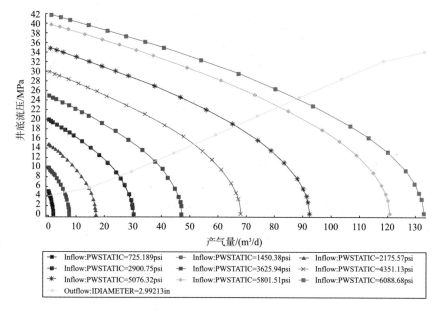

图 8 – 12　不同地层压力（井口油压 3MPa）敏感性分析图

表 8 – 18　井口油压为 3MPa 时，不同地层压力条件下的气井产能表

序号	油藏压力/MPa	油管内径/mm	产量/（m³/d）	井口压力/MPa	备注
1	41.98	76	880292	24.419	
2	40	76	817321	22.758	
3	35	76	662483	18.67	
4	30	76	514459	14.769	
5	25	76	377681	11.218	
6	20	76	251874	8.1132	
7	15	76	145020	5.6977	
8	10	76	58763	4.7094	
9	5	76	6148	4.1066	

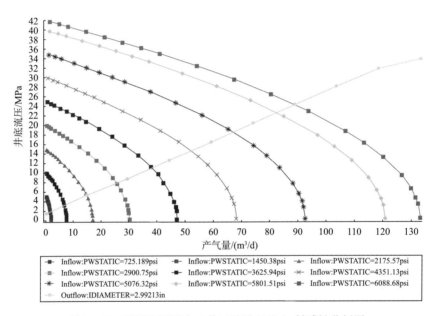

图 8 – 13　不同地层压力（井口油压 1MPa）敏感性分析图

表 8 – 19　井口油压为 1MPa 时，不同地层压力条件下的气井产能表

序号	油藏压力/MPa	油管内径/mm	产量/（m³/d）	井口压力/MPa	备注
1	41.98	76	884190	24.316	
2	40	76	821636	22.637	
3	35	76	667442	18.491	
4	30	76	520794	14.487	
5	25	76	384639	10.762	
6	20	76	260383	7.3735	
7	15	76	154714	4.5130	
8	10	76	69861	2.7386	
9	5	76	16813	1.6562	

根据地层压力敏感性分析可以看出，随着地层压力的下降，生产井的产量也随之下降，当地层压力下降到10MPa时，井口输气压力（井口敞喷）要求9MPa时，生产井无法生产，因此需考虑随着地层压力变化调整地面输气压力。

8.2.2　防腐工艺

松南气田主要特征是气藏含CO_2，且气井普遍产水，因此CO_2腐蚀是气井生产过程中不可避免的问题。而气井产生CO_2腐蚀有两个必要条件，即：气井产出流体中存在水，流体中存在CO_2等腐蚀介质。

8.2.2.1　CO_2腐蚀机理

关于CO_2腐蚀机理，国内外已有较多的研究和评述。其过程是气相CO_2遇到水时，一定数量的CO_2将溶解于水中形成碳酸，即

$$CO_2 + H_2O \Longleftrightarrow H_2CO_3$$

碳酸分两步水解：

$$H_2CO_3 \Longleftrightarrow H^+ + HCO_3^-$$

$$HCO_3^- \Longleftrightarrow H^+ + CO_3^{2-}$$

溶液中的碳酸和铁的反应促使了铁的腐蚀。其中：

阳极反应：

$$Fe + H_2O \Longleftrightarrow FeOH_{(ads)} + H^+ + e^-$$

$$FeOH_{(ads)} \Longleftrightarrow FeOH^+ + e^-$$

$$FeOH^+ + H^+ \Longleftrightarrow Fe^{2+} + H_2O$$

总反应：

$$Fe \Longleftrightarrow Fe^{2+} + 2e^-$$

阴极反应：

$$H^+ + e^- \Longleftrightarrow H \qquad pH < 4$$

随后：

$$2H \Longleftrightarrow H_2$$

$$H_2CO_3 + e^- \Longleftrightarrow H + HCO^{3-} \qquad 4 < pH < 6$$

$$H_2O + e^- \Longleftrightarrow H + OH^- \qquad pH > 6$$

碳酸第二步水解非常微弱，所以可以认为溶液中的碳酸是以H^+和HCO_3^-存在的。因此，反应生成的大多物质不是$FeCO_3$而是$Fe(HCO_3)_2$。

$$Fe + 2HCO_3^- \Longleftrightarrow Fe(HCO_3)_2$$

Fe（HCO₃）₂在高温下不稳定，发生分解：

$$Fe（HCO_3）_2 \Longrightarrow FeCO_3 + H_2O + CO_2$$

另有人研究了碳钢在 CO_2 盐水溶液中的点蚀敏感性，并指出材料表层首先生成牢固的、附着力好的 Fe（HCO₃）₂膜，随着腐蚀时间的延长，Fe（HCO₃）₂按下式转化为多孔的 $FeCO_3$。

$$Fe（HCO_3）_2 + Fe \Longrightarrow 2FeCO_3 + H_2$$

腐蚀产物膜的内层成分为 Fe（HCO₃）₂，Fe（HCO₃）₂表现为白色或黄色的紧密保护层，膜的外层成分为黑色或灰色松疏的 $FeCO_3$。

8.2.2.2 CO_2 腐蚀类型

在现场实践中，CO_2 的腐蚀往往表现为全面腐蚀和一种典型的沉积物下方的局部腐蚀。腐蚀产物（$FeCO_3$）及结垢产物（$CaCO_3$）或不同的生成物膜在钢铁表面不同区域的覆盖度不同，在不同覆盖度的区域之间形成了具有很强自催化特性的腐蚀电偶，CO_2 的这种局部腐蚀作用会使油气井的腐蚀破坏突然变得非常严重。

1. 均匀腐蚀

CO_2 溶解于水生成碳酸溶液。溶液中的 H_2CO_3 和 Fe 反应使 Fe 腐蚀。钢铁在 CO_2 水溶液中的均匀腐蚀阳极过程与钢在其他酸溶液中的阳极过程相同。对腐蚀的阴极反应机理主要有两种观点，一种是非催化的氢离子阴极还原反应，另一种是表面吸附 CO_2 的氢离子催化还原反应。

2. 局部腐蚀

自 20 世纪 90 年代起，CO_2 腐蚀研究领域的重点逐渐转移到局部腐蚀机理和防护技术上来。实际上，CO_2 的腐蚀破坏往往表现为局部腐蚀穿孔。在 CO_2 局部腐蚀穿孔表现上，主要有蜂窝腐蚀和台地腐蚀等形式。很多学者认为碳钢的 CO_2 局部腐蚀是由于在材料表面覆盖了腐蚀产物后构成了电偶腐蚀，加速了碳钢的局部腐蚀。

流动诱导机制理论认为，腐蚀产物膜粗糙表面引起管道的微湍流所产生的剪切应力促使腐蚀产物膜局部变得更薄，并进一步发展为疏松的孔。这些疏松孔所对应的基体变成了"小阳极"而产生局部腐蚀破坏。0.2Pa 的剪切应力就足够产生流动诱导局部腐蚀破坏，流速越高，流动诱导局部腐蚀破坏越严重。

8.2.2.3 影响腐蚀的主要原因

影响 CO_2 腐蚀特性的因素有很多，主要因素是材料、CO_2 分压、温度、介质组成、pH、流速、钢铁表面膜和载荷等，可导致钢的多种腐蚀破坏、高的腐蚀速率、严重的局部腐蚀、穿孔，甚至发生应力腐蚀开裂等。

1. pH 值

pH 值的增大使氢离子含量减小，氢离子还原速度下降，腐蚀速率随之降低。值得注意的是，CO_2 水溶液的腐蚀性并不由溶液的 pH 值决定，而主要是由 CO_2 的浓度来决定。实验表明，在相同的 pH 值条件下，CO_2 水溶液的腐蚀性比 HCl 水溶液的腐蚀性高。另外，介质中有无 Fe^{2+}，pH 值的影响程度也不一样，增大 pH 值除了减慢阴极反应过程外，还有利于保护性 $FeCO_3$ 膜的生成。

2. Cl^-

Cl^- 对钢铁的影响随材质的不同而不同，可导致合金钢孔蚀、缝隙腐蚀等局部腐蚀。常温下加入 Cl^- 会使 CO_2 在溶液中的溶解度降低，碳钢腐蚀速度降低。研究表明，Cl^- 的存在大大降低了 N80 钢钝化膜形成的可能性，促进钢的阳极溶解。

3. Ca^{2+}、Mg^{2+}

在其他条件相同时，这两种离子的存在会降低全面腐蚀速率，但局部腐蚀的严重性会增强，尤其是当 Ca^{2+} 含量较大时，会形成大量的 $CaCO_3$ 垢，垢沉积在钢管表面，引起垢下严重的局部腐蚀，另外，垢层覆盖部分和裸露部分的金属会形成电偶，产生电偶腐蚀。

4. O_2

研究表明，O_2 和 CO_2 的共存会使腐蚀程度加剧。O_2 对 CO_2 腐蚀的影响主要基于两个方面：一是 O_2 起到了去极化剂的作用，去极化还原电极电位高于氢离子去极化的还原电极电位，因而它比氢离子（H^+）更易发生去极化反应；二是亚铁离子（Fe^{2+}）与由 O_2 去极化生成的 OH^- 反应生成 $Fe(OH)_3$ 沉淀，若亚铁离子迅速氧化成铁离子（Fe^{3+}）的速度超过铁离子的消耗速度，腐蚀过程就会加速进行。同时，由于表面具有半导体性质，$Fe(OH)_3$ 的生成可能会在金属表面引发严重的局部腐蚀。

5. 原油

原油中油气组分（碳氢化合物）对腐蚀同样具有影响：电化学交流阻抗谱和挂片测试都表明，当油气中水含量小于 45% 时，碳氢化合物可抑制 CO_2 对钢铁的腐蚀，而与碳氢化合物种类无多大关系；当水含量大于 45% 时，碳氢化合物对腐蚀的抑制程度将依赖于油的种类、组分及温度等因素。

6. 管材

耐 CO_2 腐蚀管道材料的选择一般都是按照 API Spec 5CT 的规定，根据井深、油气压等条件，选择不同强度级别的油管、套管。对于腐蚀程度一般的井，可选取 J55 和 N80 低强度级别管材，而对于超深井，则需要用 C95、P110、Q125 或更高强度级别的管材。而对于 CO_2 腐蚀较为严重的油气井，国外采用含铬铁素体不锈钢或使用特种耐蚀合金钢管材，

如 $1Cr$、$9Cr$、$13Cr$、$22 \sim 25Cr\alpha$-γ 双相不锈钢等钢管，这些管材凭自身的耐蚀性能可抵制 CO_2 腐蚀，且在其有效期内无需其他配套措施，对油气井生产作业无影响，且工艺简单。松南气田井内油管选用 $13Cr$、地面集输管线选择 $316L$。

8.2.2.4 防腐方案

CO_2 分压是影响 CO_2 腐蚀的决定性因素。大量实验说明，CO_2 分压与腐蚀速率二者呈线性关系。目前，油气工业也是根据 CO_2 分压来判断 CO_2 的腐蚀性（表 8 - 20）。

表 8 - 20 CO_2 分压判断腐蚀经验规律

CO_2 分压/MPa	腐蚀程度
<0.021	不产生
0.021 ~ 0.21	中等
>0.21	严重

通过 CO_2 分压计算，松南气田气井井筒处于严重腐蚀环境的情况下，完井与生产管柱选择对气井防 CO_2 腐蚀有较大影响。在管柱设计过程中，需要做到以下几点：

（1）管柱结构必须满足采气工艺、井下作业、测试工艺和生产的要求。

（2）管柱应满足长期采气要求，自喷中、后期应能在尽量不动管柱的条件下，进行排液采气工艺的实施。

（3）管柱设计应能保证安全采气，并应尽量减少井下作业工作量，作业时尽量减少对地层的伤害。

（4）考虑腐蚀介质的影响，应尽量做到对井下管柱和套管的保护。

（5）尽可能采用无套压生产方式，延长气井寿命。

1. 用于酸性环境的油套管及管材

目前，国内外用于酸性环境的油套管及管材为：

（1）日本：住友金属工业公司，系列代号 SM，有 SM9Cr、SM13Cr、SM22Cr、SM25Cr；日本钢管公司，系列代号 NK，NKCr9、NKCr13、NKCr22、NKCr25；新日本制铁公司，系列代号 NT，抗 CO_2—Cl^- 管 NT—22Cr—65、抗 CO_2—Cl^- 管 NT—75、抗 CO_2—Cl^- 管 NT—110；川崎制铁公司，系列代号 KO，KO—13Cr。

（2）法国：瓦鲁海克公司，C—75VC13—VCM、C—80VC13—VCM、L—80VC13—VCM。

（3）加拿大：ALGOMA 公司，VS28—80、VS28—110、VS28—130。

（4）中国：国内天津无缝钢管厂和宝钢都开发出了系列的抗蚀钢。例如，宝钢生产出的产品有：M65、BG80S、C90—1、C90—2、BG90SS、T95—1、T95—2、L80—3Cr。

材料类型：奥氏体不锈钢、高合金奥氏体不锈钢、固溶镍基合金、双相不锈钢、铁素体不锈钢。

2. 常用缓蚀剂

目前，油气田常用缓蚀剂为：

HT—2D 和 CT2 系列胺类缓蚀剂都是气/液双效成膜型缓蚀剂，适用于各种含 H_2S、CO_2 等酸性介质的油气井及集输设施等的防腐。在常压、高压条件下，其主要技术指标为：钢制材质（P110），CT2—15 腐蚀率：0.0422mm/a，气相缓蚀率 ≥95%，液相缓蚀率 ≥82%；HT—2D 腐蚀率：0.076mm/a，气相缓蚀率 ≥90%，液相缓蚀率 ≥90%。两种管材在川渝气田、长庆、大港板深 8 井、大港千米桥气田等得到良好应用。

缓蚀剂主要是由有机胺和有机酸合成反应生成，并在钢铁表面形成一层致密的吸附膜，这极大地减少腐蚀介质和钢铁的接触机会。缓蚀剂主要作用机理：①主剂的中心 N 原子与钢铁表面的空轨道能形成稳定的配价键，提高了钢在腐蚀介质中的阳极反应活化能，形成了腐蚀反应的能量阻碍，从而降低了阳极反应速率；②由于液相组分分子上有多个—$CO—NH_3$ 基团和—NH_2 基团，进入溶液后—$CO—NH_3$ 和—NH_2 与 H^+ 形成 Onium 离子，Onium 离子可单独吸附在金属表面，使酸介质中的 H^+ 难以接近金属表面被还原，从而使阴极过程受阻。

3. 防腐方案

推荐进口不锈钢井下配套工具和不锈钢油管，采用高合金不锈钢生产管柱一次性投资大，特别是进口工具，成本比国产高 10 ~ 16 倍，但防腐效果好，耐温高，使用寿命长。

封隔器以上油套环空注隔离液并定期加缓蚀剂保护套管。缓蚀剂第一次加入量 300 ~ 500kg（视具体井情况定），8 天后转入正常加药，以达到修膜和补膜的作用。在采用间歇加注方法时，加注周期为 10 天，每次用量 100kg，直接加入油套环空内即可。

松南气田营城组气井水平井油层套管和生产管柱全部为 13Cr 材质，在井下作业施工过程中，起出井下管柱，发现管柱表面完好，未存在腐蚀现象，说明 13Cr 材质油管抗腐蚀性能强。松南气田营城组直井生产油管全部采用 13Cr 材质，其中 YS2 井油层套管采用 P110 材质，但井下管柱下入了封隔器保护套管，添加环空保护液进一步实现防腐。经过数年的生产，采用电磁探伤技术对部分气井进行测试，套管完好，说明松南气田的防腐措施效果良好。

8.2.3 生产管柱设计

8.2.3.1 油管下入深度

管柱的下入深度及承受的负荷受管柱抗拉强度条件限制，对不同尺寸的油管进行计算，得出安全系数为 1.8 时的油管最大下入深度，计算结果见表 8 – 21。根据管柱强度校核结果，Φ89mm、Φ73mm、Φ60mm 钢级为 80 的油管，均可满足下入深度要求。

表 8 –21　油管强度校核结果

外径/mm	内径/mm	钢级	单位长度质量/(kg/m)		抗挤强度/MPa	抗内压/MPa	抗拉强度/kN		安全系数1.8时下深/m	
			不加厚	加厚			不加厚	加厚	不加厚	加厚
60	52.5	L80	6.66	6.81	81.2	77.2	320	464	2723	3862
		P110			111.2	106.2	440	638	3745	5310
73	62	L80	9.27	9.41	76.9	72.9	472	645	2886	3885
		P110			100.3	100.2	645	887	3994	5343
89	76	L80	13.32	13.47	72.7	70.1	707	922	3008	3880
		P110			93.3	96.3	974	1267	4145	5332

8.2.3.2　螺纹选择

为保证采气生产管柱密封可靠，防止地层腐蚀介质对套管造成腐蚀，要求管柱选用气密闭丝扣油管。气密闭丝扣油管应选择密封性能好，使用和维护方便的油管，本区试采过程已经使用过的油管扣型有 TM、3SB、FOX 和 BGT 扣，使用最多的是 BGT 扣，使用效果较好。

8.2.3.3　材质选择

据美国腐蚀工程师协会标准，当 H_2S 分压值达到 0.000343MPa 时，就会产生氢脆，当 CO_2 分压值达到 0.196MPa 时，就会产生电化学腐蚀。

由于松南气田含腐蚀性介质 CO_2，含量为 5.15%～42.6%，平均含量为 21.39%，可以计算出其井底分压为 9.173MPa，井口分压为 4.27MPa，远远大于 CO_2 腐蚀的临界分压值，需要考虑防腐。

合理防腐技术的确定可依据待开发油气藏的寿命与普通碳钢油管预计寿命之比 r。在不同腐蚀环境下，假定所用的缓蚀剂缓蚀效率不变，目前的价格体系不变，可根据 r 值确定可采用的防腐技术：

（1）当 $r \leqslant 2$ 时，即在开发过程中，最多只需更换一次油管时，宜采用普通碳钢油管。

（2）当 $2 < r \leqslant 10$ 时，即采用普通碳钢仍需多次更换油管，而加缓蚀剂（或涂镀层）无需更换油管时，宜采用碳钢油管加缓蚀剂（或涂镀层）。

（3）当 $r > 10$ 时，即加缓蚀剂（或涂镀层）后仍需更换油管时，宜采用合金钢油管。

根据中国石化企业标准管材选用流程，松南气田气井选择 13Cr 材质油管生产（图 8 –14）。

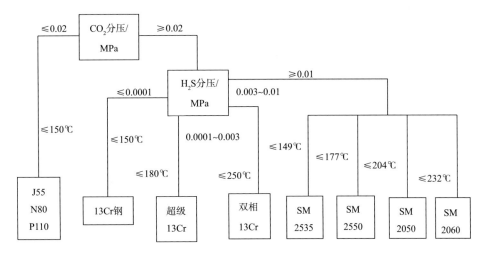

图 8-14　含 H_2S 含 CO_2 气井油套管选用流程图（中国石化企业标准）

8.2.3.4　生产管柱设计

方案一：原井管柱继续生产，见水后换防腐保护套管生产管柱，管柱组成由上至下为：油管 + 伸缩短节 + 滑套 + 封隔器 + 单流阀等，油管及井下工具全部用高合金奥氏体不锈钢防腐管材，管柱结构示意图如图 8-15 所示。

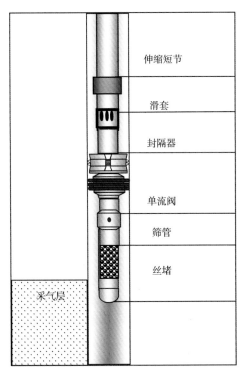

图 8-15　方案一管柱示意图

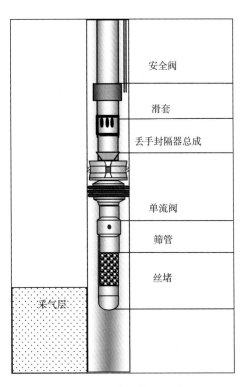

图 8-16　方案二管柱示意图

特点为：

（1）目前，试气管柱在无水期完全能满足开采要求，节省了作业工序和费用；

（2）工艺管柱的配套井下工具及油管均由特殊的防腐材料制造，具有很好的防腐性能，且整个管柱配套简单，成本低；

（3）封隔器坐封后，在油套环空注隔离液，并定期在油套环空注入缓蚀剂，起到保护套管的目的；

（4）可满足化学、柱塞排水采气生产要求；

（5）管柱具有自动调整因温度、压力的变化而引起的伸缩。

方案二：起原试气管柱，换防腐保护套管安全生产管柱，管柱结构组成由上至下为：油管＋井下安全阀＋伸缩短节＋滑套＋永久封隔器＋密封延伸筒＋弹簧指示接箍＋套铣延伸筒＋插管总成＋球阀＋电缆引鞋，油管及井下工具全部用高合金奥氏体不锈钢防腐管材，管柱结构如图8－16所示。

特点为：

（1）耐蚀合金钢油管和配套工具可满足长期安全生产需要；

（2）在紧急情况下，可由地面控制进行气井关断；

（3）封隔器性能安全、可靠，比可取式封隔器使用寿命长，套铣延伸筒的配套提供了足够的长度和内径，以容纳磨铣工具，为后期换管提供了保证；

（4）管柱具有自动调整因温度、压力的变化而引起的管柱伸缩，提高了管柱使用寿命；

（5）该工艺管柱成本高，只可进行化学排水采气。

方案三：原井管柱继续生产，见水后换防腐保护套管丢手生产管柱，管柱结构组成由上至下为：油管＋井下安全阀＋滑套＋毛细管传压筒＋丢手封隔器总成＋单流阀等，油管及井下工具全部用高合金奥氏体不锈钢防腐管材，管柱结构如图8－17所示。

特点为：除具有方案一、方案二优点外，它可进行丢手换管，满足中、后期排水采气要求，丢手后封隔器和控制开关把气层完全封闭。

综合评价三个方案，考虑到防腐、经济及排液等后期措施工艺的实施，现场采用方案二生产管柱投产。

8.2.3.5　井口装置选择

由于地层压力较高，原始地层压力达42MPa，选择抗压等级为70MPa的采气树，并且天然气中含有CO_2，根据CO_2分压腐蚀判断标准，井口处于严重腐蚀环境下，要求井口装置的材料要耐腐蚀，且密封可靠，井口装置选择材质等级为FF级的采气树。

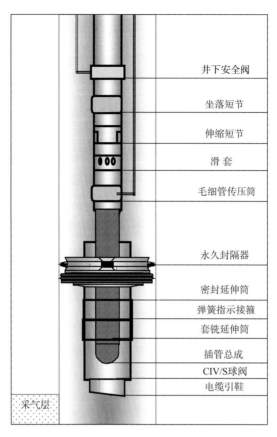

图 8 - 17　方案三管柱示意图

右侧标注（从上到下）：
井下安全阀
坐落短节
伸缩短节
滑套
毛细管传压筒
永久封隔器
密封延伸筒
弹簧指示接箍
套铣延伸筒
插管总成
CIV/S球阀
电缆引鞋

左下方标注：采气层

8.2.4　排液采气工艺

随着开采时间和开发程度的增加，采气面临的一个较为严峻的问题就是产水气井将不断增加，它严重威胁着气井的稳定生产，使产气量急剧下降，甚至导致气井水淹停产，从而严重降低了气藏的采收率。因此，掌握产水气藏生产动态特征，了解气藏水的来源、气井出水原因、气井产水对生产的影响和危害，制定消除和延缓水害的相应工艺措施，掌握气井带水生产和排水采气工艺，提高产水气藏的最终采收率是很有必要的。

8.2.4.1　临界携液流量分析

当井筒中同时有液体和气体存在时，需要靠气体的能量将液体带至地面，为了将液体带至地面，要求气体在井筒的流速或天然气的产量必须大于一特定值，当流速或产量低于该值时，即有凝析液产生，造成井底积液。这一定值即最小携液量或临界携液流量，对不同管径与油压下的最小携液产气量进行了预测，结果见表 8 - 22。从表 8 - 22 中可看出，管径越大，临界携液流量越大，小油管更能稳定带液。

表 8 - 22　连续排液所需最小产气量

油压/MPa			3	5	8	10	12
管径/ mm	50.7	最小产气量/ $(10^4 m^3/d)$	1.58	2.1	2.77	3.16	3.5
	62		2.36	3.14	4.15	4.73	5.24

投产初期，气井产量较大，且大于临界携液流量，可以稳定带液，生产到中后期，气井产量逐渐降低，部分气井无法稳定带液，有可能产生积液，松南气田 SN-7 井区中 SN-7 井和 SN-11 井产水量最大，日产水 60m^3左右，从水侵模式分析，SN-11 井为地层水沿高导裂缝窜入，SN-7 井地层水沿裂缝窜入，反映储层非均质性最强，SN-7 井区气井为底水锥进产水，随着生产时间的延长，压力逐渐降低，最后将无法稳定携液，需要采取排水采气措施，保证气井的稳定生产。

8.2.4.2　排液采气工艺技术

1. 优选管柱排水采气

通过优选油管管径来提高气流带水能力，适用于有一定自喷能力的小产水量气井。最大排量为 100m^3/d，目前最大井深为 4790m，设计简单、管理方便、投入较低。

2. 泡沫排水采气

适用于弱喷及间喷产水井的排水。最大排量为 100m^3/d，最大井深为 3500m，适用于酸性环境气井，成本较低。

3. 气举排水采气

适用于水淹井复产、大产水量气井助喷及气井强排水。最大排水量为 400m^3/d，最大举升高度为 3500m；适用于中低含硫气井；装置设计、安装较简单，易于管理、投入较低。

4. 游梁抽油机排水采气

适用于水淹井复产、间喷井及低压产水气井排水，最大排水量为 70m^3/d，目前最大泵深为 2200m，设计、安装和管理较方便，成本较低，但对高含硫或结垢严重的气井受限。

5. 电潜泵排水采气

适用于水淹井复产或气藏强排水。最大排水量可达 500m^3/d，目前最大泵深为 2700m，参数可调性好，设计、安装及维修方便，投入较高，对高含硫气井受限。

6. 射流泵排水采气

适用于水淹井复产。最大排水量为 300m^3/d，目前最大泵深为 2800m，适宜出砂的产水气井，设计较复杂，安装、管理较方便，成本较高。

7. 柱塞气举排水采气

柱塞气举排水采气工艺技术为充分利用气井自身能量推动柱塞在油管内往复运动，实现周期性举液，该工艺能有效防止气体上窜和液体滑脱，增加举升效率。

工艺适用范围为：气藏深度 2000~3500m；油管尺寸要求 $\Phi60.3mm$、$\Phi73.0mm$；

气液比不小于 $600m^3/m^3$；日排水量为 1050~50m^3；流体介质腐蚀性不强；气井要求为自喷井或间喷井。

表 8-23 为目前排水采气的工艺水平。

表 8-23 目前排水采气的工艺水平

举升方式		优选管柱	泡沫	气举	柱塞气举	游梁抽油机	电潜泵	射流泵
目前最大排液量/（m³/d）		100（小油管）	100	400	50	70	500	300
目前最大井（泵）深/m		2700	3500	3500	3500	2200	2700	2800
井身情况（斜井或弯曲井）		较适应	适宜	适宜	受限	受限	受限	适宜
地面及环境条件		适宜	装置小，适宜	适宜	装置小，适宜	装置大且重，一般适宜	装置小，适宜高压电源	动力源可远离井口，适宜
开采条件	高气液化	很适宜	很适宜	适宜	很适宜	气液分离，较适宜	较敏感，一般适宜	较敏感，一般适宜
	含砂	适宜	适宜	适宜	受限	较差	<5‰	无运动件，很适宜
	地层水结垢	化防，较好	有洗井功能，很适宜	化防，较好	较差	化防，较差	化防，较好	化防，较好
	腐蚀性（H_2S、CO_2）	缓蚀，适宜	缓蚀，较适宜	适宜	适宜	高含 H_2S，受限较差	较差	适宜
设计难易		简单	简单	较易	较宜	较易	较复杂	较复杂
维修管理		很方便	方便	方便	方便	较方便	方便	方便
投资成本		低	低	较低	较低	较低	较高	较高
运转效率/%				较低	较低	<30	<65	最高34
灵活性		工件制度可调	注入量、周期可调	可调	好	产量可调	变频可调，很好	喷嘴可调，很好

8.2.4.3 排液采气方案

在气田的不同生产阶段需要不同的排水采气工艺，针对松南气田气井的产水状况和产水特征，在投产初期产出水类型主要是凝析水，并且产水量较小，产气量大于临界携液流量，气井可以稳定生产，当气井产量接近或略微小于临界携液流量，产出水类型为地层水时，可以采取泡排方式辅助排液；在生产的中后期气井产液量较大，气井已经无法稳定携液时，可以针对气井的具体状况采取氮气气举或柱塞气举等方式排液采气，更换小油管也有利于气井排液，并且作业简单，只需更换生产管柱即可；对于底水锥进的气井，一旦地层水的产出通道已经形成，产水量将急剧上升，气井的产量和压力将降低，这将严重影响气井的稳定生产，可以采取化学封堵出水层的方法，彻底将底水通道封死，从而降低产液量，减小生产压差。

SN-7 井水淹停产后，采取连续油管气举方式进行排液采气，气举成功后累计排液334.8m³，油压 7MPa，日产气 2.5×10⁴m³（图 8 – 18）。

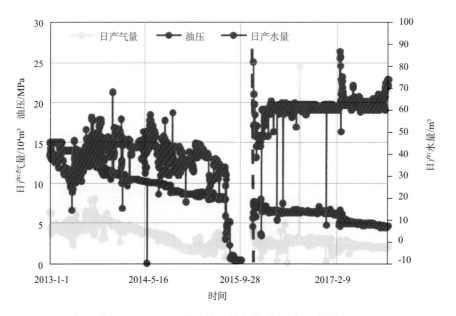

图 8 – 18　SN-7 井连续油管气举排水采气效果图

8.2.5　降压开采工艺

随着气田的开发，部分气井的压力、产量处于递减阶段，甚至部分气井压力递减至集输处理系统运行压力以下，进不了处理系统无法开采，气田剩余可采储量不能有效开发，采收率低。这就需要采取降压开采工艺，对气田的剩余可采储量进行有效挖潜。

8.2.5.1　气井降压开采潜力评价

根据松南气田基础地质资料、开发状况、产量递减规律、单井生产情况等，进行气井潜力调查分析，制定降压开采潜力气井筛选标准，优选出降压开采潜力气井。采用压降法和生产动态分析法（RTA）为主要计算单井动储量方法，从而对整个松南气田的潜力进行评价。

1. 压降法

压降法又称物质平衡法，是建立在物质平衡方程式基础之上的动储量计算方法。压降法所需参数简单，仅需气井原始及目前地层压力、累计采气量，故在气井控制储量计算中，该方法运用广泛。压降法计算公式为：

$$\frac{P_R}{Z_R} = \frac{P_i}{Z_i}\left(1 - \frac{G_p}{G_d}\right)$$ (8-3)

式中　G_d——气藏动储量，10^8m^3；

　　　G_p——气井累计产气量，10^8m^3；

　　　P_i——原始地层压力，MPa；

　　　P_R——目前地层压力，MPa；

　　　Z_i——原始气体偏差系数；

　　　Z_R——P_R 对应的气体偏差系数。

2. 生产动态分析法

生产动态分析法（RTA 软件）是近年来计算单井动储量的又一重要方法。所谓生产动态分析法就是利用单井的生产动态历史数据（主要是产量和流压），进行动态物质平衡分析，进而计算单井控制动储量的方法。除了可以计算动储量外，该方法还可以计算单井泄气面积、平均渗透率和平均表皮系数。该方法的优点是利用丰富的单井日常生产数据，不必进行关井测压，对产量和流压数据没有特殊要求，但是单井投产时间至少需要约 2 年才能保证拟合精度。

在生产动态分析法中，重要的方法为 Blasingame 方法、Agarwal-Gardner 方法、NPI 方法 3 种常用方法。下面以 Blasingame 方法为例来阐明该方法的原理。

1）Blasingame 方法原理

由气藏物质平衡方程：

$$\frac{\bar{P}}{Z} = \frac{P_i}{Z_i}\left(1 - \frac{G_p}{G}\right)$$ (8-4)

将式（8-4）两边对时间求导，得到：

$$\frac{d}{d\bar{p}}\left(\frac{\bar{P}}{Z}\right) \times \frac{d\bar{p}}{d\bar{p}_p} \times \frac{d\bar{p}_p}{dt} = \frac{d}{dt}\left(\frac{\bar{P}}{Z}\right)$$ (8-5)

将式（8-5）变形得：

$$\frac{d\bar{p}_p}{dt} = \frac{\dfrac{d}{dt}\left(\dfrac{\bar{P}}{\bar{Z}}\right) \times \dfrac{d\bar{p}_p}{d\bar{p}}}{\dfrac{d}{d\bar{p}}\left(\dfrac{\bar{P}}{Z}\right)}$$ (8-6)

在式（8-6）中：

$$\frac{d}{dt}\left(\frac{\bar{P}}{\bar{Z}}\right) = -\frac{P_i}{Z_i G}\frac{dG_p}{dt} = -\frac{P_i q}{Z_i G}$$ (8-7)

引入气体拟压力：

$$p_p = 2 \int_{p_p}^{\bar{p}} \frac{p}{\mu \bar{z}} \mathrm{d}p$$

则

$$\frac{\mathrm{d}\bar{p}_p}{\mathrm{d}\bar{p}} = 2 \frac{\mathrm{d}}{\mathrm{d}p} \int_{P_i}^{P} \frac{p\mathrm{d}p}{\overline{uz}} = \frac{2\bar{p}}{\overline{uz}} \tag{8-8}$$

在等温条件下，单位压力改变引起单位体积的相对变化率，称为天然气的等温压缩率。定义式为：$c_g = -\frac{1}{V} \frac{\partial V}{\partial p}$

对于实际气体有：

$$V = \frac{ZmRT}{\bar{P}}$$

因此可得：

$$c_g = \frac{1}{\bar{p}} - \frac{1}{\bar{p}} \frac{\mathrm{d}\bar{z}}{\mathrm{d}\bar{p}}$$

从而

$$\frac{\mathrm{d}}{\mathrm{d}\bar{p}}\left(\frac{\bar{P}}{Z}\right) = \frac{\bar{p}}{\bar{z}} c_g \tag{8-9}$$

将式（8-7）、式（8-8）和式（8-9）代入式（8-6）得：

$$\frac{\mathrm{d}\bar{p}_p}{\mathrm{d}t} = \frac{-\dfrac{P_i q}{Z_i G} \times \dfrac{2\bar{p}}{\overline{uz}}}{\dfrac{\bar{p}}{\bar{z}} c_g} = -\frac{2P_i q}{Z_i \overline{u} c_g G} \tag{8-10}$$

对式（8-10）分离变量求积分得：

$$\frac{p_{pi} - \bar{p}_p}{q} = \frac{2P_i}{(\mu c_g z)_i G} t_{ca} \tag{8-11}$$

式中，

$$t_{ca} = \frac{(\mu_g c_g)_i}{q_g} \int_0^t \frac{q_g}{\mu_{gav} c_{gav}} \mathrm{d}t$$

单相气体拟稳定状态时，有：

$$\frac{\bar{p}_p - p_{pwf}}{q} = \frac{1.417 \times 10^6 T}{kh} \frac{1}{2} \ln\left(\frac{1}{\mathrm{e}^r} \frac{A}{C_A r_{wa}^2}\right) \tag{8-12}$$

将式（8-11）、式（8-12）两式相加，可得：

$$\frac{\Delta p_p}{q} = m_a t_{ca} + b_{a,pss} \tag{8-13}$$

式中，

$$m_a = \frac{2P_i}{(\mu c_g z)_i G} \tag{8-14}$$

$$b_{a,pss} = \frac{1.417\mathrm{e}6 T}{kh} \frac{1}{2} \ln\left(\frac{4}{\mathrm{e}^r} \frac{A}{C_A r_{wa}^2}\right)$$

从式（8-13）可以看出，$\dfrac{\Delta p_p}{q}$ 与 t_{ca} 呈线性关系，把对应 $\dfrac{\Delta p_p}{q}$ 与 t_{ca} 数据绘制在直角坐

标图中，求取直线段的斜率 m_a，再由式（8 – 15）可求得该气井动态储量：

$$G = \frac{2P_i}{(\mu c_g z)_i m_a} \qquad (8-15)$$

2）生产动态分析法流程

生产动态分析法要求使用单井每天记录的油压、套压、日产气、日产水等数据。需要把油、套压数据折算成气层中深的压力，然后对经过处理的数据运用这几种生产动态分析法（如 Blasingame 法、Agarwal-Gardner 法、NPI 法），计算单井控制动储量、泄气面积、储层渗透率、表皮系数，在此基础之上，建立气藏地质和数学模型，通过渗流方程，计算单井生产历史数据（给定产量，计算井底压力），并调整渗透率、表皮系数和控制动储量等参数，使计算生产史与单井实际生产史相吻合，这时参数基本上反映了地层的实际情况（图 8 – 19）。

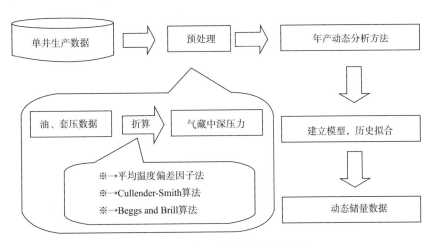

图 8 – 19　生产动态分析法分析流程

通过采用压降法和生产动态分析法评价气田的剩余开采潜力，采用压力预测方法预测出气井压力低于外输压力的时间，确定单井的降压开采时机。

8.2.5.2　压力预测

松南气田集气处理站天然气进站压力 6.5 ~ 6.8MPa。单井至集气处理站沿程管线摩阻损失 0.2 ~ 0.5MPa，单井节流后外输压力普遍高于 7MPa。随着地层能量的降低，当气井井口流压衰减至 7MPa 时，将不能满足外输要求。同时，井口压差减小，气井产量下降，从而影响气井的正常生产，因此可以将井口油压 7MPa 作为判别气井是否需要降压开采的临界压力。

营城组气井压力逐年递减，气井油压低于 7MPa，将无法正常生产。除 SN-3 井、SN-5 井、SN-8 井、SN-13 井外，其他气井在 2021 年之前压力将递减至 7MPa 以下（图 8 – 20）。

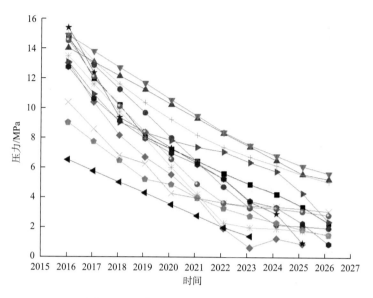

图 8 - 20 营城组气井压力预测趋势图

松南气田净化系统的进站压力为 7.0MPa，根据单井平均油压变化趋势，营城组气井在 2021 年后大部分井将无法进站。营城组 SN-7 井、SN-11 井油压较早降至进站压力，首先考虑对此部分气井集气工艺进行优化改造，采取单井降压开采措施，对净化单元和集气单元进行整体增压外输改造。

8.3 火山岩储层改造

储层改造技术主要包括加砂压裂、喷砂射孔、酸化及酸压、非常规压裂（高能气体等）等。近年来，经过不断创新与攻关，针对不同类型储层的改造需求，形成了适应不同类型储层的改造技术，为低渗透油气藏的经济、有效开发和非常规油气藏的动用提供了技术支撑。储层改造技术的不断进步使得储层动用渗透率下限不断降低，目前储层改造技术已经成为油气田高效开发的一项关键技术。

与常规气藏相比，火山岩储层具有岩石类型多、岩性岩相变化快，厚度变化大、非均质性强等特点，且常伴有天然裂缝发育，对储层改造工艺提出了较高要求。由于天然裂缝发育，钻井过程中伴有泥浆漏失，导致储层受到污染，因此必须采用必要的储层改造技术提高生产能力；目前，主流的火山岩储层改造技术为压裂和酸化，随着储层改造技术的不断进步，水平井的分段压裂和酸化技术也不断成熟完善。

8.3.1 压裂工艺技术

针对松南火山岩储层特征及施工难点，通过火山岩储层压裂技术研究，形成了一系列配套技术。主要包括压裂设计优化技术、施工参数优化技术及压裂配套工艺措施。

8.3.1.1 压裂设计优化

裂缝发育地层中天然裂缝分布的随机性，压裂裂缝起裂、延伸的复杂性以及施工中压裂液滤失的不确定性，严重影响着此类储层的压裂设计。在进行压裂设计时，要考虑压裂液的滤失特性。压裂液的滤失除受基质渗透率、液体黏度和油藏压缩性控制外，还要受到天然裂缝的控制。大量的压裂液滤失在天然裂缝中，容易造成压裂过程中过早脱砂，导致施工失败，这就增加了压裂优化设计的复杂性。因此，在裂缝性油气藏压裂设计时，需合理选取设计参数。

1. 应力大小及应力差影响

在火山岩地层中，天然裂缝发育，为显裂缝地层。显裂缝地层裂缝延伸主要受储层天然裂缝系统的诱导。实际上，油田使用的破裂压力梯度通常是根据大量的压裂实践统计出来的。一般范围在 0.015 ~ 0.025MPa/m 之间。根据破裂压力梯度可以大致估算压裂裂缝形态：当破裂压力梯度小于 0.015 ~ 0.018MPa/m 时，形成垂直裂缝；当破裂压力梯度大于 0.022 ~ 0.025MPa/m 时，形成水平裂缝。由此可知，在高地层破裂应力梯度下，裂缝的复杂化是难以避免的，而较低的应力梯度则反映了裂缝的复杂程度降低，有利于压裂施工的顺利完成。

取得应力梯度的主要方法有水力压裂法和测井计算法，其中水力压裂测试法较为准确，通过小型压裂进行求取。在没有进行小型压裂的施工井中求取地层破裂压力时，通过加砂压裂的关井压力取得的应力梯度较真实的应力高 4 ~ 10MPa，是因为有净压力和加砂后裂缝压力的升高值叠加在储层原始地应力上。在没有进行小型测试压裂的施工井中，该参数可以起到较好的估算参考作用。

2. 储层滤失系数

多裂缝储层的综合滤失系数与裂缝内的净压力、微裂缝的开启程度、多裂缝发育情况有很大关系，甚至是主要的影响因素，由此产生的滤失系数具有明显特点：

（1）压力敏感：原因是微裂缝具有开启压力，达到开启压力会使滤失系数发生突变。

（2）严重非均质：在施工的不同时间，在裂缝延伸的不同方向与位置上，均会发生连续的无规律变化，现有技术不能准确预计与模拟。

（3）使用固体颗粒堵剂进行控制：由于多裂缝滤失无法使用提高液体黏度、提高造壁性等技术手段来解决，使用固体颗粒进行裂缝充填是现场应用较成功的技术。

根据研究及调研成果，多裂缝地层的滤失系数可能会增加十到数十倍，通过对已施工井进行压力拟合计算求取了在多裂缝影响条件下，压裂液的综合滤失系数较同等渗透率条件下无多裂缝储层的滤失系数高 3~7 倍，平均达到 4 倍以上。因此，在软件计算中，取渗透率折算滤失系数的 10 倍进行模拟，可以获得更符合多裂缝发育地层的计算和优化结果。

3. 压裂液黏度

低黏度压裂液（10~20mPa·s）会产生重力分异作用，多数支撑剂材料集中在裂缝的底部，层厚会不规则；中等黏度压裂液（50~200mPa·s）提供了较好的、但不完全的支撑剂携带，支撑剂层仍然不规则，中等黏度流体仅能对 20/40 目支撑剂进行长距离携带，而大颗粒将更迅速地沉淀；高黏度流体能输送所有大小的支撑剂颗粒，而且沉淀极少，所形成的裂缝通常是非常均匀的，满足支撑剂运移速度大于沉降速度的要求，有利于支撑剂运移，在高砂比施工中，减轻支撑剂在近井地带的沉降，从而防止脱砂。这是大规模压裂取得成功的重要保证。

松南气田在采用高黏度压裂液以充分发挥携砂能力强的优点的同时，对添加剂进行改进，控制交联速度，使高黏度压裂液在具有高黏度的同时，还具有较低的摩阻，不会对压裂施工产生附加的功率损失。机理是选用特殊的有机材料，将硼酸盐包裹起来，施工时在混砂车上按比例加入混砂液或原胶中，在井筒中高速剪切力作用下，缓慢地释放出硼酸盐，从而达到控制交联速度的目的。

8.3.1.2 施工参数优化

通常情况下，为了压后能在火山岩储层中以近井地带为中心形成最大宽度和铺置浓度的楔形剖面，需要对压裂过程中的支撑剂与液量进行合理分配，即加砂程序的优化设计。通过优化施工参数，确保现场施工成功和效果最佳。

1. 前置液比例优化

前置液量的优化在压裂设计中是一项非常重要的内容，在确定前置液用量时，应充分考虑液体性质、地层吸收能力、滤失状况及井斜等。软件模拟优化计算结果表明，根据目前的压裂液性能，加入降滤失剂后，前置液量占总液量的 40%~50% 可满足火山岩裂缝压裂施工要求。对于火山岩储层，还可在前置液中加入一定浓度的细砂，这些细砂在天然裂缝与水力裂缝相交处形成桥塞，控制压裂液的滤失。

2. 砂液比的确定

施工砂液比是衡量压裂设计、施工水平高低，检验设备性能的主要指标，同时也是裂缝导流能力的间接反映，砂液比高，填砂裂缝导流能力高，压裂增产效果好。对于低渗火山岩地层来说，在造长缝的前提下，应尽量提高施工砂液比。以往火山岩储层压裂表明，砂堵常发生于瞬时砂液比提高到30%左右时，个别井层压裂砂堵甚至发生在砂液比10%左右时，表现出裂缝不能满足较高砂浓度的进入。为此，在火山岩压裂时，砂液比的设置应采用低起点、小增量、多段、控制最高砂液比的设计方案。将主要加砂量设计在砂液比30%阶段前，施工平均砂液比达到20%～25%即可满足低渗地层的裂缝导流能力要求。

3. 施工排量优化

施工排量的选择主要基于以下四个方面的考虑：一是支撑剂沉降；二是井口限压；三是裂缝垂向延伸；四是地层的滤失情况。通过对已施工井的情况分析，多数井由于施工排量较低，造成液体效率不足，裂缝规模小，加砂困难，影响产量。

应以压裂施工压力动态为依据，在限压和设备允许的情况下尽量提高泵注排量，一般设计排量在5～6m³/min以上。对于裂缝特别发育的情况，尽量高的施工排量具有明显的优势。

4. 加砂规模优化

根据松南火山岩气藏前期施工情况，统计该区域的地层闭合压力在72～86MPa，结合区域内地层压力在27～39MPa，故选择抗压69MPa的支撑剂，同时考虑施工难度，综合选择粒径0.3～0.6mm的支撑剂。根据0.3～0.6mm支撑剂不同浓度的导流能力，结合前面优化裂缝参数结果，选用5kg/m²的铺砂浓度就能满足裂缝导流能力的要求。综合考虑裂缝导流能力、裂缝半长、储层厚度等各类因素，确定火山岩储层的加砂规模为46～58m³。

8.3.1.3 水平井分段压裂改造技术

1. 火山岩气藏压裂水平井产能模型

首先建立火山岩气藏压裂水平井物理模型，根据压裂水平井的渗流特征，可将其流动区域分为三个部分：人工裂缝区、压裂改造区及未改造区。气体首先从未改造区流向压裂改造区，再由压裂改造区流向人工裂缝区，最后由人工裂缝区流向水平井筒。

在建立数学模型前，作如下基本假设：

（1）气藏外边界封闭；

（2）单相气体等温渗流，忽略重力影响；

（3）相比气体压缩系数，储层压缩系数可忽略不计；

（4）裂缝关于水平井对称，裂缝不可变形且末端无气体流入；

（5）纵向上人工裂缝可以不完全压开储层；

（6）考虑井筒储集和裂缝表皮系数的影响；

（7）对于仅有天然裂缝发育的储层，采用拟稳态串流模型进行描述，假设气田从基岩流入天然裂缝，再通过人工裂缝流入井筒。

基于上述假设条件，考虑矩形封闭气藏中一口水平井被等间距分为 N 条人工裂缝，裂缝间距为 d_F，宽度为 w_F，渗透率为 K_F，裂缝半长为 x_F，储层厚度为 h，气藏区域为 $2x_e \times 2y_e$（即 $4x_e y_e$）。首先考虑每条裂缝具有相同的控制区域，可取其中一个单元进行研究。为了方便，首先定义三线流模型的无因次量。

无因次时间：

$$t_D = \frac{\eta_I}{x_F^2} t$$

其中，

$$\eta_I = \frac{3.6 K_I}{\mu (\phi C_t)_I} \tag{8-16}$$

无因次坐标：

$$x_D = \frac{x}{x_F} \quad y_D = \frac{y}{x_F} \tag{8-17}$$

无因次导流能力：

$$C_{RD} = \frac{K_I x_F}{K_O y_e} \quad C_{FD} = \frac{K_F w_F}{K_I x_F} \tag{8-18}$$

裂缝压开比：

$$h_{fD} = \frac{h_f}{h} \tag{8-19}$$

无因次传导系数：

$$\eta_{FD} = \frac{\eta_F}{\eta_I} \quad \eta_{OD} = \frac{\eta_O}{\eta_I} \tag{8-20}$$

无因次传导系数比：

$$\eta_F = \frac{3.6 K_F}{\mu (\phi C_t)_F} \quad \eta_O = \frac{3.6 K_O}{\mu (\phi C_t)_O} \tag{8-21}$$

式中，下标 O 表示未改造区，I 代表改造区，F 代表人工裂缝区。

由于物理模型具有对称性，在建立数学模型时，可取 1/4 区域进行研究，根据 3 个区域的渗流特点，建立适合的渗流方程，利用压力和流量的连续性将各个区域衔接起来。

2. 火山岩气藏压裂水平井裂缝参数优化

根据模型，编制了求解程序，并以松南火山岩气藏为例，开展裂缝参数优化。表 8 - 24 为模型的参数输入表。

松南火山岩气田高效开发技术与实践

表 8-24 模型输入参数

名　称	数　值	名　称	数　值
水平段长/m	1000	裂缝条数/条	10
渗透率/$10^{-3}\mu m^2$	0.05	裂缝半长/m	200
孔隙度（小数）	0.07	导流能力/$10^{-3}\mu m^2 \cdot m$	150
地层压力/MPa	37.89	气藏厚度/m	60
气藏温度/℃	139.5	天然裂缝储能比（无因次）	0.1

1) 裂缝条数优化

裂缝条数增加对压后初期产量影响较为明显，对后期影响较小。裂缝条数越多，累计产量越高。但裂缝超过 10 条后，累计产量增加不明显。因此，最优的裂缝间距 80~120m（图 8-21）。

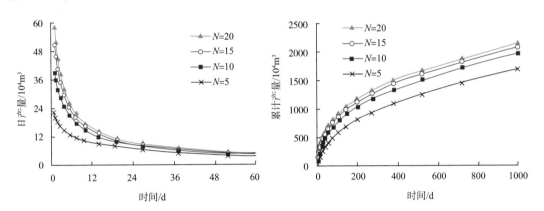

图 8-21 不同裂缝条数下的日产量及累计产量曲线

2) 裂缝半长优化

根据计算结果，最终优化的裂缝半长为 120~150m（图 8-22）。

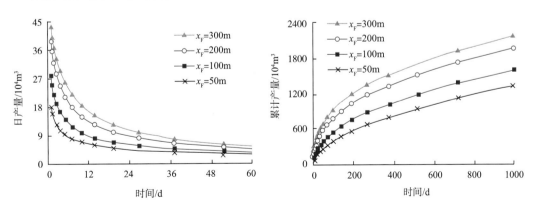

图 8-22 不同裂缝长度下的日产量及累计产量曲线

3）导流能力优化

根据计算结果，最终优化的裂缝导流能力为 $(50 \sim 100) \times 10^{-3} \mu m^2 \cdot m$（图 8 – 23）。

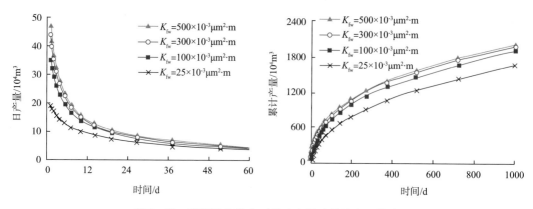

图 8 – 23 不同导流能力下的日产量及累计产量曲线

4）布缝方式优化

根据计算结果，优化的布缝方式为均匀布缝（图 8 – 24）。考虑到松南火山岩储层岩性岩相变化快，非均质性强的特点，压裂点的选择需综合考虑测井、录井资料、储层岩性、物性，结合裂缝间距、布缝方式，实施系统优化。

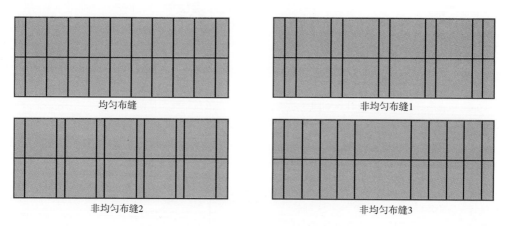

图 8 – 24 不同布缝方式示意图

8.3.1.4 配套压裂工艺

1. 火山岩降滤控制技术

根据前期分析，松南火山岩储层天然裂缝发育，压裂过程中压裂液滤失量较大，影响压裂施工。针对压裂液滤失大的问题，开展了降滤失工艺研究。经典滤失理论认为，滤失过程中从裂缝到地层内部形成三个区域，即滤饼区、侵入区、压缩区。其分别受压裂液造壁性、滤液黏度、地层流体压缩性控制。结合松南火山岩的物性特征认为，火山岩滤失主要受造壁性控制，因此建议采用高黏压裂液。同时，由于火山岩储层天然裂缝发育，压裂施工中通过提高施工排量、加入粉陶、增加前置液等系列措施，综合实现火山岩降滤失。

2. 火山岩多裂缝控制技术

根据松南火山岩气田前期储层改造评价认为，地层多裂缝延伸，多裂缝的产生主要受地层应力、井身方向、射孔位置及参数等影响。

当水平地应力接近或相等时，由于沿井眼周向破裂压力的差别不大，裂缝可能在任意射孔位置开启，而某些裂缝由于与最大主应力间夹角较大，造成裂缝轨迹弯曲与摩擦阻力增大，促使形成更多微裂缝。当水平应力相差较大时，由于破裂压力的原因，容易开启的方位有限，不易产生多裂缝。大量研究认为，地层的最大水平主应力与最小水平主应力比为 1.0~1.5 时易产生多裂缝。

近井地带存在天然微裂缝，则存在微裂缝的射孔优先破裂，原因是天然微裂缝的抗张强度为 0，而岩石抗张强度一般为几个兆帕。因此，天然裂缝储层容易形成多裂缝。在裂缝延伸过程中，天然裂缝对水力裂缝的形态及滤失存在较大的影响。天然裂缝引导液体流向，形成分叉裂缝，当分叉裂缝的尖端受阻时，裂缝沿其他方向发展，尽管裂缝延伸方向是最大水平主应力方向，但裂缝形态复杂，难于准确量化描述，导致压裂施工的不确定因素增多，困难加大。

大斜度井压裂时，当井斜方向和最大主应力方向垂直或斜交时，由于在垂直于井斜的平面上地应力大小和方向都相同，每个孔眼所在的位置都有裂缝产生的可能，因此容易产生平行多裂缝。

就松南火山岩气藏而言，天然裂缝发育是产生多裂缝的主要原因。多裂缝的形成会引起裂缝对液体的"竞争"，从而加大液体滤失，使得主裂缝延伸受阻，改造效果受限，易导致施工失败。因此，如何控制多裂缝，延伸主裂缝是目前面临的主要难题。由于多裂缝产生的原因复杂，控制多裂缝的方法较多。例如，优化射孔井段、射孔参数，增加液体黏度，提高施工排量，加入降滤失剂等措施。

针对天然裂缝发育储层，采用了前置高砂比段塞控制多裂缝技术。与常规的中低砂比段塞技术相比，前置高砂比控制多裂缝的主要思路是在前置液造缝初期，利用高砂比的段塞式"砂团"饱和充填近井地带的微裂缝，由于造缝初期各微裂缝缝宽较窄，"砂团"充填效果较好，从而减小多裂缝对流体的分流作用，增大主裂缝宽度，使其充分延伸。从现场应用效果来看，高砂比段塞技术能有效控制多裂缝，降低液体滤失，提高施工成功率（图 8-25）。

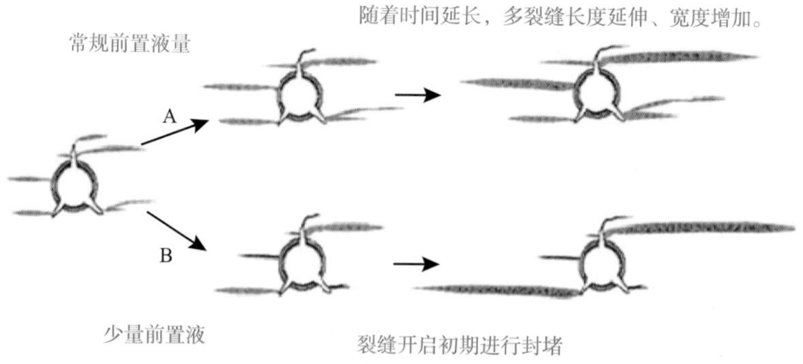

常规前置液量

随着时间延长，多裂缝长度延伸、宽度增加。

A

B

少量前置液

裂缝开启初期进行封堵

图 8-25　支撑剂段塞对多裂缝的堵塞示意图

3. 火山岩控缝高技术

火山岩控缝高技术是控制火山岩人工裂缝高度的技术。在水力压裂过程中，裂缝会沿着垂直方向向上延伸，使裂缝超出生产层而进入隔层，影响压裂效果。因此，控缝高是水力压裂能否成功的关键因素之一。缝高的扩展受以下因素影响：

（1）产层和隔层的水平地应力差。产层和隔层的水平地应力差是影响裂缝垂向延伸的主要因素。C. H. Yew 指出，地层的水平地应力与地层的力学参数相关。泊松比、弹性模量越大，则水平地应力越大。当产层与隔层之间地应力差和弹性模量差异较大时，界面处的裂缝宽度将减小，压裂液垂向流动受限并形成较大压降，产生一定的止裂作用，因此地层力学参数对裂缝垂向延伸影响很大。

（2）地应力梯度和流体重力梯度。针对松南气田，对地应力梯度和流体重力梯度与缝高垂向扩展之间的关系进行了数值模拟。计算结果表明，随着地应力梯度与流体重力梯度的比值增大，裂缝在盖层和底层中向上不断延伸，流体重力梯度使裂缝上高产生下延倾向，地应力梯度使裂缝下高产生上扩倾向。当二者接近时，其影响相互抵消；当二者相差较大时，裂缝在盖层和底层中的延伸速度不同，导致裂缝中心与产层发生偏移。

（3）隔层应力差。数值模拟表明，随着隔层应力差的增大，裂缝高度在隔层内的扩展延伸受到限制。隔层应力差对裂缝在隔层内的垂向扩展具有一定程度的止裂效果。因此，弄清压裂层段的应力分布规律对裂缝垂向延伸范围控制以及压裂成功具有重要意义。

（4）隔层断裂韧性。根据实验模拟，隔层断裂韧性对裂缝的垂向扩展产生一定的止裂效果，如果隔层的断裂韧性足够大，就可以在隔层形成一个有效的阻挡层，阻止裂缝在隔层内的扩展延伸。

针对以上缝高扩展影响因素，形成了三种控制缝高的主要方法：

（1）用低黏度、低排量和 70/140 目砂控制裂缝的高度。从数值模拟结果发现，采用较低黏度 $[（20 \sim 50）\times 10^{-3} Pa \cdot s]$ 的凝胶、较低的注入排量（$2m^3/min$）注入，并安排一个含有 70/140 目砂垫的预前置液段，裂缝高度就被减少了一半。一般情况下，整个处理过程支撑剂的填充量为 10 ~ 30t。选择 70/140 目砂来控制裂缝高度的依据是假想该砂在缝尖积砂，对其后的压裂液有"刹车"作用。假定该砂能尽可能早地加到前置液中，裂缝的上、下缝尖就可成为无液体区，圈闭的 70/140 目砂就可在缝尖造成很大的压降，从而限制裂缝高度的增长。当压裂模拟显示压裂主液处理过程中有可能脱砂时，就将支撑剂携带液交联到 1Pa·s。前置液仍为低黏凝胶，以降低裂缝高度。从线性液体转变为交联液体未产生裂缝高度过量生长迹象，但保证了整个施工过程中支撑剂的适当充填。

（2）变排量压裂缝高控制技术。对于产层与底层、盖层应力差小，产层上下没有明显遮挡层的压裂井，通过技术研究和调研，还可以采用变排量的方法来控制缝高。其原则是"小排量造缝，大排量加砂"，具体做法是：一开始以小排量压开地层，挤入前置液；进入携砂液阶段后，从小到大逐步提高排量。变排量压裂技术在控制裂缝向下延伸的同时，可增长支撑缝长，增加裂缝内支撑剂铺置浓度，从而可有效地提高增产效果。

（3）水力喷射缝高控制技术。水力喷射压裂技术与常规压裂方法相比，能更好地控制火山岩中人工裂缝的高度及分布情况，可以在不用机械分隔工具的情况下在井筒内产生裂缝。生产中，将一个体积很小的喷射工具装在作业管柱的末端。因为这项技术的施工过程每一次只针对一组裂缝，所以压裂液所需要的泵量不是很高。最初的喷射孔穴一旦形成，则压裂液就会通过环空注入井筒中，以增加井筒内的施工压力。当孔穴中压力逐渐升高达到一定的高点时，一道裂缝就会形成并向储层中延伸。由于这条由孔穴引伸的裂缝比射孔引出的裂缝更优良，所以用这种技术压裂施工使地层破裂和流体沟通性要比其他水力压裂施工效果好得多。客观上讲，所有的压裂液和所需的支撑剂或酸液都已经被泵入井下工具中了，因此，在几分钟内我们就能够在下一组裂缝的设计位置重复前面的压裂施工。

4. 火山岩储层降破工艺技术

针对在松南火山岩深层致密气藏压裂过程中出现的破裂压力异常高、措施效果不明显、有效期短等问题，提出了燃爆压前降破压裂技术。燃爆压裂可有效降低地层破裂压力，降低压裂施工难度，大幅度提高此类气藏的单井产能。

5. 新型压裂液研究

松南地区深部油气藏具有地层储层埋藏深、渗透率低、孔隙度低、地层温度高的特点，针对松南气田这些特点进行压裂液的性能改进，来获得减小液体对地层伤害和延伸储层的作用。

（1）低伤害低摩阻压裂液研究。裂缝导流能力是影响气井产量的重要因素，是支撑裂缝宽度和支撑剂所在地层渗透率的函数。由于滤失的原因，在支撑剂充填过程中，交联的液体被浓缩了许多倍。被浓缩的交联聚合物如果在施工后没有降解，将严重地降低支撑充填层的渗透率。在松南气田火山岩产层压裂过程中，采用了新型的瓜胶优化压裂液体系。为了考察所优选压裂液配方对岩心基质造成的伤害，选择人造岩心对所优化压裂液配方进行压裂液破胶液对岩心基质伤害评价。实验结果表明，采用新型瓜胶优化的压裂液体系，相对于原压裂液体系对地层基质伤害有了很大程度的降低。

（2）加重压裂液研究。对于具有异常破裂压力的火山岩储层，常规压裂液的密度较低，井筒中压裂液的液柱压力低，不能抵消地层高压传递到井口的压力，施工时井口压力会较高，无法保证施工安全和措施效果，甚至利用目前的技术与装备根本无法进行施工作业。为解决以上难题，在松南气田开发中采用加重液体技术。加重压裂液即在压裂液中加入加重剂无机盐，增加压裂液密度，可以增加井筒的液柱压力，降低井口压力，达到将高应力储层压开和延伸的目的。

8.3.2　火山岩储层酸化工艺

酸化预处理技术就是在地面用高压泵车，通过管柱向目的层注入一定浓度的酸液体系，通过酸液体系与地层中钻井液、滤液和地层中的可酸蚀成分发生化学反应，达到清除地层孔隙污染和扩大孔隙的作用，同时引起岩石力学性质劣化，从而为后续的加砂压裂施工降低难度。由于酸化作用破坏了井眼附近地层岩石的结构，进而改变了岩石力学性质，从而达到降低地层本身的破裂压力的目的。酸化预处理是最常见的降低破裂压力的措施，但是在火山岩储层酸化实际施工设计过程中，对于注酸类型、酸液浓度及注入量，酸化后的破裂压力降低效果仍处于经验指导状态，没有一个定量计算值，这造成了施工的盲目性和任意性。

8.3.2.1　影响火山岩岩石力学参数的因素

火山岩酸化预处理就是要通过酸岩反应改变岩石本身的力学性质，从而达到降低破裂压力的目的，因此找出影响岩石力学参数的因素，清楚认识各影响因素与岩石力学参数之间的关系是深入研究火山岩降低破裂压力机理的基础。岩石力学性质是指岩石在受力情况下的变形特征，常用的表征岩石力学性质的参数有抗压强度、杨氏模量和泊松比等。理论研究和大量实验结果表明，火山岩强度受很多因素的影响，包括：矿物成分、密度、孔隙度、岩石矿物排列结构、含水饱和度等。

8.3.2.2　酸岩反应岩石损伤实验

1. 实验过程

为了准确、定量描述向火山岩地层注入酸液过程中引起的岩石性质劣化程度，采用了注酸酸化实验和利用高温高压三轴应力实验仪测定岩石力学参数变化相结合的实验方法。实验流程如图 8 – 26 所示。

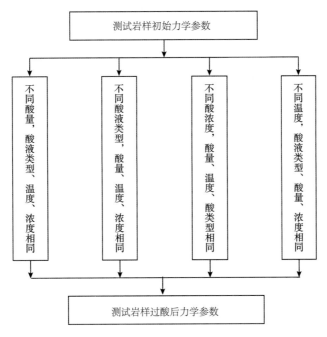

图 8 – 26　岩石损伤实验过程简图

实验中注了三种酸液，分别是 15% HCl + 5% H_2SiF_6；15% HCl + 1% HF；15% HCl + 3% HF。为了简便描述，分别叫酸液一、酸液二、酸液三。所用岩心均取自松南气田营城组火山岩层段。

2. 实验结果分析

分析注酸引起的岩石力学参数变化曲线（图 8 – 27 ～图 8 – 32）不难看出：注酸量是影响火山岩岩石力学参数的主要因素之一。火山岩在初始注酸时，参数变化很快；但随着注酸量的增加，变化趋于平缓。主要原因是：①酸与火山岩中硅铝酸岩矿物反应，在矿物表面有硅胶薄膜沉淀，抑制了酸与矿物的进一步反应；②酸已经和容易溶解的矿物反应完全，注酸和注其他类型液体从溶解岩石矿物的角度来说没有什么区别，不能进一步大量与矿物发生反应。同时，可以看出注酸量 10PV 应该是注酸引起火山岩力学参数变化的注酸量拐点。在注酸量小于 10PV 时，随着注酸量的增加，岩石力学参数变化很快；注酸量大于 10PV 后，力学参数变化趋于平缓。这个现象可以说明，在实际设计现场酸预处理施工时，注酸量不易太大，否则会造成不必要的浪费。而注酸量偏小，施工效果不佳。

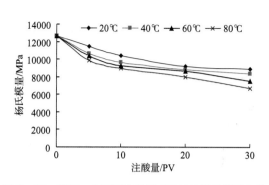
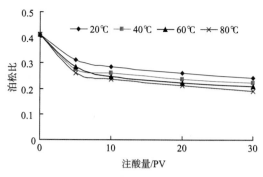

图 8-27　酸液一在不同注酸量下引起的杨氏模量变化　图 8-28　酸液一在不同注酸量下引起的泊松比变化

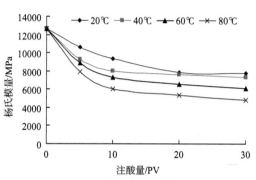
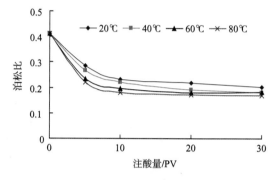

图 8-29　酸液二在不同注酸量下引起的杨氏模量变化　图 8-30　酸液二在不同注酸量下引起的泊松比变化

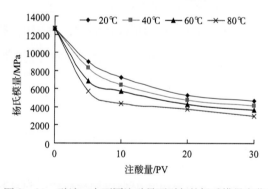
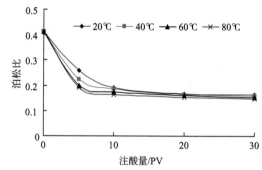

图 8-31　酸液三在不同注酸量下引起的杨氏模量变化　图 8-32　酸液三在不同注酸量下引起的泊松比变化

8.3.2.3　酸岩反应前后火山岩微观结构实验

全岩分析的理论依据则是从各矿物的物理性质出发，利用 X 衍射定量分析各矿物的成分、含量。

针对注酸过程中注酸端口压力大，流量非常小的具体情况，对火山岩样品进行了全岩分析实验，实验结果是：原始岩样、10PV 注酸条件下的 20% HCl + 3% HF 处理后的岩样和 10PV 注酸条件下 20% HCl + 5% HF 处理后的岩样的三种结果（表 8-25）。

表 8 – 25　岩心注酸前后的全岩分析实验（相对含量）

矿物成分	绿泥石/%	伊利石/%	石英/%	斜长石/%	方解石/%
未处理	4.91	3.77	22.24	67.54	1.54
20% HCl + 3% HF	0	2.02	26.70	71.28	0
20% HCl + 5% HF	0	1.89	33.43	64.68	0

从结果不难看出，绿泥石、方解石两类酸敏矿物遇酸后迅速发生反应，在酸浓度不高的情况下被全部反应掉；伊利石反应速度稍慢，仅仅有部分被反应掉；矿物骨架里面的长石、石英也参加了反应，斜长石比石英反应更为迅速。

矿物含量的减少必然导致孔隙含量的增加，岩石的有效承载部分被削弱，显而易见，火山岩强度降低，达到了降低破裂压力的目的。

火山岩酸化预处理的主要目的有两个：①通过酸液与岩石矿物成分的反应，导致岩石力学性质的劣化，降低地层破裂压力；②通过酸液与岩石矿物的反应，改善岩石物性参数，使地层吸液能力得到提高，有利于压裂施工时提高排量，进而形成宽的裂缝，改善裂缝导流能力。实验所用火山熔岩样品孔隙度为 8%，渗透率为 $0.19 \times 10^{-3} \mu m^2$，物性条件很差。

图 8 – 33 和图 8 – 34 是岩心注酸前、后的孔隙大小分布图，由此可以看出，注酸前毛细管孔隙占到总孔隙的一半左右，最大孔隙直径也不到 2.5mm；注酸后孔隙结构明显得到改善，毛细管孔隙减少，与之相对应的超毛细管孔隙增加，且增加幅度明显。

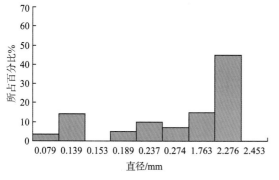

图 8 – 33　注酸前岩石孔隙大小分布图

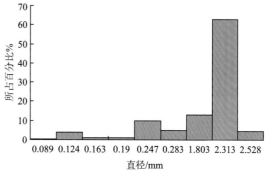

图 8 – 34　注酸后岩石孔隙大小分布图

从微观实验结果可以看出，在酸化过程中，酸溶解岩石内部的钙质、长石等易溶矿物，使得岩石单位体积内的岩石矿物含量下降，与之相对应的是孔隙度的增加。这两个方面复合的结果必然导致岩石受压情况下的承载部分减小，岩石强度降低，最终使地层破裂压力降低。

8.3.2.4　酸液主体配方优选

酸液主体配方优化考虑了两个方面的影响：一是酸对储层岩石的溶蚀；二是酸对泥浆材料的溶蚀。综合这两个方面，优选主体配方。

1. 酸对储层岩石的溶蚀

对于流纹岩储层，优选具有代表性的岩心，并开展岩石的全岩矿物分析。通过室内实验发现，当盐酸（HCl）含量从15%增加到20%时，岩屑溶蚀率增加幅度很小，甚至没有增加或略有减小，因此确定盐酸合适含量为15%；当氢氟酸（HF）含量从1%增加到3%时，岩屑溶蚀率较大，确定氢氟酸合适含量为3%。

2. 酸对泥浆材料的溶蚀

泥浆漏失是流纹岩储层伤害的主要原因。常用的堵漏泥浆基本配方为：膨润土浆 + 石棉绒（1~3mm）+ 复合 + 随钻 + 棉籽壳（2~4mm）+ 果壳（1~3mm）+ 核桃壳（2~4mm和5~6mm）+ 蚌壳粉（1~2mm）。将泥浆材料分为6份，采用不同的酸液进行溶蚀。

根据实验结果，最终选择的酸液主体配方为15% HCl + 3% HF。

8.3.2.5 水平井均匀酸化技术

针对长水平段酸液局部突进问题，开展酸化工艺优化。通过技术调研，归纳为以下几个方面（表8-26）。

表8-26 水平井均匀酸化工艺

布酸工艺	优 点	缺 点
机械分流技术	布酸段明确，均匀酸化效果较好	需封隔器、滑套等工具配合；分段数较少
连续油管布酸技术	不动井下管柱、作业时间短、二次伤害小	费用高
稠化分流技术	成本低、省时、现场操作方便	均匀布酸效果难以评价
泡沫分流技术	省时、现场操作方便	均匀布酸效果难以评价

结合松南火山岩储层特征及目前的经济形势，火山岩长水平段均匀布酸工艺采用稠化分流技术。

通过室内实验优化了稠化酸液体系，采用转向酸转向性能评价装置对稠化酸进行评价，土酸对低渗透岩心的酸化效果仅达到1.15，而转向酸液体系能够达到1.5以上，最高可以达到3.01，明显好于常规土酸。可见，研究形成的转向酸液体系转向效果明显。

8.3.3 现场实践及效果

火山岩压裂关键技术，不仅在直井中得到应用，在水平井分段压裂中也获得良好效果，截至目前，共计对6口井进行了储层改造，其中压裂井4口，酸化井2口。4口水平井平均单段加砂30.8m³，破裂压力平均55MPa（34.7~68.7MPa），施工排量4.4~8m³/min，平均砂比12.82%，酸化井平均单井加酸285m³，截至目前，累计增气4.12×10⁸m³（表8-27和表8-28）。

表 8-27 松南火山岩气田压裂统计表

井号	压裂井段/m	支撑剂/m³	排量/(m³/min)	破裂压力/MPa	施工压力/MPa	停泵压力/MPa	平均砂比/%
YP14	4458~4460（补射） 4436~4438m	11	4.4	68.7	56~68	35.8	10.6
	4363~4365	22	4.9~5.3	56.3	51~55	44.2	11.4
	4265~4267	22	4.4~5.2	59.3	51~61	47.4	11.4
	4043~4045	22	5.8	42.1	37~41	31	12.4
	3898~3900	52	7.2	34.8	26~28	24.9	16.5
	3758~3760	50	7.2	43	34~36	35.6	17
YP15	4639~4641	12	5.9~6.5	64.2	55~68	砂堵	12.5
	4546~4548	27	7.4	66.1	56~60	47.5	9.5
	4450~4452	9	6	67.2	60~62	45.4	9.3
	4348~4350	48	7.5	64.2	47~50	40.6	13.6
	4204~4206	28	6.4	64.9	56~60	49.6	14.2
	3950~3952	23	3~3.5	67.8	55~64	34	7.9
	3870~3872	15	7.6	60.2	41~46	31.3	10.5
YP12	4398~4401	50	6	45	37~43	37	16.7
	4267~4270	50	6	53.2	36.5~45	40	16.9
	4150~4153	10	6	66.6	48~62	41.4	8.85
	4030~4033	30	7.2	42.8	32~35	30.3	12.2
	3910~3913	36	7.6	38.3	31~33	24.9	12
	3790~3793	28	7	37	30~32	28.2	11.1
YP2	4195~4196、4251~4252	35	6~8	48	35~45	34	18
	4095~4096、4145~4146	60.6	8	58	34~43	38	18.15
	3996~3997、4046~4047	45	4~8	51	40~50	41	15.7
	3896~3897、3946~3947	62.8	4.5~8	50.5	44~53	42.6	16.3
	3796~3797、3846~3847	10.5	6~8	57.8	44~60	37.6	7.5
	3653~3654、3728~3729	14	2.5~4	58	56~63	52	5~8

表 8-28 松南火山岩气田酸化井统计表

井号	层位	井段/m	施工参数							生产情况	
			总液量/m³	酸量/m³	排量/(m³/min)	破裂压力/MPa	施工压力/MPa	停泵压力/MPa	液氮/m³	日产气/m³	日产水/m³
YP13	营城组	3900.51~4166.48	417	370	0.5-1.6		0~6.9	0	36	130547	13.6
YP5	营城组	4203~4598		200			34—21—15—2MPa	2.3	0	20700	0.2

8.4 地面工程

松南气田由于其特殊的天然气性质、冬季寒冷的气候条件，对地面配套工程提出了一系列新要求：①火山岩气藏属于高含 CO_2 天然气藏，酸性的天然气极易对管道及设备形成腐蚀，而 CO_2 直接排放则既造成了资源浪费，也造成了温室气体污染。因此，在松南气田地面工程建设初期，管道及设备防腐和 CO_2 回收是摆在生产人员面前的首要难题。②中国东北地区冬季时间长，天气寒冷，天然气在集输过程中极易形成天然气水合物堵塞管道，对输气安全造成很大的影响，因此，地面管线敷设要考虑对天然气水合物形成的预防和监控。面对挑战，通过科研和生产人员的不懈努力，松南气田创新研发了一整套高含 CO_2 天然气集输、净化、CO_2 回收利用设施和工艺，实现地面与地下配套，生产与销售一致，达到了气田开发综合效益良好的目标。

8.4.1 地面集输系统

8.4.1.1 集气工艺

松南气田位于吉林省松原市，冬季漫长（11月到次年3月）且天气寒冷（最低气温可达 –30℃），天然气在集输过程中极易形成天然气水合物，造成管线堵塞，使气井不能正常进行生产，因此在集输过程中应注意和避免水合物的生成。另外，松南气田产出天然气中 CO_2 含量可高达 20% 以上，CO_2 可引起集输系统迅速全面腐蚀和严重的局部腐蚀，使得管道和设备发生早期腐蚀失效，造成巨大的经济损失和严重的社会后果。因此，在松南气田开采过程中，需采用相应的天然气集输工艺措施，有效避免管道内天然气水合物的形成和 CO_2 腐蚀的发生。

1. 管道内水合物形成温度

天然气水合物是指在一定的温度和压力条件下，天然气从气井中开采出来，在输送过程中与在管道、分离器等设备中析出的游离态的水络合成像冰雪一样的复合物。气田地面集输系统容易被这些水合物堵塞，从而影响气井正常生产，因此在天然气集输过程中，应注意并避免水合物的生成。表 8 –29 给出了松南气田天然气在不同压力条件下水合物的形成温度。

表 8 – 29 不同压力条件下腰英台天然气水合物形成温度

压力/MPa	42	35	30	28	26	25	20	12.5	9	8	5	2.7	1.5
水合物形成温度/℃	26.19	24.94	23.92	23.47	23.0	22.74	21.3	18.3	15.9	15.01	7.9	2.04	– 10.45

2. 集气工艺选择

集气工艺方案的选择需根据井口气体流量、压力、温度参数，通过投资和运行费用的

松南火山岩气田高效开发技术与实践

详细对比后确定。通常采用的集气工艺有加热集输和常温注醇（防冻液）方案，如井口温度低于水合物形成温度，要考虑采用注醇工艺，如生产条件下井筒内不产生水合物，可采用加热与注醇相结合的集输工艺。

（1）加热集输工艺。加热集输工艺即在井口设置加热炉，使天然气运行温度高于水合物的形成温度，从而防止水合物的生成。加热集输的集气方式应用较广，其节流与加热都在井口完成，可以根据井口产出物组成、生产条件采取先加热后节流、先节流后加热甚至分几级节流加热的工艺流程。加热集输工艺较简单，但需在每口气井井场设置加热及节流设施，会导致管理点增多。

（2）常温注醇集输工艺。常温注醇工艺是指在井口注入水化物抑制剂，防止输送过程中出现水合物冻堵管线，比较常用的抑制剂有甲醇、乙二醇、二甘醇等，其中以甲醇、乙二醇比较常用。

从松南火山岩气田生产情况来看，冬季天然气井口温度仍高于水合物形成温度，故正常生产时可不考虑采用井筒注醇的措施。但在井口节流后的温度以及集输过程中的温度会低于水合物形成温度，即可能会形成水合物并造成冻堵，所以必须采取措施避免这种情况出现，可采取加热或注醇的方式，确保天然气在井口节流后，集输过程中不形成水合物。

3. 集气压力的确定

集气压力应综合考虑气藏压力、CO_2 腐蚀、水合物形成、天然气处理装置以及集输和外输管道优化等因素。集气压力高，有利于降低天然气处理装置和输气管道投资，但对气藏的最终采收率有一定影响，并增加了 CO_2 腐蚀和水合物形成的机会；集气压力低，气田压力能没有得到充分利用，天然气处理装置特别是长输管道的投资将大幅增加。

松南火山岩气藏气井井口压力 8.5～35MPa，若按井口压力设计集气管线的压力，高压集气存在安全问题，并且管线的壁厚较大，增加了管线投资，根据井口流量不同井口温度在 25～73℃，井口、采气管线以及集气管线以不形成水化物为原则，采气管线进集气站压力为 8.69MPa，采气管线及集气管线进集气处理站压力为 8.2MPa，经计算确定采气管线和集气管线的设计压力为 9.8MPa。

综合气藏压力、天然气净化装置操作压力、外输压力及投资等因素，松南气田集输工艺采用二级布站方式，采用井口节流降压工艺，采气管线保温输送。为防止井流物结蜡、防止水合物形成、CO_2 腐蚀等，对输送温度和压力的要求为一级节流将压力降到 9.0～9.4MPa 后去集气处理站或集气站。区块南部的 12 口气井首先进集气站，在集气站计量后经 DN250 集气管道输送至集气处理站处理。区块北部的 12 口井采出气直接进集气处理站。

8.4.1.2 井口的自动化控制

在松南气田采气过程中，井口设置井口 RTU，井口 RTU 上传井口压力、井下安全阀的开关状态、地面安全切断阀的开关状态、井口温度、井口套压、一级节流后温度及一级节流后压力等参数。这些参数通过井口数传电台汇集到集气处理站中控室，实现远程控制关井，并且能够实现在井口集输压力或者一级节流后的压力超高、超低时自动关井。

8.4.1.3 管道材料优化

CO_2 腐蚀是油气生产中遇到的较普遍的一种侵蚀形式，在使用碳钢和低碳钢的场合，它可能导致较高的腐蚀速率和严重的局部腐蚀。在石油天然气工业中，国内外众多的 CO_2 腐蚀失效事例表明，CO_2 可引起迅速全面腐蚀和严重的局部腐蚀，使得管道和设备发生早期腐蚀失效，造成了巨大的经济损失和严重的社会后果。CO_2 通常作为油气伴生气或天然气的组分之一存在于油气中，干燥的 CO_2 对钢铁没有腐蚀，但在潮湿的环境下或溶于水后，在相同的pH值条件下，它对钢铁的腐蚀比盐酸还严重。管道的 CO_2 腐蚀多是高压多相流动介质 CO_2 腐蚀，受到流速、温度、压力等许多因素的影响，不仅会发生大面积的全面腐蚀，而且往往发生点状、台地状、涡旋状和烧瓶状等局部腐蚀，危害很大。根据松南气田的油藏开发数据，松南气田气中含有 CO_2、游离水及含 Cl^-，因此集输系统的腐蚀与防护不可忽视。

1. CO_2 腐蚀的影响因素

CO_2 溶于水后对钢铁有极强的腐蚀性。在相同的pH值下，CO_2 的总酸度比盐酸高，对钢铁的腐蚀比盐酸严重。CO_2 腐蚀往往表现为全面腐蚀和一种典型的沉积物下方的局部腐蚀共同出现。腐蚀产物（$FeCO_3$）及结垢产物（$CaCO_3$）或不同的生成物膜在钢铁表面不同区域的覆盖度不同，不同覆盖度的区域之间形成了具有很强自催化特性的腐蚀电偶，CO_2 的局部腐蚀就是这种腐蚀电偶作用的结果，一旦发生上述过程，局部腐蚀就会突然变得非常严重。此外，温度、CO_2 分压、流速、pH值、Cl^-、HCO_3^- 等都会影响或者加速金属材料的 CO_2 腐蚀。

2. 管道选材

从国内外文献和研究报道的耐蚀材料选择、防腐经验和所采取的措施来看，不同 CO_2 气田的腐蚀环境，所采用的耐蚀材料及防腐措施也各有不同。国外比较重视采用高耐蚀性的金属材料来减缓腐蚀的措施。采用提高管道材质本身抗腐蚀性能来防止各种腐蚀不仅是各种防腐措施中最可靠的，也是有效安全、简便易行的措施。

目前，油气管线用钢主要以碳钢和低合金钢为主，当输送介质具有腐蚀性时，则应选用耐腐蚀性较好的高合金钢。合金元素对管道内 CO_2 的腐蚀速率有一定的影响，向低碳钢和低合金钢中添加少量的合金元素，其耐腐蚀性将提高。根据松南气田 CO_2 高度腐蚀工况条件，为防止松南气田因管道腐蚀造成天然气集输系统严重危害，经过对国内外含 CO_2 气田集输系统管道管材的研究，从安全性、经济性、生产制造能力以及现场施工的质量控制等多方面综合考虑，松南气田井场工艺管线选用316L不锈钢材质，集气管线选用 L360 + 316L（4mm + 2mm）的复合钢管以及其相应的焊接工艺，成功地解决了 CO_2 腐蚀对集输管道造

松南火山岩气田高效开发技术与实践

成的危害，保障了松南气田的安全生产，同时也有效降低了投资成本。

松南气田已建成生产井场24座，集输管道44.3km，集气干线3.9km，集气站一座，集气处理站一座，集气量$300 \times 10^8 \mathrm{m}^3/\mathrm{d}$，集输系统从2009年投产至今连续平稳运行。

8.4.2　净化及处理系统

8.4.2.1　工艺流程

松南气田天然气处理设施主要设在集气处理站，集气处理站位于气田北部，集气和天然气处理合并建设。集气处理站自2009年投产来，保持平稳、连续运行，进入2015年冬季以来，气田日产原料天然气维持在$(200 \sim 280) \times 10^4 \mathrm{Nm}^3$。经过处理的天然气$CO_2$含量及含水量绝大多数时间符合《天然气》（GB 17820—2012）中二类气标准以上。集气处理站工艺流程复杂、设备仪表繁多，具有天然气井集气、天然气处理、外输的功能，共有天然气集气计量、天然气脱汞、天然气脱碳、天然气脱水、天然气外输、CO_2回收液化、液态CO_2储存外销七个功能区块。本书重点介绍一下集气计量单元、脱汞单元、脱碳单元、脱水单元和CO_2回收单元（图8−35）。

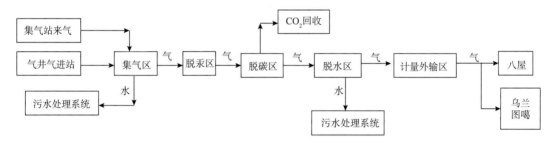

图8−35　集气处理站工艺流程示意图

8.4.2.2　集气计量单元

由站外集输来的天然气依次进入单井计量分离器分离计量，进入汇管后进生产分离器分离。分出的气进入脱汞区。

8.4.2.3　脱汞单元

脱汞流程设置于处理站内工艺流程前端，两列脱汞塔可串联或并联运行，采用湿法脱汞工艺，设计处理规模$300 \times 10^4 \mathrm{Nm}^3/\mathrm{d}$，脱汞处理后天然气汞含量$\leqslant 1 \mu \mathrm{g}/\mathrm{Nm}^3$，实测出口汞含量$0.83 \mu \mathrm{g}/\mathrm{Nm}^3$。装置自投用以来运行稳定，脱汞效果显著，是中国石化首家采用金属硫化物脱汞的工业应用企业。

8.4.2.4　脱碳单元

MDEA溶剂吸收法是目前常用的脱除酸性气体的工艺方法。松南气田脱碳装置采用由南化集团研究院研究开发的新型活化剂，其醇胺分子结构中具有位阻效应，与CO_2反应不生成稳定的氨基甲酸盐，胺所能吸收的CO_2量可趋近于1mol/mol。因此，与常规烷醇活化剂相比，吸收能力大，再生能耗低、腐蚀性小、稳定性高。具体工艺为：含碳天然气先进入吸收塔，在吸收塔内，天然气自塔底向上流动，在塔板上与自上而下的MDEA溶剂（贫胺液）逆流接触，原料天然气中的大部分CO_2被MDEA溶液吸收，出塔顶的天然气即为脱碳后的天然气（CO_2含量降低至3%以下）。吸收塔塔底出来的MDEA富液经能量回收后进闪蒸塔进行节流闪蒸，分离出部分CO_2气体，然后经换热器换热后进入再生塔的上部进塔，在再生塔内自上而下流动，经减压解析出吸收的CO_2，并在再生塔中间经蒸气加热器，使之维持溶液温度。由再生塔塔底出来的MDEA贫液经冷却后，再次由贫液泵送入吸收塔上部，完成溶液的循环流程。脱碳后的天然气再经后续的脱水装置进行处理，达到水露点要求后即可作为商品气外输。

松原集气处理站应用的两步再生的节能流程，使整个装置的能耗大大降低，与国内同类装置相比，新型溶液吸收能力提高，单位能耗下降，为国内首创，并达到了国际先进水平。松南气田高含碳天然气脱碳工艺技术应用于高压高含碳天然气的净化，取得了良好的经济和社会效益。

8.4.2.5 脱水单元

天然气脱水是指从天然气中脱除饱和水蒸气或从天然气凝液（NGL）中脱除溶解水的过程，脱水的目的是：①防止在处理和储运过程中出现水合物和液态水；②符合天然气产品的含水量（或水露点）质量指标；③防止腐蚀。因此，在天然气露点控制（或脱油脱水）、天然气凝液回收、液化天然气及压缩天然气生产过程中均需要进行脱水。此外，采用湿法脱硫脱碳后的净化气也需要脱水。目前，国内外应用较广泛、技术较成熟的降低水露点工艺主要为脱水工艺，主要有：低温分离、溶剂吸收和固体吸附三种方法，简述如下：

1. 低温分离法

低温分离法一般用于有地层压力能可利用的高压气田，且进站原料气压力与外输产品气压力有较大的压降余地。为保证低温分离工艺的顺利进行，需注入防冻剂。常用的防冻剂有乙二醇、甲醇等，其中甲醇对操作人员的身体健康有害，且不易回收利用；乙二醇防冻效果好，易于回收利用，操作成本低，通常被采用。

2. 溶液吸收法

溶液吸收法主要以甘醇溶剂吸收为主，是利用溶剂的良好吸水性能，通过在吸收塔内天然气与溶剂逆流接触进行气液传质，以脱除天然气中的水分，露点降可达40℃。常用的溶液吸收法主要有三甘醇脱水法。

3. 固体吸附法

固体吸附法是利用固体干燥剂表面吸附力将湿天然气中的水分子吸附脱除的方法，一般用于小流量、需要大露点降的天然气脱水中。常用的固体吸收法主要有分子筛脱水法。

松南火山岩气田采用三甘醇脱水工艺，其具有脱水露点降大、成本低、运行可靠以及经济效益好的特点。脱水装置由高压吸收系统和低压再生系统两个部分组成。通常，将再生后提浓的甘醇溶液称为贫甘醇，吸收气体中水蒸气后浓度降低的甘醇溶液称为富甘醇。由再生系统来的贫甘醇先经过冷却和增压进入吸收塔顶部塔板后向下层塔板流动，由吸收塔外的分离器和塔内洗涤器（分离器）分离出的原料气进入吸收塔的底部后向上层塔板流动，二者在塔板上逆流接触时使气体中的水蒸气被甘醇溶液吸收。吸收塔顶部设有捕雾器（除沫器），以脱除出口干气所携带的甘醇液滴，从而减少甘醇损失。吸收了气体中水蒸气的富甘醇离开吸收塔底部，经再生塔精馏柱顶部回流冷凝器盘管加热后，在闪蒸罐内分离出富甘醇中的大部分溶解气，然后再经过织物过滤器（除去固体颗粒，也称滤布过滤器或固体过滤器）、活性炭过滤器（除去重烃、化学剂和润滑油等液体）和贫/富甘醇换热器进入再生塔，在重沸器中接近常压下加热以蒸出所吸收的水分，并由精馏柱顶部排向大气或去放空系统。再生后的贫甘醇经缓冲罐、贫/富甘醇换热器、气体/甘醇换热器冷却和用泵增压后循环使用。

8.4.2.6 CO_2回收单元

来自天然气脱碳单元的 CO_2 气体纯度达 99.48%，同时含有微量的甲烷、乙烷、氮气、硫化物和饱和水。由于水的存在影响管道的输送效率，水环境下硫化物和 CO_2 会加剧对管道内壁的腐蚀，且低温下形成固态水合物，可能导致管道或设备堵塞。因此，在液化之前，需要采用有效的、经济合理的技术方法予以脱除。一般来说，CO_2 液化生产工艺主要是按系统压力不同，分为高压法、中压法和低压法。

1. 高压法

将原料 CO_2 气体通过压缩机提压至 7.28MPa（临界压力）以上的高压，充入钢瓶，用低于 31.4℃（临界温度）的冷却水喷淋使瓶内气体液化。该方法工艺简单、流程短、不需要制冷机、操作方便。但缺点也很明显：加压后直接装瓶，产品不经过净化过程，CO_2 产品纯度低，杂质多，只能用于一般的工业用途。如果加压后净化，则净化过程的设备需要在8MPa的高压下操作，设备投资成倍增加，同时操作危险性增加。更为重要的是，液化只能在钢瓶中进行，无法存储于大型储罐，更不能装入槽车进行远途运输，严重限制了大规模的工业生产。

2. 中压法

中压法适合于 CO_2 纯度≥90%的原料气生产。系统压力为 2.5～4.5MPa，用制冷机冷却到 -20℃液化，得到液态 CO_2。由于该工艺对原料气适应性较广（原料气品质波动对产品质量影响较小），目前被国内大多数 CO_2 生产企业采用。较高压法而言，虽然增加了一套制冷系统，操作复杂，但中压法可大大减少 CO_2 压缩机的电耗。在投资方面，高压压缩机的价格比中压压缩机的价格高 2.6 倍，远远超过中压压缩机和制冷机价格总和，故中压法可降低成本，提高经济效益。所得液态 CO_2 产品可用管道输送到储罐中，便于大规模的储存和装车运输。

另外，采用中压法，CO_2 原料气经过压缩、冷却、干燥脱水、吸附脱微量饱和水、吸附脱除乙烯、氨冷凝液化、精馏分离脱低沸点组分，塔釜即可制得纯度≥99.99%的高纯度食品级液态 CO_2。

3. 低压法

该工艺适合 CO_2 纯度≥98%的原料气生产。系统压力为 1.8MPa，CO_2 的液化温度为≤ -35℃。虽然该工艺的制冷系统比较复杂，但由于压缩机功耗低，设备的耐压要求低，因而投资较低。然而，由于该工艺所允许的原料气品质波动范围很窄，生产条件较为苛刻，一般只适用于原料气纯度较高，且杂质基本以水溶性含氧有机物为主的酒精厂发酵气工艺方案的生产。

考虑到相关设备尺寸大小的合理性，综合比较确定中压法为 CO_2 的液化生产工艺，选取液化操作压力为 4.5MPa。为方便操作，采用两步液化，先初冷到 -10℃，再终冷到 -20℃，然后用管道输送到储罐。

从天然气脱碳系统而来的 CO_2 原料气在 0.03MPa 压力条件下，进入原料气分离器缓冲分水。分离污水排入排污总管，分离后的 CO_2 气体进入压缩单体，通过四级压缩将原料气由常压压缩到 4.5MPa，冷却后的 CO_2 气体进入除油净化塔。除油净化塔由 2 个组成，可串联操作，也可并联操作。经过除油净化塔后，CO_2 里的油和硫化物被彻底脱除，然后进入干燥器进行吸附脱水，干燥器的设置为一开一备的形式。干燥后 CO_2 温度约为 40℃，采用两步液化法，经过冷却和液化，温度分别降至 8℃和 -5℃。CO_2 液化后降温到 0℃左右，进入精馏塔中排除轻组分后，液体从精馏塔底中引出，经 CO_2 过冷器进一步冷却到 -20℃，再经节流降压到 2.0MPa 后送到产品贮罐中储存。CO_2 降温液化的冷量是由氟利昂制冷系统提供的。气态氟利昂进入螺杆式压缩机压缩后进入蒸发式冷却器中，被冷却水蒸发冷却为液态氟利昂，贮存在贮槽中。由贮槽出来的液态氟利昂，经过节流后温度降到 -5℃和 -25℃两种规格，分别进入液化器、CO_2 冷凝器和过冷器、回流分离器中，把气

体 CO_2 液化过冷后，液态氟利昂本身被汽化重新返回到压缩机中（图 8 – 36）。

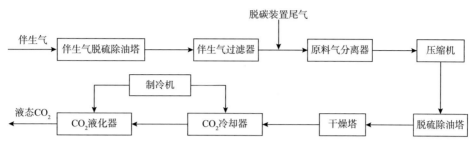

图 8 – 36　CO_2 处理工艺流程示意图

8.4.3　配套系统

8.4.3.1　自控系统

松南气田集气处理站自控系统采用集散控制系统（DCS）完成站内天然气集气处理装置、公用工程及辅助系统的集中监测与控制。集气处理站 DCS 系统主要由 1 套过程控制系统（PCS）和 1 套安全仪表系统（SIS）组成，其中 SIS 系统又由 1 套紧急停车子系统（ESD）及 1 套火气子系统（F&S）组成。PCS 系统、SIS 系统通过工业以太网与中央控制室上位计算机管理系统连接。DCS 系统分为主站和远程 I/O 站两个部分。DCS 主站安装在中心控制室，远程 I/O 站安装在站内总配电室。主控制站主要接收集气计量区、外输计量区、脱碳装置区、脱水装置区、CO_2 液化装置区以及共用工程装置区的工艺参数信号。远程 I/O 站主要接收总配电室内各种机泵的运行状态和控制信号、CO_2 储存装置区及装车区的工艺参数信号，并通过光纤与主控制站连接。

SCADA 系统对松南气田各站（井）实施远距离的数据采集、监视控制、安全保护和统一调度管理。调控中心可向各站控系统发出调度指令，由站控系统完成控制功能。调控中心通过通信系统实现资源共享、信息的实时采集和集中处理。

采用 SCADA 系统对松南气田各站场（井口）进行有效地监视、控制，实时掌握运行数据，进行科学分析处理，提供优化决策，合理调配、利用能源，保证安全平稳供气，避免灾难性的事故发生，提高系统整体运行的可靠性。生产过程的实时监控与信息系统的有机结合，实现现代化快速统计分析，保证信息反馈及时、准确，为指导生产和管理提供决策依据。采用 SCADA 系统，可及时处理操作报警和实施阀门的紧急关断，减少天然气的泄漏和环境污染。由于具有实时、可靠的数据采集和远程控制能力，可以实施新的运行管理机制，做到减员增效。

站场（井口）在松南气田已建的调控中心的统一调度下，协调优化运行。原 SCADA 系统已有 GPS 时钟系统，可实现调度控制中心服务器、井口 RTU 系统与 GPS 系统时钟同步。

8.4.3.2 通信系统

松南气田利用光缆作为生活管理基地与集气站、集气处理站以及所管辖站场间以太网系统数据的传送。通过网络交换机设备（生活及管理基地控制室作为该工程通信系统的网管控制中心）的以太网通道传输软交换语音信号、SCADA 数据信号、图像监控信号及局域网办公网络信号，并汇集各站的 SCADA 数据、监控信号一同上传至生活基地通信控制室进行监视和管理。

松南气田选择公网通信作为备用通信系统。从查干花镇引入生活及管理基地综合楼通信控制室 1 条公网数据电路，作为 SCADA 数据传输的备用通道，同时引入公网话音电路作为备用话音传输通道。

8.4.3.3 电力系统

松南气田建设 66/10kV 变电所和天然气发电站各一座，66kV 电源从乾安 220kV 一次变引而来，通过 66/10kV 变压与变电所 10kV 系统联接。10kV 接线为单母线分段接线，发电机和地方电源分别接在不同的母线段上，采用分段运行方式。

8.4.4 CO_2 综合利用

松南气田属于高含 CO_2 型火山岩气藏，通过 CO_2 的回收，不但实现了环境治理，减少温室气体排放，还通过 CO_2 驱油技术，将营城组火山岩气藏中采出的 CO_2 回注到登娄库组油藏中进行 CO_2 驱油，实现了 CO_2 综合利用，提高了气藏开发的经济效益。

8.4.4.1 CO_2 驱油原理

CO_2 驱油是将 CO_2 注入油层，利用其在原油中溶解降低原油黏度和界面张力并使原油体积膨胀，产生溶解气驱等特性，以降低注入压力，有效扩大波及体积，改善原油流动性，降低残余油饱和度，提高原油采收率的技术。该技术作为提高油田采收率的有效措施，目前在国内外已经得到广泛共识。为了实现断陷层采气，坳陷层驱油，实现 CO_2 的综合利用，对 CO_2 驱进行了先导性试验。

1. 先导性试验背景

东北油气分公司腰英台油田与松南气田含油、含气层系上下叠置。上部腰英台油田为特低渗透油藏，CO_2 试验区主力油层（青二IV、青一II）平均渗透率为 $1.9 \times 10^{-3} \mu m^2$，平均孔隙度为 12.1%。储层原始原油含油饱和度低，测井二次解释为 41%，油水同层发育。储层天然裂缝较发育，裂缝密度为 0.312 条/米，CO_2 先导试验区油井自然产能低，压裂后含水高，投产初期含水为 40% ~ 60%，气驱前综合含水为 85.4%。无效井和低效井比例大、采油速度低，地层压力下降快，采收率低，急需实施有效的提高采收率技术。其下部松南气田火山岩气藏，井口气中 CO_2 含量 22% 左右，产出 CO_2 仅仅依靠化工、民用处理，无法得到有效解决，而利用 CO_2 驱油提高油藏采收率，可以实现 CO_2 的综合利用和埋存相结合，达到双赢的目的。此外，通过腰英台油田 CO_2 驱油试验探索特低渗透、高含水油藏 CO_2 驱油提高采收率的可行性，促进防腐、防窜等工艺工程技术的发展。

腰英台油田青山口组构造为近南北走向、倾向近西的单斜构造，自西向东依次发育西部低幅度构造带、中部斜坡带、中部地堑带、东部地垒带四个油气成藏区块。截至 2012 年年底，腰英台油田累计探明石油地质储量 $3500 \times 10^4 t$，含油面积 $53.4 km^2$，其中动用石油储量 $3177.2 \times 10^4 t$，总开井数 436 口，年产油 $9.6 \times 10^4 t$，综合含水 89.7%，采油速度 0.3%，采出程度 2.75%。

2. 先导性试验方案

基于以上背景，2010 年，中国石化编制完成了《腰英台油田腰西区块 CO_2 驱油先导试验方案》，腰英台油田 CO_2 驱油总体规划分为四批，第一批在腰西区块 DB33 井区、DB34 井区、DB37 井区实施，设计总井数 149 口，其中油井 106 口，注气井 43 口，方案设计主力含油层系青一 II 砂组、青二 IV 砂组。2011 年编制实施方案，最终结合松南气田 CO_2 供气规模，考虑注采系统、地面集输流程的可操作性，2011 年 4 月在 DB33 井区北部首先实施试注井组。试注井组井网为沿主应力方向排状井网，排距 180m，井距 250m，13 口注入井，注入方式为连续注气，分 2 批实施，额定注入压力 16MPa，单井注入量 25~40t/d，生产井流压 6~7MPa。

3. 现场实施情况

DB33 井区 2005 年 11 月以 K_2qn^1 II 砂层组为主投入注水开发，2008 年 7 月 K_2qn^1 II 砂层组加密井网、K_2qn^2 IV 砂层组投入水驱开采，2009 年 6 月 K_2qn^2 V、K_2qn^1 I 砂层组投入水驱开采，2011 年 4 月后开展 CO_2 气驱先导试验，注气前累计产油 $18.76 \times 10^4 t$，累计产水 $80.35 \times 10^4 m^3$，累计注采比 1.06，地质储量采出程度 3.58%，单井日产油水平 1.7t，综合含水 84.21%。

2011 年，在中国石化油田事业部指导下，实施井组 CO_2 驱先导试验方案。现场注气试验分为两个阶段（表 8-30、图 8-37）。截至 2014 年 5 月末，先后 14 口井注入液态 CO_2，平均单井日注 $40m^3$，注入压力在 8~14MPa，平均 10MPa，累计注液态 CO_2 $18.26 \times 10^4 t$，注入地下 4.7%HCPV，注采井网如图 8-38 和图 8-39 所示，目前含水 84.7%，换油率 0.052，累计增油 9910t，试验区存气率 94.1%。

表 8 – 30　CO₂ 先导试验区现场实施节点

阶　段	时　间	注入井/口	采油井/口	层　位
连续注气阶段	2011 – 4 ~ 2012 – 8	7	31	青二Ⅳ、青二Ⅴ、青一Ⅰ、青一Ⅱ
水气交替阶段	2012 – 9 ~ 目前	12	29	青二Ⅳ、青二Ⅴ、青一Ⅰ、青一Ⅱ

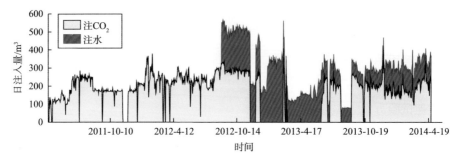

图 8 – 37　试验区 CO₂ 日注曲线

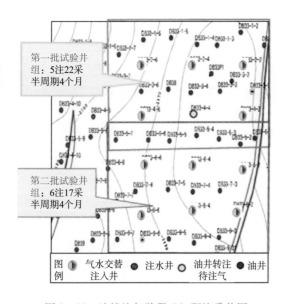

图 8 – 38　连续注气阶段 CO₂ 驱注采井网

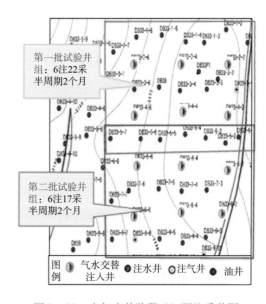

图 8 – 39　水气交替阶段 CO₂ 驱注采井网

8.4.4.2　CO₂ 驱油效果

1. 连续注气阶段，减缓了试验区自然递减

第一批试验井组连续注气 5 个月后日产油量保持稳定。连续注气阶段累计注入液态 CO_2 气 34912t，含水从 85% 下降到 82.6%，累计增油 1192t，换油率 0.034，如图 8 – 40 所示。从 2011 年 5 月气驱开始时间计算，计算气驱油井产油量的月递减率为 1.47%，明显低于同时期 DB33 井区的未气驱井组（产油量月递减 4.06%）（图 8 – 41）。试验区连续注气 17 个月的生产实践表明，CO_2 驱针对特低渗油藏提高采收率有一定效果。

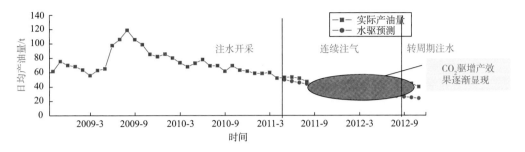

图 8 – 40　第一批油井（前五排）月度日均产油量曲线

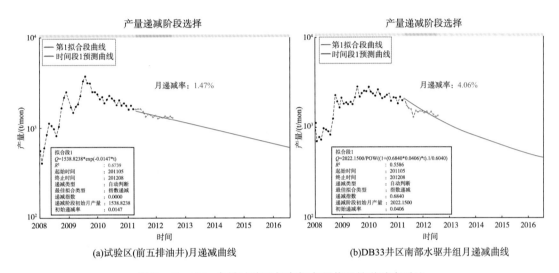

(a)试验区(前五排油井)月递减曲线　　　　　　(b)DB33井区南部水驱井组月递减曲线

图 8 – 41　CO_2 先导试验区与南部水驱井区月递减率对比

试验区井组整体的含水也从 85% 下降到 82.6%，但气窜明显加剧，产气量明显增加，如图 8 – 42 所示。第一批试验井组注入量与方案设计一致。但受气窜影响，见气时间提前，增油有效期和增油量偏低。

2. 水气交替注入阶段，更好控制了气窜，增油效果明显

2012 年 9 月 ~ 2013 年 4 月实施水气交替注入，实施水气交替注入后，油井气窜趋势得到有效遏制。2012 年 9 月，第一批连续注气井组转注水后，油井井口产气量从转注前 6923m³/d 下降到目前的 295m³/d（图 8 – 43）。2013 年 9 月，第二批试验井组转注气后，7 口油井见气；2013 年 1 月，第二批试验井组转注水后产气量明显下降（图 8 – 44）。

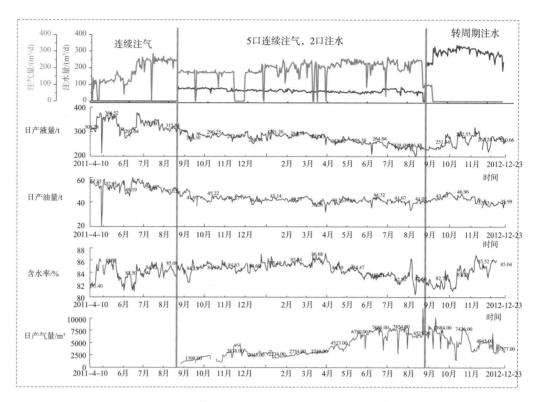

图 8 - 42　第一批 1~5 排试验井组日度注采曲线

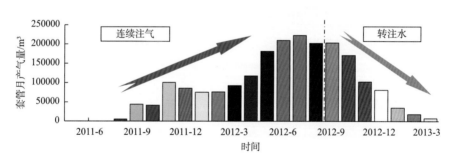

图 8 - 43　第一批试验井组月度产气量（套管井口气实际计量）

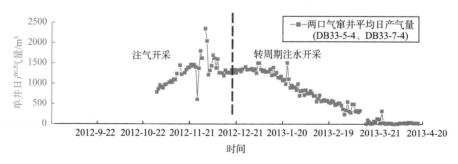

图 8 - 44　第二批试验井组气窜井平均日产气量（套管井口气实际计量）

目前，实施水气交替注入阶段增油效果明显，日产油量从 46.2t 上升到 58.2t，提高 1.3 倍；含水从 82.6% 下降到 81.3%；最高日产油 63.6t，累计增油 2305t，换油率 0.088，比连续注气阶段提高了 3 倍（图 8 – 45），预计提高采收率 3%，提高可采储量 7×10^4t。DB33 井区南部未气驱井组产油量月递减 4.12%（图 8 – 46）。

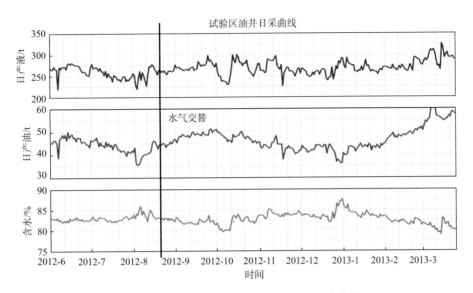

图 8 – 45　第一批 1~5 排试验井组日度生产曲线

图 8 – 46　DB33 井区南部未水驱井组日度生产曲线

第9章 气田开发成果与启示

松南气田通过气藏地质和配套工程工艺攻关，深化试气试采和产能评价，确立开发技术政策及开发方式，采用水平井＋不规则井网开发，强化稳气控水，制定生产红线，延长无水采气期，实现了气田高效开发，目前已稳产6年，预计还可以再稳产3年以上。截至2017年年底，动用天然气储量$160 \times 10^8 m^3$，部署水平开发井15口，利用探井3口，建成天然气产能$8.4 \times 10^8 m^3/a$，日产气$255 \times 10^4 m^3$，采气速度4.5%，累计产气$40 \times 10^8 m^3$，天然气采出程度25%，在较高采气速度下，气水界面相对均匀推进，水气比总体可控，开发状况良好，走出了一条火山岩气藏高效开发之路，形成了火山岩地层内幕解剖、开发布井与钻井、稳气控水、动态监测和高含CO_2集输处理等核心开发技术；同时，也带来了诸多启示，对国内外同类型气藏的开发具有十分重要的借鉴意义。

9.1 实现了气田高效开发

松南气田处于松辽盆地长岭断陷中部、达尔罕断凸带北段。沙河子组为区内主力烃源岩地层，具有近源成藏、构造控藏、高点富集的特点。2006年，在腰英台构造部署YS1井，在火山岩钻遇良好油气显示，中途测试日产气$20.5 \times 10^4 m^3$，无阻流量$30 \times 10^4 m^3$。继YS1井取得重大突破之后，为落实储量规模，相继部署了YS101、YS102评价井，2007年年底，向国家储委提交天然气探明地质储量$433.60 \times 10^8 m^3$，叠合含气面积$16.83 km^2$，技术可采储量$260.16 \times 10^8 m^3$。

松南气田是中国石化开发的第一个火山岩气藏，具有中孔（7.2%），低渗（$1.28 \times 10^{-3} \mu m^2$）、高含$CO_2$（10%~40%）的特点。由于受火山喷发活动的影响，岩性、岩相变化快，造成火山岩内幕结构复杂，储层非均质性强。国内可借鉴的成熟开发经验较少，认识气藏、开发气藏的理论与技术受限，要实现火山岩气藏高效开发面临诸多挑战。

在松南气田开发之初，开发方案的编制、优化、开发策略均没有成功的经验可以借鉴。原方案设计26口井，以直井开发为主，井距800m，平面均匀分布，动用储量$380 \times 10^8 m^3$，新建原料气产能$12.74 \times 10^8 m^3$，新建工业气产能$10.19 \times 10^8 m^3$，气田开发效益很

松南火山岩气田高效开发技术与实践

低。通过试气试采和攻关，实施 YP1 水平井的评价试采，对气藏认识、产能特征、气水分布有了较为深入的认识，在方案执行过程中，对开发方案进行了及时优化调整。按照"优先部署火山口—近火山口相带、积极跟进中距离火山斜坡相带、逐步拓展远火山斜坡相带"的思路，优选爆发相下部及喷溢相上部高渗优质储层作为产建主要开发层系，开发井型由直井调整为水平井，井数调整为 12 口，平面上以主火山机构为主，从高向低滚动式开发，纵向上以高渗层为主，同时加大其他火山岩储层产能评价，实现少井高产。

自松南火山岩气藏投产以来，总体开发效果较好，但随着开发程度的逐步深入，出现了储量动用不均衡，部分井出现水侵、水淹等方面的问题，具体体现在三个方面：①火山岩储层岩性复杂、非均质性强，储量评价难度大。火山岩具有多期次叠置层状特征，不同期次物性差异明显。多机构、多岩相，平面非均质性强，不同部位水平井产能差异较大，给储量评价带来困难。②局部开发井网不完善，储量控制程度和动用程度较低。动态储量 $104 \times 10^8 \mathrm{m}^3$，存在动态未波及储量，原方案开发层系以高渗流纹岩为主，气藏层间、平面压力波及效果有差异，储量动用不均衡。③见水井增加，水气比逐渐升高，水侵对气藏开发影响日益突出。气井产水后，阻力增加，产能降低，产量下降；气水界面突进、锥进造成可采储量损失，影响最终采收率。

针对以上出现的问题，于 2014 年开展了火山岩内幕结构精细解剖、火山岩储层非均质精细刻画、火山岩储量动用状况评价、火山岩气藏稳产控水等方面的研究，落实了潜力目标区。

（1）建立了"火山机构—喷发期次—流动单元"的三级火山地层划分格架，实现了火山岩内幕结构的精细解剖。利用镜下薄片、成像测井及元素俘获测井资料开展了火山岩岩性、岩相精细识别，结合露头剖面火山喷发模式、地震多属性融合火山体识别等技术，建立了喷发期次、火山机构及流动单元的地质划分标志，采用"喷发期次—火山机构—流动单元"逐级划分原则，将松南火山岩划分为 3 个喷发期次、3 个火山机构，期次 2 在主火山机构又可细分为 3 个流动单元。

（2）深化松南火山岩四性关系研究，建立了酸性火山岩测井解释模型。松南火山岩储层以爆发相熔结凝灰岩和喷溢相流纹岩为主，不同岩性孔隙类型不同，物性差异明显，需要分岩性开展电性、物性与含气性关系研究。针对火山岩结构多变的特点，采用中子、密度、孔隙度曲线重构，可变 m 值计算含气饱和度等方法，较好地解决了火山岩低饱和度气层物性、含气性测井解释难题，测井解释模型更加准确。

（3）相控储层反演与三维地质建模相融合，气层空间展布与内部非均质刻画精度高。火山岩储层波阻抗与孔隙度为幂的负相关关系，阻抗低，孔隙度高。为提高纵向分辨率及横向预测的准确性，采用储层反演与相控三维地质建模相融合技术，精细刻画气层空间展布与内部非均质性。经后期调整挖潜井验证，物性模型符合率 89.2%。

（4）开展气藏控制因素分析，火山岩气藏具有似层状特点，平面上受火山机构和断层共同控制，具有分割性。利用流体性质分析及测井解释，精细识别不同地区气水界面的分布。结合火山机构分布及断层期次分析，认为火山岩气藏小尺度下为似层状，受火山机构和断开火山机构的早期断层控制，平面上具有分割性，目前可识别出 3 个明显的气水界面。

（5）地质模型与裂缝模型相结合，利用数值模拟技术，结合生产动态，实现储量动用状况定量化评价，落实三类潜力区。储量动用状况平面上受火山机构和断层控制，纵向上受多期火山岩和高角度裂缝控制，储量动用情况具有分层、分块的特点。因此，需要在精细构造模型、气层非均质模型及裂缝模型的基础上，通过数值模拟开展生产动态历史拟合，细化体积系数场，分层、分块定量模拟火山岩气藏储量动用状况。最终，落实了致密凝灰岩气层、未控制喷溢相优质气层及已开发气层井间滞留气三类潜力区，为调整挖潜提供目标。

（6）立体调整挖潜，一井一策优化生产，实现气藏开发高产、高效。为实现火山岩气水界面均匀推进、储量均衡动用，提高气藏采收率，整体部署调整挖潜井 6 口，采取"老井措施验证、水平井评价产能、水平井立体开发"的策略，分批实施，实现了松南火山岩科学、高效挖潜，新增动用储量 $40.15 \times 10^8 \mathrm{m}^3$，提高气藏采收率至 65%，稳产期延长 3 ~ 5 年。

9.2　形成了系列开发关键技术

在松南气田开发过程中，通过科技人员的不断探索，逐渐形成了一套适合火山岩气藏的地质—地球物理、气藏开发和生产工艺系列配套技术，保障了松南火山岩气藏高效、科学开发。

9.2.1　火山岩地层内幕结构解剖技术

目前，国内外火山岩气田对地层的刻画多局限于对火山机构、火山岩体的刻画。火山地层对比多以岩性界面为对比依据，缺乏对火山岩体内部喷发间断界面的识别和认识，无法实现对火山岩内幕的精细刻画。针对火山地层纵向多期、横向多源的特点，建立了火山机构、喷发期次及内部流动单元的分级划分方案。通过露头剖面—盆地对比，建立了火山机构、喷发期次、流动单元的地质—地球物理"三位一体"识别对比方法，为火山岩储层的精细刻画提供了高精度的火山地层格架。松南火山岩可划分为 3 个喷发期次：期次 1、期次 2 发育流纹岩；期次 3 为凝灰岩。根据期次 2 物性单元变化，将内部又细分为 3 个流动单元，上部气孔发育，中部原生孔隙发育，下部致密，表现为电阻率曲线自下而上逐渐降低，声波曲线自下而上逐渐升高的特征。该技术解决了多期次、多喷发源复杂叠置的层状—似层状—非层状火山地层划分和对比问题。实现了对火山机构内流动单元的刻画，为储层刻画提供了精细的火山地层格架约束。

9.2.2　井网井型优化技术

松南气田火山岩有效储层发育在期次 2 上部的气孔熔岩和期次 3 下部的火山碎屑熔岩。根据实钻井钻遇和生产情况，确定喷溢相上部优质储层为主要开发层系。优质储层沿 3 个火山机构整体呈北东向条带状展布，沿火山机构呈环状分布，远离火山口厚度逐渐减薄。火山机构的规模控制了优质储层的分布，YS1 火山机构规模大，优质储层厚度大。通过开发评价井——YP1 井的产能测试评价，获得 $(30 \sim 40) \times 10^4 \mathrm{m}^3/\mathrm{d}$ 的稳定产量，无阻流量达 $351 \times 10^4 \mathrm{m}^3/\mathrm{d}$，进一步落实了松南气田可以应用水平井进行开发的可行性。

根据有效储层空间展布特征，不规则井网有利于有效控制储层、增加钻遇气层厚度和提高单井产量。开发井应多部署在储层孔、洞、缝最发育、储层预测厚度最大的部位，开发井网在储层发育情况较好的 YS1 火山机构最为集中，在储层发育较为局限、厚度较小的 YP4、YP7 两个火山机构较少部署；考虑井网与裂缝的配置关系，沿裂缝主要发育方向的井距相对较大，垂直于裂缝方向的井距相对较小；水平井的延伸方向宜与裂缝方向垂直或斜交；在构造高部位、远离气水界面位置多布井；构造位置低、气水关系复杂区域少布井。综合考虑有效储层分布、裂缝延伸、构造部位、气水关系等因素，平面上以主火山机构为主，从高向低滚动式开发，纵向上以高渗层为主，同时加大其他储层产能评价。整体部署火山口—近火山口相带，积极跟进中距离火山斜坡相带，逐步拓展远距离火山斜坡相带，总体采用水平井 + 不规则井网开发。

9.2.3　稳气控水技术

均衡水侵技术是在底水火山岩气藏开发过程中，综合考虑火山岩气藏岩性、岩相的非均质性、渗流条件、压力场、饱和度场等因素，通过差异化配产技术，实现气藏总体压降均衡、底水均匀抬升的水侵控制技术。一是通过容积法和数值模拟法结合，计算水体规模，通过曲线拟合法计算水侵量，评价水体能量大小以及活跃程度，为控制和利用好水体能量奠定了基础。二是建立以氯根、矿化度为核心的水型判别方法，采用数值模拟技术预测底水上升规律，为控制水侵伤害提供了保障。三是总结形成了整体考虑、分类治理的控水对策。根据气井见水类型及特征，采取针对性的治水措施，实现有效控水。A 类井产凝析水，驱动类型为弹性驱，采取定产降压的工作制度，优化配产，合理利用地层能量均衡开采，延长气井的无水采气期；B类井产地层水，为弱弹性水驱，采取定生产压差的工作制度，根据气井水气比、产液性质的变化，主动缩小油嘴压水锥，控制气井水侵伤害；C类井产地层水，为强弹性水驱，早期单井配产不低于临界携液量，以气带水保持连续生产，后期通过排水采气恢复生产。四是建立了火山岩气藏水平井底水脊进模型，指导气藏控水。根据与气水界面的距离、裂缝发育、物性差异，采用气藏工程和气藏数值模拟方法计算临界生产压差，定量控制气井产量和生产压差，延缓底水脊进速度，确保气藏气水界面近似均匀抬升，实现气藏控水由定性向定量转变。

9.2.4　动态监测技术

建立了规范化的火山岩气藏开发动态监测体系，严格按照气藏开发井资料录取技术规范，取全、取准各项动态资料，包括流体产量、油压、套压、井口温度、流体常规分析、天然气高压物性分析、试井资料等。每年编制气藏动态监测方案，对关键井开展压力恢复、流压及流压梯度、静压及静压梯度监测，为搞好气藏开发管理奠定良好资料基础。一是根据气井产水分析化验资料，建立了以水气比、氯根、钠钾离子、矿化度为核心的水性判别方法和水性化验监测制度规范。二是流静压监测技术贯穿气藏开发全过程。除了常规的反映气井生产变化、制定合理压差、计算合理产能、诊断井筒积液、研究水侵规律外，进一步把流静压资料延伸至井筒流动模型和气藏储量动用状况分析中，为火山岩气藏开发管理提供翔实的资料。三是试井资料与数值模拟技术紧密结合，表征地层参数变化和动用状况变化规律，及时了解剩余气分布特征，做到井间、层间、区块间调整的及时性、合理性。

9.2.5　钻完井技术

针对松南火山岩气藏储层岩性硬而脆、气层厚、裂缝发育、高含CO_2、登娄库组及以上地层易坍塌等突出特点，采用三级常规井身结构，实现了下部火山岩近平衡或欠平衡钻进；通过对钻井液体系的流变性、失水造壁性、抗高温稳定性、抑制性、抗污染性、润滑性、对储层的损害程度等各方面进行实验研究，确定出低伤害的聚合醇防水锁钻井液完井液体系，达到了储层保护的目的；优选出了适合于松南地区火山岩地层的高效钻头，采用贝克休斯、史密斯牙轮钻头配合螺杆钻具，机械钻速比常规牙轮钻头提高了88%，单只钻头进尺达到常规牙轮钻头的2~3倍。形成了适合火山岩气藏的完井技术，直井采用尾管射孔完井，水平井根据气藏边水、底水情况及采气工程的需要优选尾管射孔或筛管完井。

9.2.6　采气技术

火山岩气藏原始地层压力42MPa，天然气中含有CO_2，井口装置选择材质等级为FF

级的采气树，优选采用不锈钢井下配套工具和不锈钢油管，封隔器以上油套环空注隔离液并定期加缓蚀剂保护套管，生产实践表明，此项措施防腐效果良好。通过生产系统分析，优化了生产管柱，实现了紧急情况下可由地面控制进行气井关断、管柱可容纳磨铣工具，可以消除因温度、压力变化引起的管柱伸缩，延长了管柱使用寿命，可满足长期安全生产需要。

形成了火山岩储层压裂的系列配套技术，从应力大小及应力差、储层滤失系数、压裂液黏度等方面优化压裂设计，形成了压裂设计优化技术；从前置液比例、砂液比、施工排量、加砂规模等方面优化施工参数，形成了施工参数优化技术；综合考虑测井、录井资料，储层岩性、物性，结合裂缝间距、布缝方式，优化压裂点的选择，形成了水平井压裂缝参数优化技术；通过压裂液的性能改进形成了火山岩降滤控制、火山岩多裂缝控制、火山岩控缝高、火山岩储层降破等配套压裂工艺技术；通过室内实验优化了稠化酸液体系，形成的转向酸液体系转向效果明显。

应用火山岩压裂关键技术，水平井分段压裂获得良好效果，现场实施储层改造 6 口井，其中压裂 4 口井，酸化 2 口井。4 口水平井平均单段加砂 30.8m^3，破裂压力平均 55MPa（34.7～68.7MPa），施工排量 4.4～8m^3/min，平均砂比 12.82%，酸化井平均单井加酸 285m^3，已累计增气 4.12×$10^8 m^3$。

9.2.7 高含 CO_2 集输处理技术

综合气藏压力、天然气净化装置操作压力、外输压力及投资等因素，松南气田集输工艺采用二级布站，采用井口节流降压工艺，采气管线保温输送。针对高含 CO_2 的气质特点，采用 MDEA 溶剂吸收法脱除酸性气体、三甘醇脱水工艺技术，保证了天然气的质量，达到了外输要求。形成了井口装置和地面集输系统的 CO_2 腐蚀防治配套技术，保障了气田安全生产。

通过 CO_2 的回收，不但实现了环境治理，减少温室气体排放，还通过 CO_2 驱油技术，将营城组火山岩气藏中采出的 CO_2 回注到登娄库油藏中进行 CO_2 驱油，实现了 CO_2 综合利用，提高了气藏开发的经济效益。探索推广了信息化技术在气田开发管理上的应用，实现了生产现场可视化、采集控制自动化、动态分析及时化、调整指挥精准化，提高了工作效率，减少了现场工作人员数量和工作强度，提高了装置的可靠性。

9.3 启 示

松南气田火山岩气藏的成功开发，气井试采是前提，理论创新是基础，精细研究是关键，稳气控水是核心，精细管理是保障。"立体开发、均衡开采"开发理念，"一井一策"差异化管理方式，"12345"的气井管理模式等开发管理体系，以及火山岩气藏开发五大关键技术，保障了松南火山岩气藏持续高效开发。从中可以得出一些启示，对类似火山岩气藏的开发具有重要的借鉴意义。

9.3.1 气井试采和产能评价是做好火山岩气藏开发的前提

试气试采和气井产能评价对于制定气田开发方案至关重要。松南气田发现后，没有相似气田的开发经验可借鉴，气藏开发中首先面临的关键问题是对火山岩气井产能认识不足。火山岩气井产能是否能达到工业要求，是否能长时间稳产，是决定松南气田开发成败的关键问题。解决这个问题的核心是试采，在开发初期，松南气田并没有急于大量钻探开发井，而是深化认识，同步对 YS1 井进行了长时间的试采。在探井 YS1 井上安装撬装脱碳装置，组织 CNG 槽车拉气，创造条件进行试采。通过试采，YS1 井平均日产气量 $10 \times 10^4 m^3$，准确评价了单井产能，认识了气藏开发特征，把准了气藏开发生产规律。在试采过程中，始终把取准、取全资料放在第一位，积累了丰富的试采数据。基本搞清了气藏储层特征及连通性，落实了气藏产能与储量规模，摸清了气藏生产动态特征。依据这些试采认识，科学确定了气藏开发方案，为气藏稳产、高效开发奠定了坚实的基础。后来的开发实践证明，这种决策具有科学性、经济性及合理性。

9.3.2 气藏精细化研究是做好火山岩气藏开发的基础

气田发现时，总体上按照一个火山机构、一个气水界面、块状气藏进行开发产建。开发井型设计以直井、大斜度井为主，总井数 26 口。随着开发评价与产能建设的开展，依据测录井、试气与生产动态资料，进一步深化研究，识别出 3 个火山机构、3 个气水界面。同时，YP1 井、YP4 井和 YP7 井三口水平井实施后，水平井的产能和井控储量是直井的2~3倍。在井网井距上，根据火山岩优质储层和裂缝的分布规律，采用了不规则井网，也减少了规则井网所需要的钻井数量，将原开发方案中 26 口井优化为 15 口井（3 口直井 + 12 口水平井）。后根据 YP4 井、YP7 井的出水情况，认识到了气藏存在边水，遂将原来在该处部署的 3 口开发井取消，井数进一步减少为 12 口井，极大地提高了火山岩气藏的开发效益，实现了少井高产。

近年来，通过多属性融合技术，结合储层物性、CO_2 含量的差异等，将松南气田划分 YS1、YS102、YP4、CS1-4、YP7 共五个火山机构，较建产阶段增加 YS102 和 CS1-4 两个火山机构。随着资料的丰富与认识的深化，发现喷发期次内部储层非均质性较强，部分低渗、致密层储量未能有效动用，因此精细刻画地层内幕与储层性质是提高开发水平的关键。通过镜下薄片定成分、成像测井定结构、测井曲线做对比，开展内幕结构刻画工作。

井震结合细化喷发期次，期次 2、期次 3 储层空间展布进一步明确。在纵向上细分喷发期次的基础上，利用火山岩相控储层反演与三维地质建模相融合技术，精细刻画气层空间展布范围。火山岩储层认识由初期的"块状"转变为"似层状"，受火山岩相及喷发期次控制，落实了纵向挖潜的有利目标区，主要集中在期次 3 凝灰岩储层。纵向上分 3 个单元，平面上分 5 个火山岩机构进行储量复算，计算储量 $159.92 \times 10^8 \text{m}^3$，为后期调整提供了依据。期次 3 凝灰岩相对致密气层、期次 2^3 未井控气层是主要挖潜目标。开展挖潜调整，部署 6 口调整井，新建产能 $2 \times 10^8 \text{m}^3$，采收率提高至 65%。

9.3.3 开发先导试验是做好火山岩气藏高效开发的保障

在松南火山岩气藏开发建产阶段，通过对探井 YS1 井长时间的 CNG 试采，平均日产气量 $10 \times 10^4 \text{m}^3$，证实了火山岩储层具有较高稳定产能。通过部署 YP1 井，评价水平井产能，无阻流量达 $351 \times 10^4 \text{m}^3/\text{d}$，为后续水平井开发奠定了基础。通过 3 口直井（YS1 井、YS101 井、YS102 井）和 2 口水平井（YP1 井、Y7 井）的先导试验开发，在火山机构、喷发期次、有效储层空间展布、气水关系、气藏特征、储量规模、开发技术政策等方面进一步加深了认识。通过深化地质研究，将直井优化为水平井，总井数减为 15 口，并在实施过程中，依据对火山机构、储层展布和气水分布的新认识，先后 4 次优化 5 口水平井的方位、井身轨迹。松南气田开发方案优化效果显著，总井数减少 12 口，进尺减少 46%，钻采工程直接投资减少 42%。实现了少井高产，大幅提高了气田开发效益。

9.3.4 稳气控水是做好火山岩气藏开发的关键

松南气田火山岩气藏不同火山机构由于断层分隔和储层非均质，形成了不同的气水系统。流体主要受火山机构、构造、岩性多种因素控制，纵向上总体为上气下水，储层具有似层状特点。不同气藏不具有统一的气水界面，主体气藏气水界面基本统一。YS1 火山机构水体倍数为 4.2，水体规模有限，能量较弱。YP7 井火山机构水体倍数为 10，能量较强。YS1 火山机构计算水侵量 $40.45 \times 10^4 \text{m}^3$，水侵量占气藏体积的 0.86%，气藏水驱指数 0.055，属于弱弹性水驱。YP7 井区计算气藏水侵量 $74.97 \times 10^4 \text{m}^3$，水侵量占气藏体积的 12.1%，气藏水驱指数 0.443，属于强弹性水驱。根据气藏水侵规律，结合气井与气水界面距离、水侵模式，通过生产动态法、无阻流量法、临界携液流量法、临界生产压差法优化气井配产，增强"红线"意识，延缓底水锥进速度，合理利用水体能量，延长气井无水采气期，提高气藏最终采收率。在精细地质建模的基础上，开展气藏数值模拟跟踪。根据临界生产压差变化规律，不断调整气井工作制度，做到趋势变制度变，控制含水上升速度。由于松南火山岩气藏平面上井网均匀控制，纵向上呈现"三层楼"格局，通过气藏均衡开采，生产层位、井段同步上移，实现气水界面均匀推进。

9.3.5　动态调整和气藏精细化管理是做好火山岩气藏开发管理的保障

在开发实践中，不断地学习和总结，逐渐摸索形成了适合松南火山岩气藏生产特点的"一个原则、二个制度、三个分析、四个及时、五个结合"的"12345"气井管理模式。"一个原则"是坚持少动、慢控、多观察、多分析的原则；"二个制度"是严格执行《采气资料录取及气井管理制度》和《气井动态分析制度》两个制度；"三个分析"是搞好气井日度观察分析、周小结分析以及月总结分析；"四个及时"是及时发现问题、及时反馈问题、及时分析问题、及时处理问题；"五个结合"是结合无阻流量、临界压差、水侵强度、区域市场变化、季节性峰谷差，优化气井配产。通过开展"12345"精细化管理，气藏开井率平均达90%以上，产能符合因子0.89，水气比总体稳定，产能稳定在（5~6）×$10^8 m^3$，保持了火山岩气藏稳定开发，水气比相对稳定，气水界面上升趋于均衡。松南气田单位操作成本逐年下降，2016年，在中国石化24个气田区块目标管理单位中操作成本排名第三；利润稳步增长，2016年，在中国石化24个气田区块目标管理销售单位中利润率排名第四，松原采气厂连续两届被评为股份公司红旗采气厂，松南采气管理区由银牌队晋升为金牌采气队。正是松南气田系统化、精细化的管理，提高了气田的开发效益，创建了高效开发的示范气田。

参考文献

[1] 蔡希源. 盆地模拟技术方法在松辽盆地的应用 [J]. 石油学报, 1995, 16 (3): 22 – 29.

[2] 蔡希源. 塔里木盆地台盆区油气成藏条件与勘探方向 [J]. 石油与天然气地质, 2006, 26 (5): 590 – 597.

[3] 蔡希源, 刘传虎. 准噶尔盆地腹部地区油气成藏的主控因素 [J]. 石油学报, 2005, 26 (5): 1 – 4.

[4] 蔡先华. 松辽盆地南部长岭断陷的火山岩分布及成藏规律 [J]. 石油地球物理勘探, 2002, 37 (3): 291 – 294.

[5] 曹宝军, 刘德华. 浅析火山岩油气藏分布与勘探开发特征 [J]. 特种油气藏, 2004, 11 (1): 18 – 20.

[6] 曹军. 松南气田营城组火山岩气藏储层特征及天然气成因 [D]. 成都理工大学, 2010.

[7] 陈孔全, 程志强, 詹海军. 江陵凹陷西南缘新生古储型油气藏成藏条件 [J]. 天然气工业, 2004, 24 (2): 33 – 35.

[8] 陈孔全, 陆建林, 张玺, 等. 松辽盆地南部长岭断陷火山岩储层的特征与勘探潜力 [J]. 地质通报, 2011, 31 (2): 228 – 234.

[9] 陈孔全, 朱陆忠. 松南地区断 – 坳盆地油气成藏条件 [J]. 石油与天然气地质, 1996, 17 (2): 110 – 116.

[10] 陈晓红, 何文渊, 冯子辉. 松辽盆地徐家围子断陷主要断裂对气藏的控制作用 [J]. 天然气工业, 2012, 32 (3): 53 – 56.

[11] 陈玉平. 松辽盆地长岭断陷松南气田营城组火山岩储层分类评价 [D]. 吉林大学, 2012.

[12] 达江, 胡咏, 赵孟军, 等. 准噶尔盆地克拉美丽气田油气源特征及成藏分析 [J]. 石油与天然气地质, 2010, 31 (2): 187 – 192.

[13] 戴平生, 杨东, 谢朝阳, 等. 松辽盆地北部深层火山岩气藏压裂配套工艺技术 [J]. 中国石油勘探, 2005, 9 (4): 55 – 60.

[14] 戴想. 火山岩气藏水平井产能预测方法研究 [J]. 科学技术与工程, 2011, 11 (36): 8981 – 8983.

[15] 邓平, 陈杨, 杨虎, 等. 新疆克拉美丽气田裂缝性火山岩钻井技术研究与应用 [J]. 中国化工贸易, 2013, 5 (6): 221 – 222.

[16] 董家辛, 童敏, 冉博, 等. 火山岩气藏不同储渗模式下的非线性渗流机理 [J]. 石油勘探与开发, 2013, 40 (3): 346 – 351.

[17] 冯子辉, 印长海, 刘家军, 等. 中国东部原位火山岩油气藏的形成机制——以松辽盆地徐深气田为例 [J]. 中国科学: 地球科学, 2014, 44 (10): 2221 – 2237.

[18] 冯志强, 陈春峰, 姚永坚, 等. 南黄海北部前陆盆地的构造演化与油气突破 [J]. 地学前缘, 2008, 15 (6): 219 – 231.

［19］冯志强，刘嘉麒，王璞珺，等．油气勘探新领域：火山岩油气藏［J］．地球物理学报，2011，54（2）：30－35.

［20］冯志强，王玉华，雷茂盛，等．松辽盆地深层火山岩气藏勘探技术与进展［J］．天然气工业，2007，279（8）：9－12.

［21］富强，王建波，李丹．松南气田 YS1 井区火山岩气藏的新认识［J］．内蒙古石油化工，2009，45（10）：196－197.

［22］高玉红，于士泉，崔红霞，等．升平气田火山岩气藏废弃地层压力研究［J］．大庆石油地质与开发，2006，25（4）：60－61.

［23］郭斌．大庆徐深气田深部火山岩压裂增产技术研究［D］．浙江大学，2010.

［24］郭洋，杨胜来．我国火山岩油气藏压裂技术研究进展［J］．天然气与石油，2012，30（2）：49－51.

［25］何登发，陈新发，况军，等．准噶尔盆地石炭系油气成藏组合特征及勘探前景［J］．石油学报，2010，31（1）：1－11.

［26］何琰，伍友佳．火山岩油气藏研究［J］．大庆石油地质与开发，1999，18（4）：6－8.

［27］霍瑶．火山岩气藏开发现状及潜力分析［J］．内蒙古石油化工，2012，30（11）：44－45.

［28］贾志刚，穆国臣．松南气田火山岩气藏水平井钻井技术应用［J］．内蒙古石油化工，2012，35（14）：114－116.

［29］姜传金，冯肖宇，詹怡捷，等．松辽盆地北部徐家围子断陷火山岩气藏勘探新技术［J］．大庆石油地质与开发，2007，26（4）：133－137.

［30］焦里力，罗小平，李仲东，等．松南气田火山岩储层天然气地球化学特征及成因探讨［J］．矿物岩石，2010，20（2）：103－110.

［31］靳军，刘洛夫，余兴云，等．陆东—五彩湾地区石炭系火山岩气藏勘探进展［J］．地质与勘探，2008，28（5）：21－23.

［32］兰朝利，王金秀，杨明慧，等．低渗透火山岩气藏储层评价指标刍议［J］．油气地质与采收率，2008，15（6）：32－34.

［33］李春霞，黄旭日，朱孟高，等．地震属性在火山岩油藏数值模拟中的应用［J］．长江大学学报自然科学版：石油/农学（中旬），2013，10（11）：59－62.

［34］李飞，程日辉，王共生，等．应用地震属性分析研究十屋油田下白垩统营城组沉积体系分布［J］．吉林大学学报：地球科学版，2011，41（1）：54－60.

［35］李海平，贾爱林，何东博，等．中国石油的天然气开发技术进展及展望［J］．天然气工业，2010，30（1）：5－7.

［36］李士斌，秦齐，张立刚．火山岩气藏体积压裂多裂缝协同效应及控制机理［J］．断块油气田，2014，21（6）：742－745.

［37］林世国，赵泽辉，徐淑娟，等．松辽盆地深层火山岩气藏富集规律与勘探前景［J］．新疆石油地质，2013，18（2）：174－178.

［38］刘合，闫建文，冯程滨，等．松辽盆地深层火山岩气藏压裂新技术［J］．大庆石油地质与开发，2004，23（4）：35－37.

［39］刘嘉麒，孟凡超，崔岩，等．试论火山岩油气藏成藏机理［J］．岩石学报，2010，50（1）：1－13.

［40］刘启，舒萍，李松光．松辽盆地北部深层火山岩气藏综合描述技术［J］．大庆石油地质与开发，2005，24（3）：21－23．

［41］刘诗文．辽河断陷盆地火山岩油气藏特征及有利成藏条件分析［J］．特种油气藏，2001，8（3）：6－9．

［42］刘伟．松南气田营城组火山岩气藏储层预测［J］．石油天然气学报，2011，33（10）：79－83．

［43］刘为付，朱筱敏．松辽盆地徐家围子断陷营城组火山岩储集空间演化［J］．石油实验地质，2005，27（1）：44－49．

［44］陆建林，王果寿，蔡进功，等．长岭断陷火山岩气藏勘探潜力［J］．天然气工业，2007，27（8）：13－15．

［45］罗静兰，邵红梅，张成立．火山岩油气藏研究方法与勘探技术综述［J］．石油学报，2003，24（1）：31－38．

［46］罗群，刘为付，郑德山．深层火山岩油气藏的分布规律［J］．新疆石油地质，2001，22（3）：196－198．

［47］吕炳全，张彦军，王红罡，等．中国东部中—新生代火山岩油气藏的现状与展望［J］．海洋石油，2004，23（4）：9－11．

［48］蒙启安，门广田，赵洪文，等．松辽盆地中生界火山岩储层特征及对气藏的控制作用［J］．石油与天然气地质，2002，23（3）：285－288．

［49］潘建国，郝芳，谭开俊，等．准噶尔盆地红车断裂带古生界火山岩油气藏特征及成藏规律［J］．岩性油气藏，2007，19（2）：53－56．

［50］潘建国，郝芳，张虎权，等．花岗岩和火山岩油气藏的形成及其勘探潜力［J］．天然气地球科学，2007，18（3）：380－385．

［51］彭彩珍，郭平，贾闽惠，等．火山岩气藏开发现状综述［J］．西南石油学院学报，2006，28（5）：69－72．

［52］秦学成，段永刚，杨媛媛，等．火山岩气藏储层综合评价与气藏工程优化［J］．油气藏评价与开发，2011，1（5）：29－33．

［53］任宪军，许明静，谢正霞．松南气田火山岩气藏特征［J］．内蒙古石油化工，2010，36（18）：124－126．

［54］单玄龙，陈玉平，唐黎明，等．火山岩储层综合评价方法与应用——以松南气田营城组旋回三为例［J］．山东科技大学学报：自然科学版，2011，30（3）：1－6．

［55］邵锐，唐亚会，毕晓明，等．徐深气田火山岩气藏开发早期试井评价［J］．石油学报，2006，27（S1）：142－146．

［56］邵英梅，武云石．松辽盆地徐家围子断陷安达次洼火山岩气藏的主要特征［J］．地质科学，2009，10（2）：45－50．

［57］石兴春．关于天然气产业可持续发展的几点思考［J］．天然气工业，2009，29（1）：13－16．

［58］舒萍，丁日新，曲延明，等．徐深气田火山岩储层岩性岩相模式［J］．天然气工业，2007，27（8）：23－27．

［59］宋维海，王璞珺，张兴洲，等．松辽盆地中生代火山岩油气藏特征［J］．石油与天然气地质，2003，24（1）：12－17．

［60］宋新民，冉启全，孙圆辉，等．火山岩气藏精细描述及地质建模［J］．石油勘探与开发，2010，38

（4）：458－465.

[61] 宋亚培. 松南气田火山机构精细解剖与储层分类评价 [D]. 东北石油大学，2013.

[62] 苏云河，汤勇，肖云，等. CO_2 含量对火山岩气藏开发指标的影响 [J]. 天然气工业，2011，31（08）：69－72.

[63] 孙粉锦，罗霞，齐景顺，等. 火山岩体对火山岩气藏的控制作用——以松辽盆地深层徐家围子断陷兴城和升平火山岩气藏为例 [J]. 石油与天然气地质，2010，31（2）：180－186.

[64] 孙刚，马光，朱艳霞. 大庆油田深层火山岩气藏压裂技术研究 [J]. 西部探矿工程，2009，21（8）：52－54.

[65] 谭显春. 徐深气田火山岩气藏开发采用的地质技术 [J]. 科技创新导报，2013，36（5）：105－106.

[66] 谭显春，邵锐，邱红枫. 徐深气田火山岩气藏高效开发难点及对策 [J]. 天然气工业，2009，29（8）：72－74.

[67] 唐华风，王璞珺，李瑞磊，等. 松辽盆地断陷层火山机构类型及其气藏特征 [J]. 吉林大学学报：地球科学版，2012，42（3）：583－589.

[68] 唐建仁，刘金平，谢春来，等. 松辽盆地北部徐家围子断陷的火山岩分布及成藏规律 [J]. 石油地球物理勘探，2001，36（3）：345－351.

[69] 田冷，舒萍，何顺利. 大庆兴城火山岩气藏合理配产方法优化 [J]. 大庆石油地质与开发，2010，29（2）：75－78.

[70] 王国防. 气体钻井在西部火成岩钻探提速应用探索 [J]. 科技与企业，2014（2）：195－195.

[71] 王国力，吴茂炳. 查干凹陷下白垩统含油气系统特征及勘探方向 [J]. 石油与天然气地质，2005，26（3）：366－369.

[72] 王洪江，吴聿元. 松辽盆地长岭断陷火山岩天然气藏分布规律与控制因素 [J]. 石油与天然气地质，2011，32（3）：360－367.

[73] 王洛，李江海，师永民，等. 准噶尔盆地滴西地区石炭系火山岩储集空间及主控因素分析 [J]. 地学前缘，2014，21（1）：205－215.

[74] 王守刚，曹君，吕俊，等. 辽河坳陷火山岩油藏勘探压裂配套技术与应用 [J]. 中国石油勘探，2005，10（4）：51－55.

[75] 王彦祺. 松南气田火山岩气藏水平井钻完井关键技术研究 [J]. 钻采工艺，2009，32（4）：23－25.

[76] 魏国齐，李剑，谢增业，等. 中国大气田成藏地质特征与勘探理论 [J]. 石油学报，2013，34（S01）：1－13.

[77] 吴瞖群，周荔青. 松辽盆地长岭断陷东部大中型火山岩（油）气田形成分布特征 [J]. 石油实验地质，2009，31（1）：40－45.

[78] 伍友佳，刘达林. 中国变质岩火山岩油气藏类型及特征 [J]. 西南石油学院学报，2004，26（4）：1－4.

[79] 肖利梅. 安达凹陷深部火山岩气藏控制因素及勘探方法 [J]. 断块油气田，2014，21（4）：434－438.

[80] 许明静，任宪军，谢正霞. 松南气田气井合理产量模式建立 [J]. 内蒙古石油化工，2010，36（18）：148－150.

[81] 许卫平，田海芹. 东营凹陷－惠民凹陷孔店组层序地层学研究与油气勘探 [J]. 石油勘探与开发，

松南火山岩气田高效开发技术与实践

2000, 27 (6): 28 - 30.

[82] 徐正顺, 王渝明, 庞彦明, 等. 大庆徐深气田火山岩气藏储集层识别与评价 [J]. 石油勘探与开发, 2006, 33 (5): 521 - 531.

[83] 徐正顺, 王渝明, 庞彦明, 等. 大庆徐深气田火山岩气藏的开发 [J]. 天然气工业, 2008, 28 (12): 74 - 77.

[84] 闫林辉, 高兴军, 阮宝涛, 等. 火山岩气藏气水层测井识别图版的建立及应用 [J]. 天然气勘探与开发, 2014, 37 (4): 20 - 24.

[85] 闫相宾, 金晓辉, 李丽娜, 等. 松辽盆地长岭断陷火山活动与烃源岩成烃史分析 [J]. 地质论评, 2009, 36 (2): 225 - 230.

[86] 杨辉, 文百红, 张研, 等. 准噶尔盆地火山岩油气藏分布规律及区带目标优选——以陆东—五彩湾地区为例 [J]. 石油勘探与开发, 2009, 40 (4): 419 - 427.

[87] 杨辉, 张研, 邹才能, 等. 松辽盆地北部徐家围子断陷火山岩分布及天然气富集规律 [J]. 地球物理学报, 2006, 49 (4): 1136 - 1143.

[88] 杨明合, 夏宏南, 蒋宏伟, 等. 火山岩地层优快钻井技术 [J]. 石油钻探技术, 2009, 37 (6): 44 - 47.

[89] 杨双玲. 火山岩气藏储层渗流特征与开发技术对策研究 [D]. 成都: 西南石油大学, 2006.

[90] 尹亚晖, 石兴春. 吐哈盆地前侏罗系烃源岩生排烃史定量模拟与有利勘探区预测 [J]. 石油勘探与开发, 2000, 27 (4): 49 - 51.

[91] 于士泉, 伊坤, 罗琳, 等. 升深 2 - 1 区块火山岩气藏开发机理 [J]. 大庆石油地质与开发, 2009, 28 (2): 45 - 48.

[92] 于兴河, 郑浚茂, 宋立衡, 等. 构造、沉积与成岩综合一体化模式的建立 [J]. 沉积学报, 1997, 15 (3): 8 - 13.

[93] 袁士义, 冉启全, 徐正顺, 等. 火山岩气藏高效开发策略研究 [J]. 石油学报, 2007, 28 (1): 73 - 77.

[94] 袁昭, 杨传宏. 火山岩油气藏开发相关问题探讨 [J]. 吐哈油气, 2008, 13 (3): 263 - 268.

[95] 赵春满, 袁智广, 王春喜. 松辽盆地东南隆起区天然气成藏主要控制因素 [J]. 天然气工业, 2000, 20 (增刊): 26 - 29.

[96] 张慧涛. 松南气田火山岩储层三维地质建模 [D]. 成都理工大学, 2011.

[97] 张义华. 松南气田小井眼水平井钻井技术研究及应用 [J]. 中国石油和化工标准与质量, 2013, 24 (5): 141 - 142.

[98] 赵海玲, 刘振文, 李剑, 等. 火成岩油气储层的岩石学特征及研究方向 [J]. 石油与天然气地质, 2004, 25 (6): 609 - 613.

[99] 赵建建. 松南气田深部地层可钻性级值研究 [J]. 油气藏评价与开发, 2012, 2 (3): 58 - 61.

[100] 赵密福, 华东, 刘泽容, 等. 惠民凹陷临南地区断层活动特征及控油作用 [J]. 石油勘探与开发, 2000, 27 (6): 9 - 11.

[101] 赵文智, 邹才能, 冯志强, 等. 松辽盆地深层火山岩气藏地质特征及评价技术 [J]. 石油勘探与开发, 2008, 35 (2): 129 - 142.

[102] 赵文智, 邹才能, 李建忠, 等. 中国陆上东、西部地区火山岩成藏比较研究与意义 [J]. 石油勘探与开发, 2009, 36 (1): 1 - 11.

［103］赵一农,薛良玉.火山岩油气藏开发特征［J］.内蒙古石油化工,2010,36（16）:139-141.

［104］郑伟.松南气田营城组火山岩气藏描述［D］.东北石油大学,2013.

［105］钟高明.松南气田火山岩气藏产能评价及影响因素分析［J］.内蒙古石油化工,2012,（18）:72-74.

［106］周祥林,张麒麟,惠正文,等.查干凹陷火山岩与泥岩地层安全钻井影响因素分析［J］.断块油气田,2013,20（6）:813-816.

［107］朱黎鹮,李留仁,马彩琴.长岭火山岩气藏水平井开发技术［J］.西安石油大学学报:自然科学版,2009,24（5）:53-56.

［108］邹才能,陶士振,袁选俊."连续型"油气藏及其在全球的重要性、成藏、分布与评价［J］.石油勘探与开发,2009,36（6）:669-682.

［109］邹才能,赵文智,贾承造,等.中国沉积盆地火山岩油气藏形成与分布［J］.石油勘探与开发,2008,35（3）:257-271.

［110］Ai S, Cheng L, Huang S, et al. A critical production model for deep HT/HP gas wells ［J］. Journal of Natural Gas Science and Engineering, 2015, 22（3）:132-140.

［111］Feng Z. Volcanic rocks as prolific gas reservoir: a case study from the Qingshen gas field in the Songliao Basin, NE China ［J］. Marine and Petroleum Geology, 2008, 25（4）:416-432.

［112］Gelman S E, Gutiérrez F J, Bachmann O. On the longevity of large upper crustal silicic magma reservoirs ［J］. Geology, 2013, 41（7）:759-762.

［113］Lai J, Wang G, Ran Y, et al. Predictive distribution of high-quality reservoirs of tight gas sandstones by linking diagenesis to depositional facies: Evidence from Xu-2 sandstones in the Penglai area of the central Sichuan basin, China ［J］. Journal of Natural Gas Science and Engineering, 2015, 23（8）:97-111.

［114］Lan X, Lü X, Zhu Y, et al. The geometry and origin of strike-slip faults cutting the Tazhong low rise megaanticline（central uplift, Tarim Basin, China）and their control on hydrocarbon distribution in carbonate reservoirs ［J］. Journal of Natural Gas Science and Engineering, 2015, 22（7）:633-645.

［115］Luo J, Morad S, Liang Z, et al. Controls on the quality of Archean metamorphic and Jurassic volcanic reservoir rocks from the Xinglongtai buried hill, western depression of Liaohe basin, China ［J］. AAPG bulletin, 2005, 89（10）:1319-1346.

［116］Pan J, Sun T, Hou Q, et al. Examination of the formation phases of coalbed methane reservoirs in the Lu'an mining area（China）based on a fluid inclusion analysis and Ro method ［J］. Journal of Natural Gas Science and Engineering, 2015, 22:73-82.

［117］Tan F, Li H, Sun Z, et al. Identification of natural gas fractured volcanic formation by using numerical inversion method ［J］. Journal of Petroleum Science and Engineering, 2013, 108（6）:172-179.

［118］Wan Z, Shi Q, Guo F, et al. Gases in southern Junggar Basin mud volcanoes: chemical composition, stable carbon isotopes, and gas origin ［J］. Journal of Natural Gas Science and Engineering, 2013, 14（6）:108-115.

［119］Zou C, Guo Q, Wang J, et al. A fractal model for hydrocarbon resource assessment with an application to the natural gas play of volcanic reservoirs in Songliao Basin, China ［J］. Bulletin of Canadian Petroleum Geology, 2012, 60（3）:166-185.

松南火山岩气田高效开发技术与实践